수 목 학

THE DENDROLOGY

장진성 · 김 휘 · 전정일 **지음**

이주영 **그림**

design
post

저자소개

장진성
서울대학교 산림과학부 학사 및 석사
조지아대학교 산림학부 석사 및 식물학과 박사
서울대학교 산림과학부 교수(1998~현재)

김 휘
서울대학교 산림과학부 학사 및 석박사
목포대학교 한약자원학과 교수(2004~현재)

전정일
서울대학교 산림과학부 학사 및 석박사
신구대학교 원예디자인과 교수(2001~현재)

이주영
서울대학교 시각디자인 학사
한국식물세밀화협회 회원(KSBI) (2006~현재)

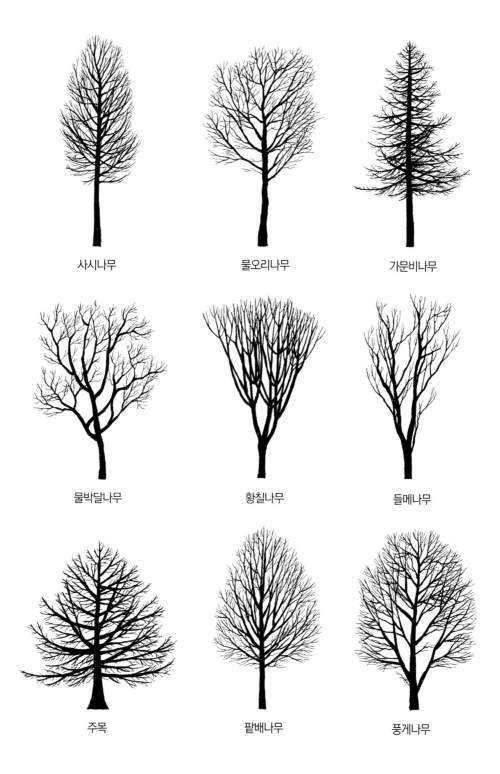

사시나무   물오리나무   가문비나무

물박달나무   황칠나무   들메나무

주목   팥배나무   풍게나무

서 문

현재 우리나라는 국토의 면적이 좁지만 산악지대가 많아 지역적으로 다양한 미생태적 차이가 존재하지만, 자연식생 내 각 수종의 분포와 특성이 제대로 밝혀지지 않은 상황에서 수목을 식재하는 경우가 많다. 기후와 관련된 임목의 식재도 이에 대한 자료 정리가 잘 되어 있지 않아 적지의 파악과 함께 자연분포와의 관계를 재조명하는 노력이 부족하다. 한편, 과거 단일 수종 목재생산을 통한 산림자원의 이용에서 벗어난 다양한 목적의 숲과 나무에 대해 기술된 자료가 필요하다.

수목학은 식물분류학의 아류로 생각되어 분류학을 전공한 교수가 강의하거나 혹은 생태학, 육종학, 조림학을 담당하는 교수들이 식별에 대한 정보를 주로 강조하여 대학에서 교육이 진행이 되고 있다. 수목학은 수목의 생태적 특징(집단, 군집, 조림 등), 생리적 특성, 분포 등을 모두 집약한 분야로 성장할 필요가 있다. 과거 이창복 선생님의 '신고 수목학'(1986)은 기존의 분류학적 정보를 집대성함과 동시에 침엽수에 대한 생태적 특성을 제시하고 있지만 국내 수목의 분포, 수목의 생육지별 특성, 조림, 생태적 특성에 대한 정보가 아직도 부족하다. 국내 식물에 대한 연구는 일본학자들이 본 한국 국내 식물, 혹은 일본과 한국 식물의 관점에서 정리되었기 때문에 다소 편협한 종의 개념이 강하다. 즉 초본과 목본의 생태, 생리적 특성을 이해하지 못하는 초본 중심의 연구에 치우진 분류학자들의 좁은 종의 개념이 여전히 일본 분류학자들의 분류학적 처리를 계승하고 있다고 본다. 학문적 발전을 위해서는 종을 협의의 개념으로 보는 학자와(splitter)와 광의의 개념으로 보는 경우 학자(lumper) 모두 존중되어야 하며, 이렇게 서로 다른 개념은 논쟁과 학문적 연구를 통해 발전되어야 한다고 본다. 그런 관점에서 본 교재는 광의의 개념에서 기술되었다.

최근에 일본식물지, 중국식물지, 극동러시아식물지 등이 각 국가별로 정리되어 우리나라에 자생하는 수목에 대한 분류학적 특성과 학명 등의 많은 정보가 축적이 되어있어 이를 중심으로 한 자료정리와 제시가 필요하다. 나카이(Nakai)식 종 혹은 변종에 대한 기재, 문제가 되는 많은 변종과 품종으로 격하된 분류군에 대해서는 가급적 본 교재에서는 배제하고자 하였다. 그러나 이 과정에서 혹 간과한 종도 있으므로 앞으로 시간을 가지고 이에 대한 수정을 지속적으로 시도하고자 한다.

본 교재는 학명규약에 따라 식물도감이나 기존교과서 등에서 잘못 사용되었던 학명을 바로 잡는데 노력을 하였다. 따라서 일부는 넓은 종의 개념에 의해 변경된 학명도 있지만 대부분 국제명명규약에 의해 올바른 학명을 제시하였음을 강조한다. 학명은 마치 살아 있는 생물처럼 변화되는 이름을 지칭하는 것이다. 새로운 정보와 연구를 통해 변화되는 것이 학명이며 영원히 고정된 이름이라는 사고의 변화가 있기를 기대한다.

수목학은 하나의 언어를 배우는 과정과 일치한다. 어렸을 때부터 모국어처럼 하나의 언어를 사용한 사람은 따로 문법과 문장구조에 대한 교육을 받지 않더라도 쉽게 언어를 구사할 수 있지만 나이 20세 전후에 배우는 언어는 언어에 대한 기본 문법의 습득, 성실하게 문장을 외우며 실행하는 반복학습, 그리고 해당 언어를 구사하는 원어민과의 대화과정을 통해서만이 바로 그 언어를 부분적으로 구사할 수 있다. 이와 같이 수목학은 각 식물의 식별형질의 습득, 반복적인 관찰, 그리고 야외에서 여러 상황에서 식물을 접함으로서 식별능력(생태적 특징)을 높일 수 있는 것이다. 책을 통해 배우는 지식은 보조 역할임을 잊어서는 안 될 것이다.

분포와 종간 검색표, 개화기/결실기 등에 대한 자세한 정보는 '한반도 수목 필드 가이드' 라는 책자에 포함하였기 때문에, 교과서에서는 그 내용을 줄여 제시하였다. 따라서 이 교재에서 부족한 정보에 대해서는 관련 책자를 참고하기 바란다. 본 교재에 제시된 분포도는 분포의 유형을 보여주기 위한 목적이며 보다 정확한 분포 정보를 담은 지도는 보완을 시도하고자 한다. 분포에 대한 정보나 기타 자료는 한국의 수목(http://florakorea.myspecies.info/en)의 사이트를 참고하기 바란다.

마지막으로 스승으로서 많은 가르침을 주신 故이창복 선생님과 많은 조언과 시간을 할애해준 대학원생과 학부생들에게 감사드린다.

2023년 관악캠퍼스에서
저자대표 장 진 성

차 례

제1장 서론

1. 수목학의 정의

산림은 여러 수종으로 구성되어 있고 이를 대상으로 연구하는 임학 또는 식물 관련 분야의 연구자는 숲의 구성원인 수목에 대한 지식을 필요로 한다. 통상적으로 수목학은 임학의 가장 기초적인 분야로 인식하고 있지만, 기초 수목의 이름과 특징을 정확히 이해하고 응용하며 활용하는 측면에서는 쉽지 않다.

특정 지역에서 식생조사를 할 때 파괴되지 않은 천연림에서는 통상적으로 50~100여 종의 수종이 확인되지만 국내에 분포하는 약 650여 종의 수목을 고려할 때 이는 많은 수종은 아니다. 대부분 산림이나 관련 분야의 학생들은 이렇게 많은 수종 식별의 어려움을 언급하지만 약 200~300여 종의 수종만을 알아도 도감이나 기타 자료를 참고한다면 식별의 어려움을 극복할 수 있다. 문제는 관련 자료를 찾아 정확하게 식물을 동정하는 방법에 대한 훈련이 되어 있지 않거나, 정보를 종합해서 판단하는 경험이 떨어져 식별하는 데 어려움을 겪는 것이다.

수목학은 협의의 개념으로 단순히 수목의 생활형(교목·관목·덩굴성 등), 침엽수 또는 활엽수의 분류, 식별형질, 학명의 학습이 전부인 것으로 인식하고 있어 단순히 식물분류학 중 수목만을 대상으로 학습하고 연구하는 분야로 취급한다. 과거 이창복의 1970~1980년대 '신고 수목학'은 이러한 협의의 개념에서 벗어나 보다 많은 생태학적 자료를 보완하여 '목본식물분류학'이라는 아류에서 벗어나는 시도를 하였지만, 여전히 분류학적 개념을 강조하여 나무를 보면서 숲을 보는 종합적인 능력 배양에는 한계가 있다. 수목학 분야는 아시아 국가에서는 주로 수목의 식별에 중점을 둔 반면, 늘 실용적인 면에 중점을 두는 미국과 유럽에서는 조금 진취적인 사고를 갖고 있다. Wiant(1968)는 수목학은 단순히 생물학과 또는 식물학과에서 식물분류학을 전공한 학자에 의한 강의가 아니라 임학을 전공한 임업인에 의해 수목의 특징(silvics)에 대해 학생들에게 소개하는 것이 매우 중요하다고 강조하였다. 즉, 각 수종이 생육하기 적합한 적지(typical sites), 환경에 대한 내성 정도(tolerance to environment influences), 자연 천이 지역(place in natural succession), 천연갱신에 대한 문제점(problems of regeneration), 생장 가능성 (growth potential) 등 임업과 관련된 종합적인 지식의 축적과 이러한 내용을 학생들에게 전달하는 것을 강조하였다.

Brown(1977)은 수목학이 지역과 관련된 수목의 특징(regional dendrology)을 소개하는 분야로서 고전적 내용과 함께 종합적인 사고에 대한 것을 언급하였다. 특히, 수종의 진화적인 측면, 즉 분류학의 계통적 접근에 대한 내용보다는 산림생태학적인 지식을 학생들에게 전달해야 한다고 강조하였다. 수목학의 강의 내용에는 조림학의 근간이 되는 수목의 개체군 동태와 생물학적 지식(병충해·야생동물·생장 등 모두 포함)에 대한 포괄적 관념을 가져야 한다고 주장하였다. 때로 자신이 연구하는 분야에서 협의적 사고를 갖고 자신의 분야를 강조한 학자도 있다. 특히, Stettler(1976)는 육종학적 지식을 근간으로 생태유전과 관련된 내용을 학생들에게 전달해야 한다고 주장하였다. 물론, Stettler의 주장처럼 생태유전 분야도 중요하지만 이것만을 수목학의 전부로 생각하여 학생 들에게 지식을 전달하는 것은 마치 나무를 모르면서 숲을 이해하기를 강요하는 다소 편협한 사고라고 판단된다.

지엽적인 관점에서 벗어나 생태학적 배경을 가진 Fralish(1981)는 수목학이 분류와 생태 두 분야의 만남이며 다음과 같은 내용을 종합적으로 학생들에게 소개하는 것이 중요하다고 제안하였다. 각 수목이 생육하는 적지(site), 토양조건(soil factors), 수분(water)의 양, 대기상과 미기상(macroclimate, microclimate), 음수와 양수(shade tolerant tree and shade intolerant tree) 또는 수분내성(moisture tolerance), 경쟁(competition), 종자의 휴면타파를 위한 층적(stratification), 임분 및 군집(community), 그리고 식생 및 생태계(vegetation and ecosystem)에 대한 것들이다. 산림과학은 숲을 관리하는 경영자이기보다는 생태계 관리자를 육성하는 측면이 더 중요하다고 주장하였다.

수목의 이름을 처음 배우는 학생들에게는 생태학적 관점이 실제 숲을 이해하라고 강요하는 것과 같아서 이 분야가 매우 어렵다는 선입감을 갖게된다. 그러나 수목을 배우면서 이와 동시에 산림을 이해할 수 있는 통찰력을 학생들에게 전달하고 학생들 스스로도 이러한 '숲'을 배우려는 자세가 필요하다. 각 수목에 대한 식별학적 특징을 이해함과 동시에 분포에 대한 정보, 계곡 또는 능선 식생, 특정 고도에서 볼 수 있는 수목 등 보다 종합적인 정보를 배우고 익히기 위해 끊임없이 노력해야 한다. 실제 이러한 의미의 수목학은 중국·대만·일본 등지에서 사용하는 나무와 목재라는 의미의 '수목학(樹木學)'이라는 표현보다는 '수림학(樹林學)' 즉, 나무와 숲(또는 산림)이라는 개념을 배우는 학문에 더 적절하다.

전통적으로 분류학적 측면에서 수목을 보는 학자들은 꽃이나 열매 등의 형질을 근간으로 한 식별을 강조하지만, 이러한 분류학적 형질은 1년 중 관찰할 수 있는 기간이 매우 짧아 꽃이나 열매가 없는 시기에 수종을 식별해야 하는 산림인이나 생태학자들에게는 그 실용성이 떨어진다. 따라서, 이러한 분류학적 형질보다는 소지, 수피와 같은 형질 등에 대한 정보 활용과 경험에 의해 자신만이 알 수 있는 지역에 분포하는 개체변이에 대한 선택이 중요하다. 때로 식물의 분포에 대한 정보와 개화기 등도 수목을 식별하는 주요 특징이 되므로, 보다 많은 정보를 이해하고 경험하는 것이 필요하다. 이런 이유로 수목학은 학문적 분야이기보다는 기술적 분야로 이해하는 것이 적절하다.

일본, 중국에서는 주로 식별학의 범주에 국한하여 수목학을 분류학의 아류로 보지만, 미국이나 유럽에서는 수목학은 생태와 분류의 종합적 개념에서 접근을 한다. 여전히 본 교재는 식별에 치우쳐 집필이 되었지만, 앞으로 국내외 많은 자료가 축적 되면 순차적으로 생태 관련 정보 보완을 시도하고자 한다. 결론적으로 수목학이란 지리적 분포와 조림적 특징을 포함한 수목의 식별과 분류를 다루는 학문이지만, 분류학(명명규약 포함), 형태학, 생물계절학, 생태학, 지리적 분포, 그리고 자연사를 포함한 하위 학문 분야를 포함한 식물학과 산림과학을 접목한 학문이다.

2. 식별, 유별(분류), 계통에 관한 분류학적 기본용어

식물분류학은 식물의 다양성을 공부하면서 식물을 식별하고 이름을 명명하며 분류하는 학문으로서 당장 경제적 이용가치는 없지만 특정 식물이 미래에 효용가치가 높아지는 식물과 근연 관계가 존재하는 식물에 대해 활용할 수 있는 정보를 얻고자 연구하는 학문이다.

유별(또는 분류; classification)은 공통적으로 공유하는 특성(characteristics)을 근간으로 식물을 배열하는 것으로, 통상 계급 또는 수준(rank)을 단계적으로 정리하는 것을 의미한다. 이때 공유하는 특성은 어떤 인위적인 기준에 의해 시도하거나 형태적 유사성에 의해 또는 계통적 관계를 근간으로 할 수 있다. 이러한 유별을 통해서 식물이나 동물에서는 다음과 같이 계, 문, 강, 목, 과, 속, 종 등의 높은 계급에서 낮은 계급으로 배열한다. 식별 또는 동정(identification, determination)은 꽃, 열매, 잎 또는 줄기 등 특정 형질을 인지하고 이러한 특징을 근간으로 식물의 이름을 확인하는 과정을 말한다. 식물 식별에는 여러 방법이 있을 수 있는데, 예로서 전문가에게 물어보는 방법, 표본이나 사진 등을 비교해서 아는 방법, 과거 경험을 통해 아는 방법, 그리고 검색표(key)를 통해 아는 방법 등이 있다. 대부분 시간이나 공간적인 한계성이 있지만 용어를 잘 알고 있다면 검색표(제1편 제4장 참조)를 통해 아는 방법이 가장 바람직한 식별방법이다.

식물기재(botanical description)는 식물의 각 부분에 대해 정확한 여러 형질의 특징을 기록하는 것이다. 분류군의 특징(표징; diagnosis)이란 특정 식물이 다른 식물과 구분되는 가장 유효한 형질을 말한다. 또한, 식물군(taxon, 복수; taxa)이란 용어는 식물의 계급에 관계없이 사용하는 단어로서 계, 문, 강, 목, 과, 속, 종 등의 계급에 해당되는 식물을 3인칭으로 가리킬 때 자유롭게 사용할 수 있다.

계통(phylogeny)이란 유기체 생물의 진화 역사적 조상/후손의 관계를 설명하는 연구로서, 주어진 형질을 근간으로 일부 분류군의 진화적 경로를 추적하는 것을 목적으로 하고 있다. 즉, 유별은 단순히 공통된 형질을 근간으로 특정 분류군을 나누지만, 계통은 이렇게 나눈 분류군 간 조상과 후손 또는 진화의 경위를 밝히는 것을 목적으로 한다.

유별과 식별, 계통이라는 용어는 분류학을 공부하는 학생들이 많이 혼동하는데, 다음의 예를 통해 명확하게 이해할 필요가 있다.

1) '학생이 교수를 찾아와 이 식물 이름을 알고 싶습니다.'라고 할 때 이 질문은 식별에 해당되는 질문이다.

2) 황벽나무는 수피의 코르크가 발달하고 이 수피를 잘라보면 노란색의 특징을 보이는데, 운향과(Rutaceae)에서는 볼 수 없는 이 식물만의 특징이다(식별). 그러나 황벽나무 열매의 냄새는 마치 귤 냄새인 듯하며, 잎이 겹잎 복엽 인 식물이 속한 운향과(family; 科)의 귤이나 또는 초피나무에서도 이러한 특징 이 공통적으로 확인되는데, 이러한 경우를 유별 또는 분류라고 한다.

3) '우리는 바람에 의해 수정되는 버드나무 꽃의 형태는 화려한 꽃을 갖고 있으면서 곤충에 의해 수정되는 목련보다 더 오래 전에 지구에서 살았던 식물로 생각한다. 그렇다면 벌레가 꽃보다 먼저 이 지구상에 있었다는 증거가 없지 않을까?'라는 질문이 있다면 이는 계통에 해당되는 대화이다.

식물을 식별하는 것은 일종의 기술로서 각 특정 분류군을 식별하는 형태적 형질에 대해 잘 이해할 뿐만 아니라, 식물이 자라는 생육환경(habitat), 개화 나 결실시기, 겨울눈의 특징, 수피ㆍ소지의 특징, 그리고 변이 등에 대한 이 해가 필수적이다. 따라서, 많은 시간을 야외에서 관찰하고 경험을 해야 터득 할 수 있는 기술적인 분야로서 꾸준한 노력이 필요하다.

그림 1- 1. 수목학과 관련 분야의 관계

3. 수목의 진화 및 분류

나무, 관목, 덩굴 식물과 같은 목본 식물은 지구상의 숲과 다른 많은 생태계의 주요 구성 요소를 형성하며 가장 크고 수명이 긴 유기체 중 하나로서 지구상의 육상 생물 다양성과 생물량에 엄청난 부분을 기여하며 무수한 미생물, 동물들의 먹이와 서식지를 제공한다. 또한 인간도 연료, 약, 음식, 도구, 가축 사료, 그늘, 유역 유지 및 기후 조절을 위해 교목과 관목에 의존하고 있어 나무는 과학적, 경제적, 사회적, 문화적, 미적 가치를 헤아릴 수 없을 만큼 가치가 높다. 우리가 사는 지구의 숲은 생물권 바이오매스(biomass)의 80%에 가깝게 저장되며, 이중 60% 이상이 나무가 차지한다. 이런 나무는 주로 열대 및 아열대 산림(43%)과 아한대(24%) 및 온대 지역(22%)에서 자란다. 전 세계적으로 374,000 종의 식물 종중 약 45%가 나무, 관목 또는 덩굴 식물과 같은 목본성 식물이며 453개의 관속식물 과(family)중 191개 과가 완전한 목본(42%)성으로 종의 풍부도(richness)는 약 45%를 차지한다. 그러나 불행히도 지난 수천 년 동안 지구에서 인간에 의한 삼림 훼손에 의해 면적의 35%가 사라졌다.

우리가 알고 있는 수목이 초본과 구분되는 큰 차이점은 형성층(cambium)의 분열에 의한 2차 생장, 즉 목재가 형성되는 주로 목부조직의 부피생장을 하는 특징을 가지고 있다. 최초의 육상 식물은 모세관 현상에 의한 습한 공기에서 수분을 이용하던 식물이었지만 첫 식물이 출현한 이후 약 1억년 후에 관다발식물(관속식물, vascular plants)이 나타났다. 이런 수목은 4억년 전 육상 식물의 진화를 하면서 거대한 지상에서 울창하고 화려한 숲을 형성하였고 시기는 고생대 데본기(3억 8,500만년-3억 9천만년 사이)에 "거대 초본류 라고 불렸는데 그 이유는 2차 목부가 존재하였지만 형성층이 중앙에 위치했던 형태가 (원생중심부 Protostele) 현생 수목과는 구조적으로 달리 수(pith)를 통한 형태(관상중심주, Siphonostele)의 현생 수목과는 구분된다(그림 1-2). 당시에는 이끼나 선태류가 자라는 습지대 초지에서 높이 9m가 넘는 초대형 고사리들이 나타나기 시작했고 당시 목본성 식물은 종자를 만들기보다는 포자를 통해 자손을 이어가는 다람쥐꼬리류, 원시겉씨식물과 쇠뜨기류 등의 고사류였다. 진화의 과정은 지구상의 관다발식물 가운데 가장 원시 형태인 라이니어형이 고생대 초기에 나타났고, 그 다음은 솔잎란형 그리고 원시 겉씨식물 형태가 나타난다. 고사리류는 독립적으로 진화하여 종자고사리로 진화한 반면, 원시겉씨식물의 초본형이 목본성인 겉씨식물로 진화하였다(그림 1-3).

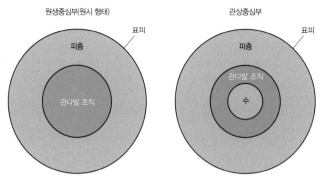

그림 1- 2. 원생중심부와 관상중심주

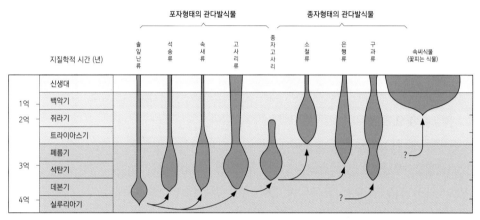

그림 1- 3. 식물의 진화

고생대 중기인 데본기에 나타난 초기 나무는 매우 작았지만 거의 백만년 사이에 빠르게 대형 목본 식물이 2차적으로 진화했다. 일단 목질화된 식물이 진화한 이후 큰 나무의 진화는 매우 빠르게 진행되어 초기에 복잡하고 울창한 산림 생태계를 형성했다. 이 거대한 목본 유기체는 육상 서식지의 진화 역학을 변화시켰으며, 썩어가는 가지, 잎 및 줄기는 지구 전체의 지구 화학주기에 변화를 주면서 당시의 생물의 대멸종의 원인으로부터 지구를 변화시켰다. 물론 고생대후반부터 중생대 중기까지 겉씨식물은 침엽수, 은행나무, 소철, 목본성고사리가 존재했지만, 중생대 중기(2억 2천만년)가 되어서야 지금의 나무와 유사한 2차 목부를 생산하기 시작하였다. 이 행성에 남아있는 겉씨식물인 침엽수는 계속 존재하지만 기후변화에 의해 차츰 이 지구상에서 급속하게 쇠퇴할 가능성이 더 높다.

고생대에는 고사류가 대부분을 차지하지만, 지금의 겉씨식물이 습한 지역에서 자라면서 점점 저지대 건조한 지역으로 퍼져 중생대에 와서는 대부분 침엽수 계통의 수목들이 자라게 된다. 종자고사리도 이런 겉씨식물과 비슷한 시기인 고생대 데본기에 등장하지만 중생대를 거쳐 중생대 말이나 신생대 초기에 멸종한다. 지금은 이 종자고사리는 겉씨식물이나 고사리와는 전혀 다른 진화 분류군으로 본다.

우리는 오늘날 다수의 나무, 관목 및 덩굴 식물을 보며 이런 식물들은 압도적으로 꽃이 피는 식물인 속씨식물로서 몇 가지 의문을 가지게 된다. 과연 이런 꽃이 피는 식물은 언제 지구에 나타났을까, 그리고 과연 꽃이라는 정의는 무엇인가라는 질문이다. 대부분 꽃에 대한 정의를 물어보면 화려한 색깔의 꽃잎이나 꽃받침을 연상하지만 꽃의 정의는 종자를 싸고 있는 씨방(자방)의 존재이다. 그래서 우리는 겉씨식물의 생식기관을 '꽃(flower)'이라 표현을 하지 않고 '배우체(gametophyte)'라는 어려운 용어로 구분을 한다.

흥미롭게도, 오늘날 가장 다양하고 우세한 식물인 속씨식물(꽃이 피는 식물)의 초기 역사는 작은 관목 또는 덩굴 식물이었을 것으로 추측한다. 속씨식물은 지금은 중생대 초기에 진화해서 말기인 백악기(6,500만년)에는 대부분의 산림 생태계에서 우점을 차지하였다. 현존하는 1,100 종에 불과한 겉씨식물은 오늘날 특정 산림 생태계, 특히 북반구의 한대 지역에서만 중요한 역할을 한다.

속씨식물의 진화는 중생대 초기인 1억 3천에서 고생대 말인 2억년 사이로 보며 초기는 수생이면서 작은 식물로 추정한다. 이런 수생식물이 육상식물로 진화하는데 약 백만년 이상이 걸렸을 것으로 추정한다. 이 당시 숲은 꽃이 피는 식물은 주로 목련 계통의 큰 나무가 상층을 이루면 원시 초본성 식물이 하층을 형성한 것으로 상상된다. 그래서 알이 먼저냐 닭이 먼저냐는 논쟁처럼 이 지구 육상에 숲을 형성한 식물은 초본 혹은 목본이 먼저인가 라는 질문이 있으나 고생대부터 지금까지 대부분 초본이 먼저 진화하였고 그 이후 목본성 식물의 진화를 하였다고 보거나, 혹은 거의 유사한 시기에 동시에 초본과 목본이 같이 진화하였다는 대립되는 2개의 가설(원시초본 기원 가설 vs 목련 원시 가설)이 상존한다(그림 1-4).

속씨식물의 진화는 1) 원시 목련(목련과, 녹나무과는 우리나라에도 자생)은 주로 목본성, 2) 진정쌍자엽(eudicots)에는 대부분 초본이거나 혹은 초본과 목본이 같은 진화하였다. 일부 과에는 초본과 목본이 동시에 포함된 경우도 있지만 포도과, 참나무과, 버드나무과, 옻나무과, 도금양과, 꼬리겨우살이과, 감나무과, 물푸레나무과 등에서는 오직 목본성 수목만이 존재한다. 이 진정쌍자엽에 속한 식물들은 지난 생물지리학 및 숲의 진화에 중요한 역할을 했다. 반면 수생식물인 수련, 붕어마름, 연과 외떡잎 식물은 3) 원시초본(paleoherb)이라 부르며 반수생 서식지에서 진화를 하였고 대부분 초본성 식물이다. 꽃피는 식물인 속씨식물의 진화와 계통은 3개 그룹으로 나눠서 목련류(진화의 막다른 골목), 원시초본(단자엽이 여기서 진화), 미나리아재비류(진정쌍자엽의 진화)로 나눠서 본다. 수목은 그래서 목련류 혹은 미나리아재비류에서 진화한 것으로 보지만 각 그룹에서 독립적으로 진화한 것이며 단계원적 진화로 보지 않는다.

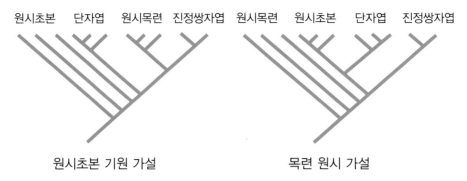

원시초본 기원 가설   목련 원시 가설

그림 1-4. 원시초본 기원 가설과 목련 원시 가설

일반적으로 꽃피는 속씨식물의 진화를 추적해 보면 우리가 흔하게 보는 현상은 꽃잎 수는 많은 것에서 점점 줄어들고 그 이후 이런 꽃잎들이 합쳐지면서 통꽃으로 진화했음을 알 수 있다. 또한, 꽃잎이나 꽃받침은 4개나 5개에서 3개로 줄어들고 꽃은 방사대칭에서 좌우대칭(불규칙한 꽃)으로 진화의 방향을 가지고 있지만, 초본식물에서 점진적으로 목본식물이 진화하였거나 혹은 반대로 목본에서 초본으로 진화한 증거는 존재하지 않는다. 이런 이유로 지금까지 여러 계통학적 분류체계에서 목본과 초본을 나눠서 진화에 대해 설명한 사람은 유일하게 미국의 계통학자인 존 허친슨(J. Hutchinson, 1884-1972)만이 있다. 허친슨은 목본과 초본을 분류체계에 반영을 하였지만 이런 해석은 평행진화를 한 근거로 계통적 진화와는 상반되어 이 분류체계는 더 이상 받아들여지지 않는다. 허친슨은 그의 분류체계에서 목본에서 초본이 진화했다고 주장하였다.

생명사 속성의 상관관계는 생물학자들에게 오랫동안 관심을 가져왔던 질문은 식물의 수명과 진화에는 어떤 차이가 존재하냐는 것이다. 최근 엽록체의 rbcL과 기타 유전자의 분자진화를 연구하여 몇가지 흥미로운 결론을 얻었다. 목본과 초본이 같이 상존하는 과와 목본 혹은 초본만 있는 과를 서로 상호비교 연구하였는데 생활사중 수명이 비교적 긴 목본은 초본식물에 비해 분자 진화율이 낮아서, 결국 분자 진화 속도도 목본이냐 초본이냐는 특징에 따라 진화 속도가 차이가 있다는 것을 알게 되었다.

1800년에 세계 인구는 6배 이상 증가하면서 농업, 벌목 또는 도시화를 위한 삼림 벌채와 서식지 손실이 급격하게 증가하면서 인류는 전 세계적으로 환경을 변화시켰다. 인간은 지난 50년 동안 세계 생태계를 그 어느 때보다 빠르게 그리고 더 큰 규모로 변화 시켰다. 이러한 변화는 우리 행성의 목본 지배를 위험에 빠뜨렸고 인류 문명이 시작된 이래로 전 세계 나무 수는 약 46% 감소했다. 이런 극적인 변화가 전 지구적 생지화학적 순환, 지구상의 탄소 격리, 목본 종에 직간접 적으로 의존하는 다른 유기체의 감소에 엄청난 영향을 미쳤다.

- 연습문제 -

1. 용어: 식별, 유별(분류), 계통, 표징의 차이점은 무엇인가?

2. 고생대의 목본식물과 현생 목본식물에는 어떤 차이가 있나?

3. 속씨식물의 목본식물의 원시형태는 어떻게 진화하였나?

4. 꽃의 정의는 무엇인가?

5. 속씨식물은 과거에는 단자엽과 쌍자엽 식물로 분류하였지만 최근에는 이런 분류체계보다는 3개의 분류군으로 본다. 그 이유에 대해서 설명하라.

제 2장 식물 학명

식물에 라틴어로 이름은 학명(scientific name)이라고 한다. 학명을 사용하는 가장 큰 이유는 향명(vernacular name)이나 일반명(common name)이 세계 공통으로 사용될 수 없기 때문에 세계 공통의 일치된 이름을 국제식물명명규약(일명 code)을 통해 오직 올바른 하나의 학명을 제공하고자 하는 목적이 있다.

학명은 속명과 종소명 명명자로 구성되며 속명은 대문자, 종소명은 소문자로 시작된다. 속명과 종소명은 이탤릭체로 쓰거나 혹은 학명 아래에 밑줄을 긋도록 되어있다. 식물에 학명(scientific name)을 부여하는 것을 식물명명(nomenclature)이라고 하고 식물명명에 대한 안정성을 부여하기 위하여 정밀하게 제정된 규약인 '조류, 곰팡이 및 식물 국제명명규약(International Code of Nomenclature for algae, fungi, and plants, ICN)'이 학명의 사용을 규정하고 있다. 식물상 및 종속지 연구 등에 의한 지속적인 자료 축적과 검토로 장기간 사용되던 학명이라 하더라도 국제명명규약에서 정하고 있는 조항(article)과 권고 사항(recommendation)에 의해 바뀌는 경우가 있다.

일반명이 학명에 비해 다음과 같은 단점이 있다. 즉, 모든 식물에 대해 일반명이 존재하지 않으며 일반 식물명은 해당 언어에서만 적용이 가능하며 전 세계적으로 통용되기 어렵고, 동일 과 혹은 속에 대한 유연관계 정보를 제공하지 못한다. 또한, 동일지역 혹은 지역에 따라 동일 식물에 대해 여러 일반명이 존재하며 가끔 두개 혹은 그 이상의 식물에 같은 일반명이 존재하기도 한다.

명명규약(code)이 만들어 진 이유로는 모든 식물에 안정된 이름을 제공하며 올바른 하나의 이름을 사용하기 위함이다. 또한, 이름의 문법적 통일을 추구하며 학명이 처음 사용되는 기준 날짜를 제공하기 위해서다. 식물의 이름은 국제명명규약을 따르며 6가지의 규약의 기본 원칙(principle)이 존재한다.

1. 식물의 학명은 동물의 학명과는 별개로 서로 무관하다.
2. 분류군에 대한 명명은 명명기준, 즉 표본에 의해 정해진다.
3. 분류군의 학명은 선취권에 근간을 둔다.
4. 각 분류군은 오직 하나의 올바른 이름만이 존재하며 일부 예외는 있지만 규약에 의해 가장 오래된 이름을 근간으로 한다.
5. 학명은 라틴어화 한다.
6. 규약은 일부 예외를 제외하고 소급 적용한다.

분류에 대한 계급(rank 혹은 hierarchy라고 함)을 아래와 같이 지정하고 있지만 각 계급에 대한 정의는 국제명명규약에서 명시하고 있지 않다.

계 (kingdom) – 끝이 ae로 끝난다. 예) Plantae
문 (dividison) – 끝이 phyta로 끝난다. 예) Magnoliophyta
강 (class) – 끝이 opsida로 끝난다. 예) Magnoliopsida
목 (order) – 끝이 ales로 끝난다. 예) Sapindales
과 (family) – 끝이 aceae로 끝난다. 예) Aceraceae
속 (genus) – 속 이하의 계급에서는 통일된 끝 철자는 없다. 예) *Acer*
종 (species) – 예) *palmatum*
아종 (혹은 변종) (subspecies or variety) – 예) var. *amoenum*
품종 (form) 예) f. *amoenum*

모든 과의 이름은 aceae로 끝나지만 예외적으로 8개의 과는 보전명이라 해서 [Gramineae (Poaceae, 벼과), Leguminosae (Fabaceae, 콩과), Palmae (Arecaceae, 종려과), Compositae (Asteraceae, 국화과), Cruciferae (Bassicaceae, 십자화과), Labiatae (Lamiaceae, 꿀풀과), Guttiferae (Clusiaceae, 물레나물과), Umbelliferae (Apiaceae, 산형과)] 복수의 이름을 모두 혼용해서 사용할 수 있다.

1. 식물 학명의 구성

속명은 학명을 구성하는 요소로서 라틴어 단수이면서 명사로 사용한다. 또한, 라틴어의 속명은 *Pin-us*, *Magnoli-a*, 혹은 *Cinnamom-um*으로 표시하며 사람의 이름을 기념하여 붙이는 경우가 많다. 2개 이상의 라틴어 혹은 그리스어로 된 합성어를 사용하기도 한다. 전통적인 학명의 이름은 고어에서 유래하여 그 의미가 알려져 있지 않은 경우도 있고, 때로 지방명, 혹은 국가이름을 빌려 사용하기도 한다. 수목의 속명은 대개 단어의 끝과 관계없이 대부분 여성으로 취급한다. *Pinus densiflora*, *Abies koreana*, *Quercus mongolica* 등이 그 예이다.

종소명의 경우는 라틴어 문법의 의해 형용사를 사용하는데 -um(n, 중성), -us(m, 남성), -a(f, 여성)으로 표시하며 속명의 성에 따라 사용해야 한다. 예로서 *Acer pseudosieboldianum*, *Euonymus macropterus*, *Quercus mongolica* 등이 있으며 이때 속명인 'Acer'는 중성, 'Euonymus'는 남성, 'Quercus'는 여성에 대한 격을 사용한다. 지역과 관련된 종소명은 -ensis, -anus, -inus, -ianus, -icus 등이 있으며 분류학자를 기념하여 붙이는 경우 접미사는 -ii, -ae 혹은 -ianum, -ianus, -iana 등을 붙인다.

명명자의 경우는 Brummitt & Powell 의 Authors of Plant Names 혹은 Authors of Plant Names Index (IPNI; www.ipni.org - authors에서 축약형을 제시하고 있다. 예로서 L. 는 Carl Linnaeus, DC.는 Augustin Pyramus de Candolle, A. DC.는 Alphonse Louis Pierre Pyramus de Candolle(1806-1893)를 지칭하며 이외에 일본 식물을 연구한 Siebold는 Philipp Franz (Balthasar) von Siebold (1796-1866) 등으로 정해서 사용한다.

학명중 다른 속으로 혹은 계급의 이동이 있을 때 기본명의 저자는 괄호 안에 표시한다. 즉, *Distegocarpus laxiflora* Siebold & Zucc.가 *Carpinus*속으로 변경되면 *Carpinus laxiflora* (Siebold & Zucc.) Blume로 *Diervilla subsessilis* Nakai가 *Weigela*속으로 변경되면 *Weigela subsessilis* (Nakai) L. H. Bailey 로 표시한다.

때로 ICN에서는 학명의 보전명(*Nomina Conservanda*)이라는 규칙을 정해 선취권에 관계없이 사용하는 학명도 존재한다. 즉, *Hosta* Tratt., *Rumex acetosa* L. 등은 선취권에 무관하게 이 학명을 사용한다.

2. 국제명명규약의 주요 사항

1) 학명에 대한 규약

국제명명규약은 규칙(rules)과 권고사항(recommendations)으로 구성되며 62조항 (articles)으로 구성된다.

식물분류학의 가장 중요한 역할 중에 하나는 새로운 분류군에 대해 학명을 부여하거나 옛 분류군에 대해 새로이 정리(remodeling)하는 것이다. 즉, 많은 연구를 통해 자주 여러 분류군의 이름이 정리되는데 이때 분류군이 분리(divded)되거나, 합쳐지거나(united), 혹은 다른 속으로 이동(transferred)되거나 혹은 계급의 변화(changed in rank)가 생긴다.

각 분류군에는 하나의 올바른 이름만이 존재하며, 올바른 이름은 반드시 합법적이면서 유효하게 발표하여야 한다. 유효한 발표(effectively published)는 식물학자가 쉽게 이용하는 도서관에 소장되는 문헌이나 학술지에 발표를 해야 하며, 합법적으로 발표한 이름(validly published name)은 학명이 라틴어화한 이름으로 구성되어야 하며, 종의 특징은 라틴어 혹은 영어로 기재해야 하며, 신종일 경우 기준표본에 대한 지정이 요구된다. 조합명일 경우에는 이미 발표한 이름(기본명, basionym)의 출처를 올바르게 언급해야 한다.

반면, 신종 발표 때 기준표본의 종류나 소장기관명을 언급하지 않거나, 1935년에서 2011년 사이 라틴어 종 기재를 하지 않거나, 혹은 학회지나 책으로 발표하지 않고, 학위논문에서만 신종을 기재한 경우에는 모두 비합법적으로 발표한 이름이라 지칭하며 학명으로서 사용이 불가하다.

2) 학명 사용때 명명자에 언급되는 라틴어

① 명명자가 2명 이상일 경우(&의 경우) – 2명일 경우에는 &, and, 혹은 et로 표시하며 3명 이상일 경우에는 *et al.*로서 표시한다. 예, Siebold & Zucc., 또는 Siebold *et* Zucc. 2명 이상일 경우에는 Smith *et al.*로 표기한다.

② 학명을 제안한 자가 다를 경우(*ex*의 경우) – 때로 명명자가 제안을 하였지만 학명자체가 합법적으로 발표가 되지 않아서 후학자의 이름을 기재할 경우 사용하는 라틴어이다. 혹은, ex는 비합법적으로 발표한 사람의 뒤 혹은 합법적으로 발표한 명명자의 앞에 붙는다. 즉, *Cercidiphyllum japonicum* Siebold & Zucc. *ex* J.J. Hoffm. & J.H. Schult. *bis.*

③ 다른 사람의 논문에 다른 저자가 일부 학명을 발표하였을 경우(in의 경우) – 때로 명명에 대해 연구한 사람이 다른 사람의 논문에 일부 포함되어 발표하는 경우를 말한다. 예로서, 흑오미자의 경우 *Schisandra repanda* (Siebold & Zucc.) Radlk. in Sitzungsber. Math.-Phys. Cl. Kőnigl. Bayer. Akad. Wiss. Műnchen 16,303, 1886.
특정 분류군의 이름은 계급이 바뀌면 명명자의 이름도 따라서 기재한다. 예) 종 수준에서 변종으로 계급이 바뀔 때, *Viburnum bitchiuense* Makino는 *Viburnum carlesii* Hemsl. var. *bitchiuense* (Maikino) Nakai 로 표기한다.

3) 기준표본에 대해서

학명의 기준 표본(nomenclatural type)이라고 하는 것은 어떤 특정 계급의 이름과 영원히 귀속되는 표본을 지칭한다. 특히, 관속식물의 유효발표는 몇 예를 제외하고는 1753년 5월 1일을 시점으로 하며, 선취권은 과 이상의 계급에서는 적용되지 않으며, 규약은 소급력이 있으며 라틴어로 된 기재는 1935년 1월 1일 이후부터 요구된다(2012년 이후는 영어로 종기재가 가능).

4) 학명과 관련해서 자주 사용하는 용어

규약에서 자주 언급되는 주요 용어는 반드시 기억할 필요가 있다.
① 이명(Synonym) – 분류학적 판단에 의해 차이가 있거나 혹은 잘못 적용되었다고 판단한 모든 학명을 지칭하며 이 이명중 선취권에 의해 정명 혹은 올바른 이름을 선택해서 사용한다. 비합법적으로 발표한 이름이나 후동명(아래 참조)으로 서명이 되는 이름은 이명으로 취급하지 않는다(그림 2-1 참조).
② 기본명(Basionym) – 다른 속 혹은 종으로 이전될 때 선취권이 존재하는 종소명 혹은 변종명은 반드시 기본명이라 하여 사용된다. 예. *Distegocarpus laxiflora* Siebold &

Zucc.가 *Carpinus*속으로 바뀔 때 *Carpinus laxiflora* (Siebold & Zucc.) Blume로 사용하는데, 이때 *Carpinus laxiflora*의 기준표본은 *Disteogocarpus laxiflora*가 된다.

③ 동일명(Homonym) – 다른 기준 표본 (혹은 다른 종)임에도 불구하고 2개 이상의 동일 이름을 가질 때 이중 하나만이 정명으로 인정된다. 예로서. *Populus glandulosa* Moench(1794)라는 이름이 이미 존재하는 경우임에도 불구하고 *Populus glandulosa* (Uyeki) Uyeki(1934)로 처리할 경우, 동명이라 부르고 1934년에 발표한 이름은 후일동명(later homonym)이라 한다. 따라서, Uyeki가 발표한 *Populus*속의 '*glandulosa*' 라는 기본명은 사용할 수 없고, 새로운 종소명을 제안하거나 혹은 '*glandulosa*'의 다음 선취권이 존재하는 종소명을 이용하여 학명을 사용하여야 한다. *P. glandulosa* (Uyeki) Uyeki 라는 이름은 후일동명임과 동시에 서명(illegitimate name)이라 하여 이 이름 자체를 기각(reject)하게 되어 있다.

④ 반복명(Tautonym) – 식물명에서는 종소명과 속명이 동일한 경우는 허용하지 않는다. (즉, 동물의 경우만 인정함). 예로서. *Pyrus malus* L. 라는 이름이 사과나무속으로 변경되면 *Malus malus* (L.) Britton는 속명과 종소명이 동일해서 이를 서명(illegitimate name)이라고 하여 사용할 수 없다. 이때는 새로운 이름 혹은 2번째 선취권의 이름을 사용하여야 한다.

⑤ 자동명(Autonym) – 해당 분류군중 새로운 종이하(즉, 변종)이 생성될 때, 기본명에 해당되는 이름의 변종 종소명은 자동으로 반복되면서 명명자를 기재하지 않는다. 이외에도 속내 분류체계중 여러 절(section), 열(series) 등이 만들어 질 때 속의 이름과 동일한 절 혹은 열의 이름은 명명자 없이 자동으로 만들어 진다. 자동명은 반복명과는 다른 것으로 혼동해서는 안된다. 예로서, *Acer palmatum* Thunb.의 변종[*Acer palmatum* var. *amoenum* (Carrière) Ohwi]이 새로 만들어지면 기본종은 변종뒤에 명명자를 적지 않은 상태에서 *Acer palmatum* Thunb. var. *palmatum*, 혹은 아종의 경우 *Acer palmatum* Thunb. subsp. *palmatum*으로 기재한다.

기준표본(type)은 하나의 표본을 말하며 동일 식물의 부분을 표본에 나누어 여러 장으로 정리하였을 경우나 한 장에 하나의 표본을 부착한 것을 지칭하며, 반드시 식물의 변이의 대표적인 개체를 기준표본으로 제시할 필요는 없다. 기준표본에서 종의 기준은 표본이 되며 속의 기준은 속명과 종소명으로 구성되며 과는 속의 이름이 목의 경우는 과로 구성된다.

새로운 학명을 발표하는 데에는 몇 가지 요구사항이 있다. 즉, 신종에 대한 이름을 부여하고, 라틴어로 종의 기재를 하거나 혹은 종의 주요 특징(diagnosis)을 작성해야 하며 기준표본을 지정하고 유효하게 이 내용을 발표하여야 한다.

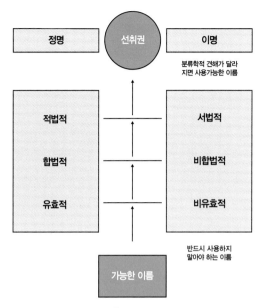

그림 2-1. 서법적, 비합법적 혹은 비유효적으로 발표한 이름의 경우에는 이명에 포함되지 않으며, 이런 이름은 사용이 불가하다. 정명은 선취권에 의해 이명 중에서 결정되며, 때로 분류학적 견해에 따라 다른 이명이 선택되어 정명이 될 수 있다.

5) 식물학명의 선취권

선취권은 과(科) 이상의 분류군에는 적용되지 않기 때문에 아강, 상목, 목 등에는 임의 사용이 가능하다. 1753년 이후의 발표된 학명에, 화석의 경우에는 1820년 이후 발표된 학명에 대해 일반 식물의 경우 선취권을 부여한다.

① 적법한 이름(legitimate)은 명명규약(code)을 준수한 이름을 지칭하며, 그렇지 않을 경우 서명(illegitimate)이라 한다. 반복명과 후동명은 서명의 예이다. 때로 선취권을 적용하지 않고 규약에 의해 따로 비합법명이지만 보전하는 경우가 있다. 이를 보전명(nomem conservandum)이라고 한다. 예로서 벼과, 사초과, 곡정초과의 많은 속명은 보전명으로 지정된 경우가 많다. *Cynodon* Rich., *Ophiopogon* Ker Gawl., *Setaria* P. Beauv., *Bulbostylis* Kunth, *Rhynchospora* Vahl, *Fimbristylis* Vahl, *Kyllinga* Rottb., *Luzula* DC. 등이다.

② 유효와 합법적으로 발표한 이름(effective vs valid publication of names): 첫 발표 때 신종기재와 관련된 유효하고 합법적으로 발표한 모든 요소를 합쳐서 프로토로그 (protologue)라 지칭한다.

학명의 구조는 유효하게, 합법적으로 적법적으로 발표한 이름만이 '이명'이 될 수가 있고 이런 여러 이명중 가장 먼저 발표한 선취권을 가진 학명이 정명(corrected name)이 되는 구조이다. 정이명 목록이라 제시하는 문헌에서는 비합법적으로 발표한 이름이거나 서법적(위법적) 이름의 경우는 이명에 포함시키면 안 된다.

올바른 이름에 대한 정보는 여러 인터넷 웹사이트에서 활용이 가능한데 전 세계적으로 가장 많이 이용하는 곳은 Plants of the World Online(http://powo.science.kew.org) 이며 국내에서는 국립수목원의 국가표준목록이라 정이명을 제시하고 있지만 오류가 많아 사용을 자제하는 것을 권고한다.

분류학자들은 식물의 이름에는 오직 하나의 올바른 이름(학명)이 존재한다는 규약에 의해 과거 문헌과 식물에 대한 연구를 끊임없이 진행하면서 올바른 이름을 찾아내고 정리하고 있다. 분류학자들의 연구가 지속되는 한 시간의 흐름 속에 이름은 바뀌게 됨을 이해하여야 한다. 분류학은 과거의 문헌에만 의존하지만 지속적인 변화를 추구하는 과학의 한 분야이며 분류학자가 지구상에 사라지지 않는 한 학명은 지속적으로 변경된다.

- 연습문제 -

1. 비합법적 발표명과 서법명의 차이점은?

2. 정명은 여러 이름(이명, 적법명, 비합법적 발표명, 비유효명) 중 어떤 과정으로 선택이 되는가?

3. 반복명과 자동명의 차이점은 무엇인가?

4. 기본명은 무엇인가?

5. 서법명에 해당되는 이름에는 무엇이 있는가?

제 3장 분포 및 생태적 특징

한반도 식물의 구성과 식물구계에 대해서

1. 신생대 3기와 4기, 아시아의 식생 변화

신생대 초기인 고제삼기(Paleogene)에는 중생대 후반부터 북반구의 아시아와 북미대륙이 연결된 베링(Bering) 해협으로 많은 동식물 이동이 있었다. 이후 시신세(Eocene)에는 지구의 온난화가 급격히 진행되면서 북반구의 많은 지역은 아열대 혹은 열대성 식물이 우점종이 되었다. 그러나, 점신세(Oligocene)가 되면서 북반구는 차츰 온도가 하강하면서 건조한 기후로 변하기 시작하였다. 러시아 지역은 당시 산림식생이 우세를 보인 반면, 중국의 서부를 제외하고는 관목으로 구성된 숲이 대부분을 이루었다. 중신세(Miocene) 시기는 과히 초본의 시대로 불리는데, 당시 초본 식물과 벼과 식물의 종수가 꾸준히 증가한 시기로 기록된다. 선신세(Pliocene)가 되면서 한대활엽수종은 침엽수림, 자작나무 숲으로 대치되었고, 낙엽성 교관목이 우점을 이룬다. 당시 스텝형의 식물이 아시아의 고위도에서 나타났으며, 동시에 처음으로 툰드라 식생대가 형성되었다. 진정한 사막 식생대는 신생대 4기 때에 시작되었고 당시 아시아의 식생대가 북쪽에서 점차적으로 남하하는 경향이 두드러졌다. 기온이 떨어지면서 고산 지대의 식생은 점점 저지대로 이동하였다.

겉씨식물과와 같이 다소 추운 지역에 생육하는 식물은 아열대, 열대성 기후를 나타내는 시신세 초기에는 동북아시아에서 확인되지 않았지만 이후 온도가 하강하면서 점차적으로 한국, 일본, 중국에 출현하기 시작한다. 즉, 나자식물의 가장 큰 변화는 시신세과 신생대 4기 홍적세(Pleistocene)때 급격한 기후 변화에 따라 전성기를 이룬다. 그러나 신생대 3기의 시기는 약 2,000만 년의 긴 시간속에 일어나는 종분화와 지사적 사건이지만 신생대 4기는 이의 1/10에 불과한 200만 년 정도로서 상당히 기간의 차이를 보인다. 우리가 신생대 3기에 종분화와 식생대 변화에 더 많은 관심을 가지는 이유가 여기에 있다(표 3-1).

동북아시아 지역은 중생대 후기-신생대 초기 사이에 다소 건조한 기후를 보이지만 시신세 시기에는 다른 북반구와 달리 매우 습하게 변하면서 다른 열대 식물의 유입이 왕성하게 증가하였고, 이와 함께 온대성 식물 역시 활발하게 유입되었다. 이런 변화는 히말라야 산맥이 형성되면서 아시아의 기후적 변화를 주는데 당시 왕성한 지각 변동으로 인해 화산 폭발과 새로운 산맥의 출현 등 급격한 변화는 아시아 식물의 직접적인 종분화 기작의 원인도 된다.

신생대 4기 때에는 북반구의 약 80%가 빙하의 피해를 받았고 남반구에서는 일부 남미의 칠레나 아르헨티나에서서 보고된다. 시기로는 약 60만 년 전에 시작되었고 주로

표 3-1. 지질연대표. 신생대 4기는 통상 몇 만 년이지만 신생대 3기는 몇 천만년의 시기를 이야기한다.

대(代, Era)		기(紀, Period)		세(世, Epoch)	연대
선캄브리아	시생대				38억년 ~25억년 전
	원생대				25억년 ~ 5억4000만년 전
고생대 Paleozoic		캄브리아기 Cambrian			5억 4000만년 ~ 5억 500만년 전
		오르도비스기 Ordovician			5억 500만년 ~ 4억 3800만년 전
		실루리아기 Silurian			4억 3800만년 ~ 4억 800만년 전
		데본기 Devonian			4억 800만년 ~ 3억 6000만년 전
		석탄기 Carboniferous			3억 6000만년 ~ 2억 8600만년 전
		페름기 Permian			2억 8600만년 ~ 2억 4500만년 전
중생대 Mesozoic		트라이아스기 Triassic			2억 4500만년 ~ 2억 800만년 전
		쥐라기 Jurassic			2억 800만년 ~ 1억 4400만년 전
		백악기 Cretaceous			1억 4400만년 ~ 6600만년 전
신생대 Cenozoic		제3기 Tertiary	고 제3기	효신세 Paleocene	6600만년 ~ 5800만년 전
				시신세 Eocene	5800만년 ~ 3600만년 전
				점신세 Oligocene	3600만년 ~ 2300만년 전
			신 제3기	중신세 Miocene	2300만년 ~ 530만년 전
				선신세 Pliocene	530만년 ~ 160만년 전
		제4기 Quaternary		홍적세 Pleistocene	160만년 ~ 1만년 전
				충적세 Holocene	1만년 전 ~ 현대

시베리아와 미국 및 캐나다 북부지역, 그리고 유럽의 대부분 지역에 빙하의 흔적이 있다. 당시 빙하의 영향으로 해수면이 약 80-200m 이상 하강하여 한반도의 서해안과 일부 남해안은 중국 동부와 연결되었고, 남쪽으로는 제주도와 인근 섬 그리고 일본 남부가 연결되었다. 당시 이런 빙하의 영향은 북반구의 많은 식물의 염색체 수의 증가(배수체 현상)에 영향을 주었고 남쪽으로 식물이 밀려 내려가 피난처(refugium)에서 시간적 공간적 종 분화 현상이 가속화되었다.

한반도 식물상 형성

한반도는 지질학적으로 대부분 고생대에 형성된 지역이며, 유일하게 경상북도 영일, 함경북도 명천, 함흥에서 신생대 3기층 화석만이 발견된다. 당시 화석 기록에 의하면 신생대 3기 한반도는 많은 상록성 식물(무화과 종류, 녹나무 종류, 월계수 종류, 가시나무류)화석이 발견되어 당시 기후는 현재보다 많이 따뜻했던 것으로 추측한다.

신생대 3기 중기인 2,500만 년 전쯤 일본이 한반도에서 분리하면서 동해가 형성되기 시작하였는데 일본 열도가 북쪽은 시계 반대방향으로 남쪽은 시계방향으로 회전하면서 확장하거나 혹은 한반도와 일본에 위치한 두 개의 단층에 힘이 작용해 이들이 미끄러지면서 확장했다는 주장이 있다. 독도 바다 밑에는 바다의 산, 즉 해산(海山)이 있는데 정상부 지름이 20-30km에 달하고 높이는 2,000m가 넘는다. 해산이 형성된 시기는 약 450만-250만 년 전으로 당시 화산 폭발에 의해 형성된 것으로 추측된다. 백두산 천지는 서기 1,205년 화산 폭발로 완성되었는데 약 2,840만 년 전부터 지금까지 화산이 간헐적으로 폭발하였다고 한다. 반면 한라산은 백두산보다 늦은 170만 년 전 부터 화산이 폭발했고 백록담은 약 5,000년 전에 형성되었다고 한다.

한반도에서 조사된 화석 기록은 주변 국가에 비해 부족하고 대부분 중국과 일본에서 조사된 화석 기록과 고생물학적 연구에 의존하고 있다. 신생대 3기 중신세때 현존하는 많은 식물들이 나타난다. 현재 우리나라에 분포하는 온대성 낙엽수종은 대부분 신생대 중기 이전(5,000만 년 전)에 이미 한반도에 넓게 분포하였다.

신생대 4기를 거쳐 1만 년 전에서 약 6,000년 전까지는 참나무가 우점을 차지하고 그 이후에는 소나무와 참나무가 같이 나타난다. 참나무의 우세는 당시 기후가 다소 습하다는 간접적 증거이며 소나무가 많이 나타나는 이유는 인간의 간섭(산불, 벌채, 경작지의 증가 등)의 증가로 기인한다. 신생대 4기인 수 만 년 전 빙하기까지만 해도 서해 바다는 지금보다 해수면이 100m 이상 낮아 육지로 중국과 한반도가 연결되었다고 한다. 서해의 해수면은 마지막 빙하기가 끝난 15,000년 전부터 빙하가 녹으면서 상승했다고 한다. 5,000년 전부터는 서해 갯벌은 지금과 유사한 해수면을 유지하였다(그림 3-1).

2. 식물 구계와 분포

통상 기존 자료를 보면 북대 식물계의 동아구계역(그림 3-2A의 Ⅲ)에 속하며 온대의 특성을 지니고 있어 이를 세분하여 중일, 만주, 한국, 남 사할린/북해도, 일본 온대, 한일 난대로 나누고 있다. 식물분포에 영향을 주는 기후요소는 강수량과 온도를 고려하며, Ⅲ - a(한대림), b(온대림), e(난대림)가 우리나라의 식물 식생대를 의미하며 일본의 대부분지역과 중첩된다(그림 3-2).

이러한 구분 체계에 대한 객관적 기준은 미흡하며 식생대와 식물의 근원과 관련을 고려하여 구분하는 구계(탁타쟌 Takhtajan 제안)와는 다소 차이가 있다. 아래에 열거된 내용처럼 기후요소를 근간으로 한 난대림, 온대림, 아한대림, 한대의 구분은 과거 우리나라 산림대를 이해하는 근간으로 많은 교과서에서 언급되지만 식물의 근원을 고려한 구계와는 차이가 있어 식물분포와 비교하는 자료로는 적절하지 않다.

1) 식물 구계에 대한 분석 및 구성 요소

구계를 구분하는 근거는 지리적 기원, 다양성, 계통 분화에 영향을 주는 지리적, 지질학적, 기후적 요인을 모두 고려한다. 생물 지리적 구분선이 제시되는 내용을 보면 대부분 지사적, 기후적 고립은 뚜렷하게 나타나지 않고 경계가 불분명하게 나타날 수 있고 또한 다른 여러 동식물 등은 동일한 역사적 사건과 기후변화에 각각 다른 반응을 보여 분류군간 균일한 현상을 관찰하기가 쉽지 않다.

구계를 나누는 근거는 근연종이 동일 대륙이나 해양 등을 중심으로 중첩되게 나타나거나 분포하는 경우, 전혀 근연 관계가 없는 고유종들이 일정 지역에 공통적으로 나타나는 경우, 적지만 어느 일정 수의 종이 대륙이나 해양에 불연속 분포하는 경우 구계를 나누는 근거가 된다. 대륙이나 해양에서 불연속을 보이는 경우는 주로 과거 지사적 사건이 원인에 의해 형성되기 때문에 여러 학자들이 이러한 지사적 사건을 규명하는데 많은 연구를 시도하고 있다.

탁타쟌(Takhtajan, 1986)은 우리나라에 대한 식물구계를 만주구계(Manchurian Province)와 한일구계(Korean-Japanese Province)로 양분하였다(그림 3-2B). 탁타쟌 (Takhtajan, 1986)은 만주구계를 평안북도와 함경남도까지 생각하였으나 식물 구성으로 볼 때 백두대간을 타고 지리산까지 만주구계의 식물로 볼 수 있다. 한국의 중부 지방 (강원도제외)에서 남부까지는 모두 한국-일본의 구계로 취급하였다.

국내 식물구계에 대한 구분은 기존 국내 학자들은 울릉도와 제주도를 매우 독특한 식생계로 보면서 독립적으로 보고, 한반도는 4등분하여 만주구계의 식물상을 함경남도 혹

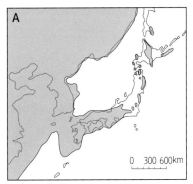

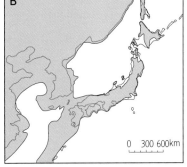

마이오세(중신세) 중기 1,450만년 전   플라이오세(선신세) 500만년 전

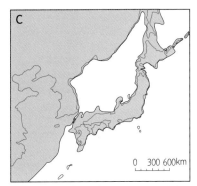

플라이스토세(홍적세) 18,000년 전 빙하기

그림 3-1. 신생대 3기는 대륙과 한반도가 주로 오랫동안 연결된 모습을 보여주지만
신생대 4기는 일본이 한반도와 중국 대륙과 일시적으로 분리된 모습을 보여준다.

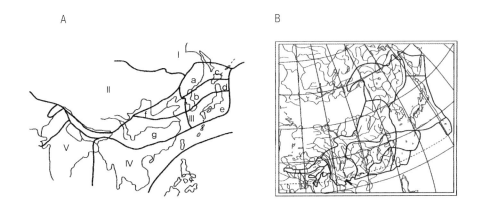

그림 3-2. 동아시아 식물 구계(A) 및 Takhtajan의 동아시아 식물구계 (B)

은 강원도 북단 부분까지만 인정하고, 중부지방을 충청남도와 포항을 가로지르는 선을 기준으로 2등분해서 경기도, 황해도, 평안남북도, 강원도 전 지역과 전라남북도, 경상남도, 일부 경상북도로 각각 구분하였다. 이외에 남해안 해안을 중심으로 한 지역을 분리해서 모두 4개 지역으로 보았다(그림 3-3).

국내와 외국학자들의 차이는 국내 학자들은 한반도를 중심으로 본 식물구계로서 만주구계를 제외하고는 한반도를 세분화 하는 반면 대부분 외국학자들은 한국과 일본의 식물구계를 거의 동일시 하였다. 식물구계는 단순히 고유종의 존재 여부보다는 식물의 기원과 종분화의 관계도 아울러 판단하는 기준이 되어야 하며, 따라서 현생하는 고유종 이외의 다른 식물의 분포와 기원도 동시에 고려해야 한다.

탁타잔의 식물구계와 한반도 식물구계의 연관성에서 본다면 몇 가지 수정안을 제안할 수 있다.

첫 번째 만주구계로 지칭한 식물구계는 한반도에 함경남북도에 주로 분포하는 것은 사실이지만, 백두대간을 거쳐 경상북도와 전라남북도까지 매우 광범위하게 분포하는 종들이 매우 많다. 따라서, 백두대간 구계(아무르식물상, Amur flora)는 한반도 남부까지 분포하는 보다 포괄적인 관점이 필요하다(그림 3-4).

두 번째로는 중국북부구계(Liaoning flora, North Chinese flora)에 해당되는 식물상은 한반도의 평안남북도와 황해도, 경기도, 충남지역에 널리 분포하고 있어 중국과 한반도와의 관계를 독립적으로 보는 것은 적절하지 않다(그림 3-5).

세 번째로는 중국 중부/남부에 분포하는 많은 식물이 한반도 남부와 일본 큐슈(Kyushu), 시코쿠(Shikoku)와 혼슈(Honshu)남부까지 분포하고 있고, 반대로 한일구계로 보았던 식물이 한반도 남부에 많이 분포하고 있어 한중일(China-Japan-Korea; CJK flora)의 남부 구계를 서로 합치거나 혹은 독립적으로 보는 시각은 역시 적절하지 않다(그림 3-6). 따라서, 탁

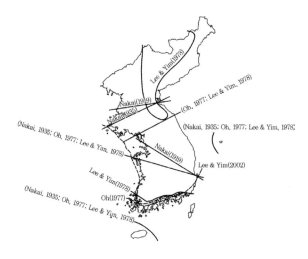

그림 3-3. 기존 여러 학자들의 식물 구계 제안 내용(오 등, 2006)

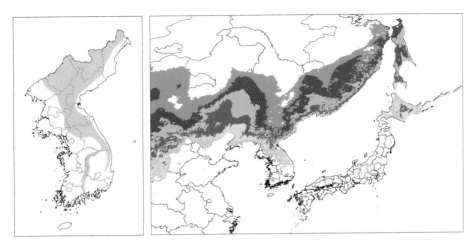

그림 3-4. 아무르식물상(=백두대간 식물상)의 분포양상

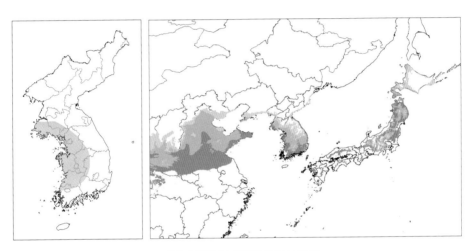

그림 3-5. 중국북부 식물상(=랴오닝 식물상)

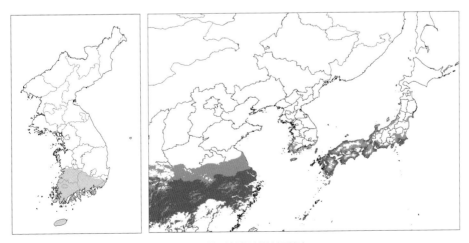

그림 3-6. 한중일 식물상의 분포양상

타쟌의 식물구계로 본다면 한반도는 백두대간구계, 중국북부구계, 한중일 구계 등 3개의 구계로 보는 것이 적절하다.

현재 이 시각과 과거 국내 학자들과의 차이를 비교하면 과거 북한의 일부 지역에 국한된 것으로 본 백두대간 구계를 한반도 전역, 즉 백두대간으로 넓게 본 점, 과거에 한반도 중부와 남부로 양등분한 지역을 중국북부 구계로 본 점, 그리고 제주도와 울릉도를 독립적으로 본 반면 현재 제안한 구계에 의하면 제주도의 경우는 주로 한일구계에 속하는 식물상에 포함된다. 울릉도의 경우 일부 식물들이 신생대 3기말부터 고립된 시간 속에서 분화된 것은 확실하지만 이 지역은 한반도 지역 3개 식물구계의 집합체로 보아 독립적으로 보는 견해와 다르다.

백두대간구계(아무르 구계)에 속하는 대표적인 수종은 잣나무, 오미자, 난티나무, 가래나무, 신갈나무, 찰피나무, 황벽나무, 오갈피나무, 왕머루, 가문비나무, 젓나무, 거제수나무, 강계버들, 철쭉, 산돌배나무, 복장나무, 시닥나무, 청시닥나무, 부게꽃나무, 고로쇠, 신나무, 당단풍, 물참대, 땃두릅나무, 꽃개회나무. 개회나무, 분비나무 등이 주를 이루고 있다. 남한 내 분포의 중심지는 주로 강원도이며 과거 소백산맥의 덕유산, 민주지산, 지리산 등이다.

한중일구계의 대표적인 수종은 일부 제주도와 울릉도에 국한해서 자라는 솔송나무, 섬잣나무 이외에 소나무, 팽나무, 잎갈나무, 곰솔, 목련, 개서어나무, 노각나무, 바위수국, 흰참꽃, 말발도리속, 단풍나무, 쥐똥나무속 등이다. 이러한 식물들은 극히 일부 분포가 강원도까지 분포하지만 대부분 경기도, 충청도, 전라남북도, 경상남북도에 자생한다.

중국북부구계의 수종으로는 애기고광, 붉나무, 팽나무, 누리장나무, 참빗살나무, 장구밥나무, 댕댕이덩굴, 으름덩굴, 병아리꽃나무, 개박달나무, 굴피나무, 헛개나무 등을 들 수 있다. 한국 평안남북도, 황해도, 경기도, 충남 지역에 분포하는 종들이다.

분포하는 식물의 구성 비율을 보면 자생종 중심으로 전체 관속식물 만주 구계는 32%, 중국 북중부 구계 15%, 중국 남부 및 한일구계 41%가 된다. 이외 12%는 전국적으로 분포하는 양상을 보인다. 한반도의 분포하는 면적으로 계산해 보면 중국남부 및 한일구계는 제일 작지만 매우 많은 종수가 분포(종풍부도가 높음)한다.

상기 언급된 3개의 구계에 해당되는 분포 유형 이외에 12%는 해안분포형 고유종 혹은 희귀종 분포형, 전국 분포형 등으로 더 세분해 볼 수 있다. 그러나 해안 분포형은 주로 한일 구계형에 속하며 희귀종의 경우에는 특정 분포 유형을 찾기 어려운 점이 있다. 전국 분포형의 경우는 식물 생육에 제한 요소가 없어 한반도에 넓게 분포하는 유형이 된다(그림 3-7). 즉 현재 분포 유형은 이렇게 세분할 수 있지만 결국 3개 식물구계로 설명이 가능하다. 그러나 한반도에 분포하는 식물상이나 식물구계 혹은 식물대를 단순히 북부, 중부, 남부로 3등분해서 구분하는 것은 우리나라 식물 분포 유형을 이해하는데 적절하지 않다.

2) 기후와 식생분포

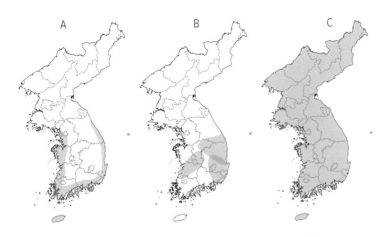

그림 3-7. 해안분포형(A), 고유종분포형(B), 전국분포형(C)

우리나라는 북위 33°40′에서 43°20′사이에 위치하면서 강수량은 700-1,300mm(일본은 800-3,000mm, 평균 1,740mm)이지만 북쪽으로 갈수록 강수량은 급격히 감소하며 대부분 여름 2달에 집중되는 특징을 가지고 있다. 식생대는 온대(warm-temperate evergreen/deciduous forest)와 한대(cool-temperate deciduous forest)로 나눈다.

국내에서 많이 사용하는 키라(Kira)의 온량지수(warmth index)는 식물생육에 적합한 5℃를 기준으로 월 평균기온이 이보다 낮은 달의 온도를 적산한 값이며 한랭지수(coldness index)의 경우는 5℃ 이하인 달의 월평균 기온과 5℃와의 차를 적산하여 음의 값으로 붙인 값이다(Kira, 1977). 온량지수에 5℃를 기준으로 한 이유는 식물의 생장이 시작되고 온도에 비례해서 생장하기 때문이다. 아래 도표는 우리나라 강원도 속초 지역의 온도를 근간으로 키라의 온량지수와 한랭지수를 계산한 예이다(표 3-2).

통상 온량지수와 한랭지수의 기준표에 의하면 우리나라의 백두대간구계의 식물은 한대림과 아극한/아고산 지대 식생대가 되며, 중국북부구계와 한중일구계 일부 식물은 온대낙엽수림에, 한중일구계에 속하는 대부분 식물은 난대상록수림에 분포한다.

우리나라 함경남북도와 일부 평안남북도 지역의 식생이 일본 홋카이도지역과 일치하며 백두대간을 중심으로 남하하는 산맥을 중심으로 형성되는 온량지수 55-85는 일본 혼슈 중부지역까지 일치한다(표 3-3). 동일 수종이더라도 일본이 우리나라에 비해 온량지수가 비교적 높은 것으로 확인되며, 식물이 생육 가능한 온량지수의 한계가 한국에 비해 훨씬 폭이 넓은데 이는 온도이외의 인자와 지역특성(예, 고도변화)에 기인한다. 온량지수가 낮은 침엽수의 경우 일본에 분포하는 종은 생육조건의 온량지수 폭이 좁은 반면, 한국에 분포하는 침엽수의 경우 온량지수 폭이 훨씬 넓은 것으로 확인된다. 그러나, 다

표 3-2. 강원도 속초 지역의 온도

	J	F	M	A	M	J	J	A	S	O	N	D	평균기온
월평균	-6.1	-1.9	3.5	12.0	17.5	21.3	24.4	23.9	18.1	13.2	3.7	-3.4	10.5
5℃와의 차이	-11.1	-6.9	-1.5	7.0	12.5	16.3	19.4	18.9	13.1	8.2	-1.3	-8.4	
온량지수				7.0	12.5	16.3	19.4	18.9	13.1	8.2			= +95.4
한랭지수	-11.1	-6.9	-1.5								-1.3	-8.4	= -29.2

표 3-3. 주요 식생별 온량지수와 한랭지수

식생	온량지수	한랭지수	주요수종
난대 상록수림	85-180	〉-10	상록성 참나무류, 녹나무, 참식나무
온대 낙엽수림	85-180	〈-10	낙엽성 참나무류, 서어나무류
한대림 아극한/아고산 지대	45-85, 15-45	〈-30	분비나무, 가문비나무, 자작나무류

른 온대 수종의 경우는 반대인 경우도 있다. 온대지방에 분포하는 일본의 수종은 온량지수 140까지 올라가 매우 따뜻한 지역에 적응을 잘 하는 반면, 한국의 동일 수종은 온량지수 120을 넘지 못하는 경우가 대부분이다. 이런 차이는 일본과 한국이 해양성과 대륙성 기후의 영향으로 생육환경에 다소 차이가 있다.

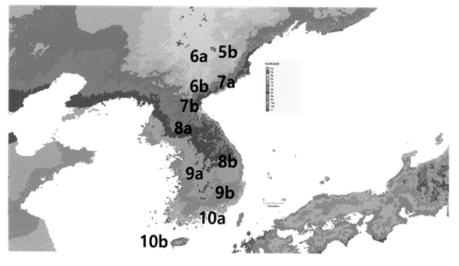

그림 3-8. 내한성 지수에 의한 한반도 식물 분포구분

이외 온도와 관련한 측정 방법에는 미농무성(USDA)에서 초기 개발한 모델로 일년 극한의 저온을 근간으로 미국 대륙을 13개의 지역으로 구분하는 내한성 지수(cold hardiness)가 있다. 예로서 지역 9 (zone 9)은 20℉ (-6.7℃)에서 30℉(-1.1℃)사이를 의미한다. 즉, 지역별로 일정 기간 가장 낮은 온도(주로 화씨로 계산)를 근간으로 식물 생육이 가능한가를 등급화해서 분포도를 작성한 것으로 식물분포와 생육한계를 이해하는 데 도움이 된다. 내한성 지수중 키라 한랭지수 -10(난대 상록수림의 경계)은 내한성 지수 9와 일치하며, 내한성 지수 지대 4-6은 주로 백두대간구계, 8은 중국북부구계, 9-10은 한중일 구계와 일치한다. 한반도는 북미대륙에 비해서는 지역 5에서 10에 해당되어 6개의 내한성 지수 지역으로 구분되며 지역 9가 가장 넓게 차지한다. 식물의 분포는 과거 기후와 식물의 종분화, 지질학적 현상, 현재의 기후 등 복합적인 요인이 관여되지만 결국 온도에 의한 식생대와 기후대 구분은 과거 구계를 설명하는 중요한 부분을 차지하고 있다.

한국식물의 분포에 대한 고생물학적 연구도 부족하지만 생태학적 관점에서 식물의 분포를 결정하는 인자에 대한 종합적 연구가 미흡하다. 현재의 분포는 과거 식물의 분화과정과 밀접한 관계가 있으며 현재와 과거 신생대 4기의 기후변화와도 관련이 있을 것으로 생각된다.

3. 한국의 식물의 이동경로와 형성

한반도의 식물은 우수리강(Ussuri)과 아무르강(Amur)을 중심으로 한 중국 동북부 지역에 분포하는 백두대간구계의 식물 이동, 중국 북부에서 황해를 거쳐 한반도의 평안남북도-충청남북도 지역으로 이동한 경우가 있다. 일본남부나 혹은 중국 남부의 식물상이 한반도 남부 도서지역으로 이동하거나, 혹은 반대로 한반도에서 일본으로 이동한 경우 등의 이동경로가 존재한다.

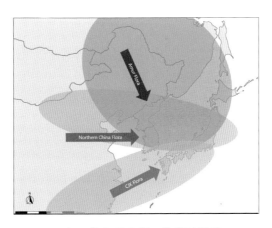

그림 3-9. 한반도를 중심으로 한 식물 이동 경로

4. 산림 생태와 수목의 분포

1) 산림 생태

식물의 분포에 영향을 주는 것은 물리적 요소(비생물적)와 생물적 요소로 구분해서 볼 수 있다. 비생물적 요소는 온도, 수분, 빛, pH, 토양의 종류, 교란 등이 해당되며, 생물적 요소는 경쟁, 포식, 공생, 혹은 종간 관계 등이 해당된다. 대부분 열대 지방에 분포하는 동식물의 경우는 생물적 요소가 분포에 더 직접적 영향을 주는 요소로 보는 반면, 온대나 한대지방은 비생물적 요소가 더 중요하다고 알려져 있다. 특히, 비생물적 요소 중 지형, 토양, 교란 등이 직접적 영향을 주는 요소로 보고 있다(그림 3-10).

군집을 구성하는 과정에는 환경과 생물적 관계가 존재하며 이런 요소의 조합과 형성된 지역 군집은 서로 반응하거나 상호관계가 지역에서 볼 수 있다. 따라서, 군집이 모두 일정한 요소로 균등하지 않다. 환경적인 비생물적 요소는 전체의 15% 정도의 경우가 보고되며 많은 부분은 생물적 상호관계와 그 이외의 다른 기작이 영향을 준다.

토양의 수분에 따라 수종이 분포하는 영역에 다소 차이가 존재한다. 일부 수목은 건조한 지대에 적응해서 잘 자라는 반면, 어떤 수목은 수분이 많은 계곡이나 습한 지역에서 자란다. 토양의 수분과 빛의 양이 상호작용을 해서 최적의 조건이 되는 식물의 분포를 결정하게 된다(그림 3-11).

이외에 교란도 분포에 중요한 영향을 주는데 정상적인 숲에서는 종간 혹은 종내 경쟁이 분포의 제한을 받지만, 교란이후 경쟁에 의한 제한 요인이 제거되어 평소 분포 영역보다 더 넓게 분포하는 경우도 있다. 또한, 일부 수종은 분포 영역의 변화보다는 개체수 증감의 변화가 발생하는데, (그림 3-12)의 A의 경우는 간섭이 존재하면 개체수가 감소하는 반면, B의 경우는 증가하는 것을 보여준다. 따라서, 식생의 변화를 단순히 1-2개 인자의 영향을 받아 형성된 것으로 보는 시각은 바람직하지 않다.

예로서 경기도 지방의 때죽나무 개체수나 집단의 크기가 다른 집단에 비해 증가하는 이유는 대기 오염에 내성을 가진 수목의 증가로 보는 해석도 가능하지만 인간의 간섭과 교란으로 인해 분포의 제한을 주는 인자가 군집에서 제거되고 이로 인해 개체수의 급격한 증가와 함께 분포 영역의 증가로 보는 견해도 있다.

교란과 분포에 대한 그림 중 교란이 없는 자연 식생의 각 수종의 분포 영역이지만 교란을 받은 후에는 일부 수종은 개체수나 분포 영역이 증가하고, 일부 다른 수종으로 대치가 되는 것을 알 수 있다(그림 3-13). 따라서, 군집을 바로 이해하기 위해서는 교란이 없었던 잘 보전된 숲과 비교를 통해서만 현재의 군집을 올바르게 이해할 수 있다. 실제 국내 군집생태에 대한 연구는 100년의 교란이 있었던 숲을 대상으로 연구한 결과로서 일본이나 러시아 등의 보전된 숲의 구성 인자들과의 비교 연구가 필요하다.

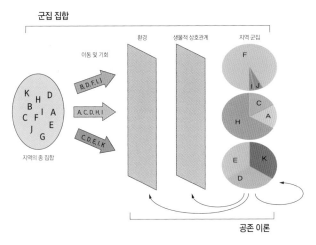

그림 3-10. 군집형성에 관여하는 비생물적, 생물적 요소에 의해 축적되어
지역 군집은 모두 다른 조합의 군집이 형성된다. (Mittelbach & Schemske, 2015)

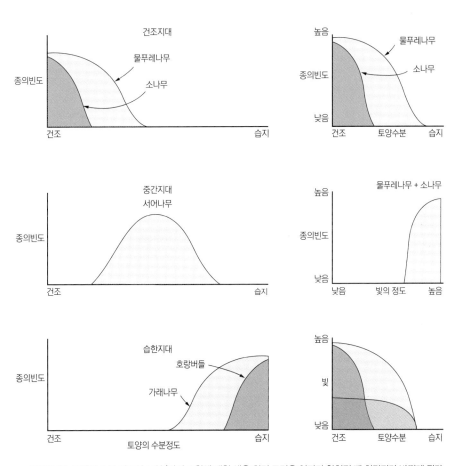

그림 3-11. 토양의 수분 정도와 토양/빛의 조합에 대한 생육 최적 조건은 인자가 합쳐질 때 최적지가 바뀌게 된다.

(표 3-4)는 생장과 건조, 빛의 정도에 따른 천이와의 관계가 되는 대표되는 일부 수종을 정리한 것으로서, 통상 양수이면서 건조에 강한 수종은 생장도 빠르면서 활엽수종들이지만 천이의 극상이 되는 수종들은 음수면서 건조에 약하고 생장도 느린 침엽수들이다.

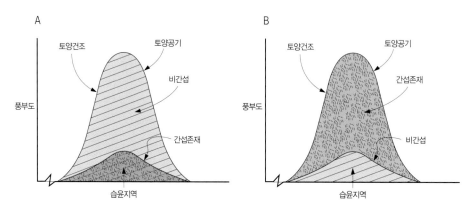

그림 3-12. 간섭이 없는 비간섭일 때는 종의 풍부도가 높지만 간섭이 가해질 때 종 풍부도에 변화가 따른다.
즉, 종에 따라 간섭/비간섭의 정도에 따라 풍부도 변화가 발생한다.

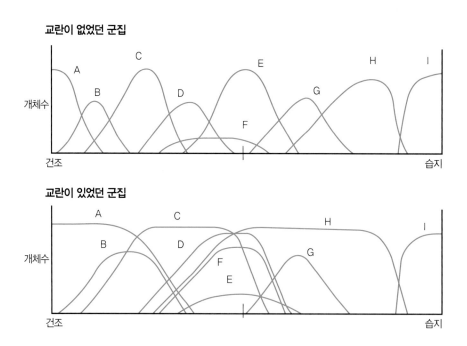

그림 3-13. 교란이 없었던 각 종의 생육 적지와 범주는 교란이후 생육적정지는 상당한 변화가 발생한다.
교란이 있는 군집의 생육 조건을 근간으로 각 종의 생육최적지를 판단하는 것은 이런 이유로 그릇된 결론을 유도하는 경우가 있다.

표 3-4. 수종별 환경조건과 천이단계

	생장	건조	빛	활엽수림/침엽수림	천이단계
자작나무	++	++	양수	활엽	초기
물박달	++	++	양수	활엽	초기
사시나무	++	++	양수	활엽	초기
비술나무	++	++	양수	활엽	초기
신갈나무	++	++	양수	활엽	초기
이깔나무	++	++	양수	침엽	초기
분비나무	x	x	음수(중용수)	침엽	말기
잣나무	x	x	음수(중용수)	침엽	말기
가문비나무/종비나무	x	x	음수(중용수)	침엽	말기
피나무/찰피나무	Δ	Δ	중용수	활엽	중간
거제수나무	Δ	Δ	중용수	활엽	중간
가래나무	Δ	Δ	중용수	활엽	중간
황벽나무	Δ	Δ	중용수/양수	활엽	중간
물푸레나무	Δ	Δ	중용수	활엽	중간
고로쇠나무	Δ	Δ	중용수	활엽	중간
들메나무	Δ	Δ	중용수	활엽	중간

2) 양수와 음수

한반도에 분포하는 수종의 음수와 양수에 대한 분류중 음수는 주로 남부에 자생하는 난대활엽수의 우점종인 참나무류로 개가시나무, 참가시나무, 가시나무, 붉가시나무 등이 있으며 교목층인 나도밤나무, 참느릅나무, 후박나무, 굴거리나무와 관목층인 까마귀베개, 까마귀쪽나무, 나래회나무, 단풍나무, 비쭈기나무, 사스레피나무 등이 알려져 있다.

한편, 중용수(즉, 양수와 음수의 중간)로는 상층목을 차지하는 개서어나무, 구실잣밤나무, 까치박달, 난티나무, 느릅나무, 모밀잣밤나무, 서어나무, 종가시나무, 참느릅나무, 팽나무, 푸조나무, 풍게나무, 황칠나무이며 관목층으로는 구골나무, 노린재나무, 담팔수, 대팻집나무, 덧나무, 동백나무, 붓순나무, 산딸나무, 생달나무, 새덕이, 식나무, 신나무, 아왜나무, 육박나무, 이대, 조릿대, 참빗살나무, 참식나무, 칠엽수 등이 있다. 중용수의 대부분은 역시 남부지방에 자생하는 상록수림의 주요 수종이 된다. 침엽수중에는 젓나무속 식물과 주목이 있으며 남부지방에 자라는 개비자나무, 편백, 화백등이 중용수를 이루고 있다.

대부분 한대림 혹은 온대 중부림의 수종은 양수의 성격을 가지고 있다. 따라서, 우리나라 주요 산림 식생들은 거의 양수라고 판단하면 된다. 통상 숲에서 양수는 임도나 등산로 주변에 주로 분포하는 관목, 교목이거나, 혹은 파괴된 숲에서 초기 식생으로 나타난다. 생태학적으로 음수, 양수 등은 천이와 밀접한 관계가 있지만 조경수 식재 이용에 중요한 정보가 되기도 한다. 통상 음수로 활용되는 관상수는 산딸나무, 박태기나무, 함박꽃나무 등이지만, 생장 단계에 따라 유전적, 생리적 차이가 심하기 때문에 특정 종이나 개체에 대한 구분은 용이하지 않다. 예로 단풍나무속, 참나무속, 잣나무류는 초기에는 음수성을 보이지만, 성장하면서는 양수의 성격으로 바뀌게 된다. 이와 반대로 음나무는 초기에는 양수성을 보이지만 성장하면서 차츰 음수의 성격으로 바뀌기도 한다. 통상 음수로 취급되는 수종은 위에 언급된 종 이외에 서어나무속(중용수로 보기도 함), 서양측백, 느릅나무속 등이 있지만 상록성 수목에 비해서는 많지 않다. 조림학 교과서에서 보는 각 수종별 음수와 양수의 구분이 본 책과 다름은 이런 생장과정과 정도의 차이로 이견을 보이는 경우이다(부록참조). (표 3-4)는 양수와 음수에 대한 정보를 정리한 내용으로 참고 자료로 제시한 것이다.

3) 계곡과 능선

산은 능선과 계곡의 생태 환경에 따라 수종 구성에 차이를 보인다. 계곡에 주로 생육하는 수종은 성장에서 수분을 많이 필요로하는 종으로 구성되지만 종자발아와 밀접한 관계가 있다. 백두대간의 계곡에서 흔하게 보는 수종은 상층목으로 가래나무, 들메나무, 개벗지나무, 복장나무, 분버들, 박달나무, 황벽나무, 황철나무, 느릅나무 등이 흔하다. 남부 지방에서는 계곡에는 활엽수인 나도밤나무, 합다리나무, 비목나무, 사람주나무, 느티나무 등을 볼 수 있다. 능선에서 흔하게 접하는 수종은 사스래나무, 신갈나무, 호랑버들, 진달래, 철쭉꽃, 붉은병꽃, 매발톱나무의 교목과 관목이 혼합된 숲을 흔하게 접하는데 다소 토양의 건조함을 견디는 내건성 수종이 다수를 차지한다.

4) 종자의 저온/고온 휴면타파 및 생육지 적응

통상 온대 산림에서 자라는 수종들은 저온 혹은 고온 모두에서 수종에 따라 비교적 적응을 한지만 휴면타파는 주로 저온에서 일어난다. 특히 빛이 많은 초원이나 저지대 수종에 비해 산림식물은 빛과 온도의 좁은 최적의 조건에 시간의 차이를 이용하며 생존한다. 때로 이런 휴면타파나 종자발아의 최적 조건으로 분포의 한계에 도달하는 경우가 많다.

예로서 난대림에 자라는 활엽수종들은 겨울철 비교적 높은 온도(5도 이상)에서 발아하는 반면 강원도와 같은 추운 환경의 아고산지대 수종들은 겨울의 일정 저온(0도 이하)이 발아를 촉진하는 역할을 통해 숲의 정착을 모색한다.

생육지별로 계곡에서 확인되는 종들은 수분의 정도가 발아와 밀접한 관계(예, 습윤처리를 통한 발아-단풍나무, 버드나무류)를 보여 능선이나 아고산에서 자라는 식물과 구별되는 경우도 있다.

평지인 러시아나 중국 동북3성에서는 수종별 분포의 차이보다는 교란(예, 산불)에 의한 분포를 보여주는 경우가 많지만 한반도 내륙에서는 고도별로 분포의 차이를 보이는 경우가 있다. 고도와 방향은 빛과 관련으로 볼 수 있지만 이보다는 온도와 더 밀접한 관계가 있다. 강원도에서 고도 1,000m 이상에 분포하는 수종들은 분비나무, 사스래나무, 부게꽃나무, 시닥나무, 꽃개회나무 등이 있는데 이는 겨울철 눈이 녹는 정도에 따라 온도 및 습도 변화가 분포에 제한적 요소로 작용한다.

- 연습문제 -

1. 온량/한랭 지수, 내한성 지수는 어떻게 계산되며 차이점은 무엇인가?

2. 식물의 분포를 결정하는 인자는?

3. 난대림 상록수와 온대림 활엽수의 음수와 양수의 특징 차이는 무엇인가?

4. 천이와 관련된 양수와 음수의 차이점은 무엇인가?

5. 계곡과 능선에서 자라는 수종에는 어떤 특징들이 있는가?

6. 신생대3기와 4기는 지구상의 급격한 기후 변화가 있었지만 종분화와
   진화적 관점에서 3기를 더 중요한 시기로 본다. 그 이유는?

제 4 장 변 이

자연의 변이는 모든 생물계에서 볼 수 있는 특징이며 수목의 개체 간 모두 동일한 형태를 가지는 형질은 존재하지 않는다. 실제 종내 변이(intraspecific variation)는 종식별에서 어려움의 주원인이 되며 동정 자체에 대한 불확실함을 주고 따라서 식별 시 주요 형질에 대한 관찰보다는 오히려 식별을 추측하는 수준이 된다. 한 종내 많은 개체를 보면 볼수록 형질의 변이 폭을 알게 되고 이런 과정을 통해 전형적(typical) 수준의 매우 좁은 개념에서 점점 넓어지면서 점진적으로 집단의 개념을 이해하게 된다. 종에 대한 넓은 개념은 종간의 차이(불연속성), 혹은 종간의 잡종 가능성에 대한 이해에도 도움이 된다.

때로 변이는 처음 식별을 배우는 학생에게는 매우 어려운 문제로 인식되지만 동일지역에서 몇 년 동안 수목에 대해 관심을 가진 관찰을 하면 이런 변이의 다양함과 역동적임에 흥미를 느낄 수 있다. 식별 능력을 배양하기 위해서는 동일 지역내 혹은 다른 생육지의 수목에 대해 여러 형질의 차이를 관찰하면서 자연의 변이를 인지하는 능력을 키우고 종에 대한 개념을 넓히는 노력이 필요하다. 종의 지리적, 생태적 분포 내에서 집단과 개체간의 차이를 모두 학습한다면 보다 뚜렷한 변이를 이해할 수 있다.

1. 변이의 종류

변이는 진화와 분류의 근간이 되며, 자세한 관찰을 통해 변이를 인지하는 능력이 향상된다. 집단 내에서 볼 수 있는 자연변이로는 통상 돌연변이, 유전적 분리와 재조합 등의 유성생식에 의해 형성되지만 이를 내재적(intrinsic) 변이와 외재적(extrinsic) 변이로 나누어 볼 수 있다.

내재적 변이: 발생학적 변이, 표현적 가소성, 염색체 변이, 생태형(ecotype) 및 경향성 연속변이
　　　　　　(cline), 기후형, 비적응성 변이
외재적 변이: 잡종(hybrid), 잡종이입(introgressive)

1) 발생학적 변이
형태적 변이는 발생과정의 변이가 존재한다. 통상 성체와 어린 식물 혹은 유묘 사이에는 형태적인 형질에 큰 차이를 보인다. 때로 이런 형질 때문에 동정에 어려움을 경험하기도 한다.

복엽인 잎이 어릴 때 단엽이거나, 혹은 맹아에서 나온 잎과 정상적인 잎의 차이, 마주나기에서 어긋나기, 혹은 그 반대가 되는 식물, 어릴 때는 침엽이나 시간이 흐르면서 인엽으로 변하는 경우 등이 있다(그림 4-1). 이런 형태적 차이나 변화는 전체 식물의 생활사를 식물원이나 온실에서 관찰할 필요가 있으며 때로 발생학적 특징으로 식물 진화와 형태적 분화 연구에 도움이 된다.

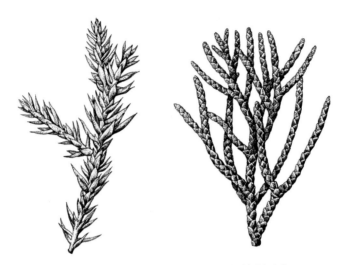

그림 4-1. 향나무의 어린 잎과 오래된 잎의 침엽/인엽 변이

2) 표현형 가소성(phenotypic plasticity)

식물은 동물과 달리 환경변화에 대해 회피하거나 이동할 수 없기 때문에 환경변화에 비교적 자신의 생장 방식을 적응 변화시킨다. 표현형 적응성은 빛, 수분, 영양, 온도 그리고 토양의 조건 등 환경에 따라 유전적 상호관계에 의해 변화가 존재한다. 매화마름 같은 수생식물중 수중과 수면에 자라는 식물의 잎이 빛의 양에 따라 더 세장하는 등 변이를 가지거나(그림 4-2), 혹은 일년생 잡초의 경우는 토양의 조건에 따라 식물이 3-20cm의 식물 크기에 차이가 생기는 경우가 이에 해당한다.

지금까지 연구된 결과를 토대로 본다면 표현형 가소성에 대한 몇 가지 가설들이 있다. 즉, 다른 여러 형태형질은 서로 다른 가소성의 정도 차이를 보이고 분류군별로 모두 다르며 유전적으로 조절된다. 이런 가설들은 부분적인 실험결과에 의하면 형질별로 그리고 종별로 각각 표현형 적응성이 다르기에 모두 다른 형태 변이를 보인다. 서로 다른 유전형은 여러 환경과 어울려 훨씬 다양한 형태적 변이(norms of reaction)를 보이는 경우도 있다. 대체적으로 천이 단계중 초기 선구식물들이 극상을 이루는 수종보다 표현형 적응성이 더 활발하다고 하지만 결국 이형접합자의 수준, 종의 근연 정도, 그리고 생태적 요인과의 상호작용으로 일반화하기는 어렵다. 분류학자 혹은 수목학자는 환경에 의한 변이(즉, genotype x environment, 환경과 유전형의 상호작용)에 대해 이해를 보다 높여야 하며 방법론으로는 유전적으로 동일한(clone) 식물이 다른 환경에서 어떤 변이를 보이는지 조사하는 것이 필요하다. 야생상태의 식물은 여러 다른 환경에서 자라기 때문에 비교적 더 많은 변이가 존재함을 이해하여야 하며 때로 이런 가소성의 성질은 생물이 불리한 환경에 생존하는데 주요한 수단이 된다. 이런 적응의 방식은 자연선발에 의해 진화되었음을 알 수 있다.

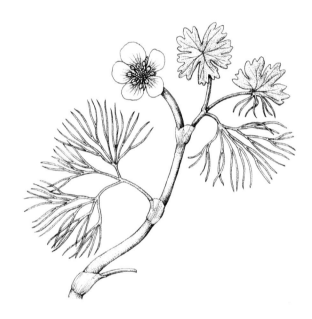

그림 4-2. 빛의 정도에 따른 잎의 변이. 물 위에 자라는 잎과 물속에 자라는 잎 모양이 다르다.

3) 염색체 변이

포자체 염색체수(2n)의 변이에는 이수체(aneuploid)와 배수체(polyploid) 등 두 종류가 언급된다. 이수체는 염색체의 소실로 배우체염색체수는 n=11, 12, 13 등의 변이를 보이며 포자체 염색체수가 2n=22, 24, 26 등이다. 국내 수목 중 이런 변이를 보이는 종은 분꽃나무 2n=18, 20, 산딸기 2n=14, 21, 28, 동백나무 2n=29, 30, 32, 34, 45, 그리고 사시나무 2n=38, 44이다. 실제 이수체 변이와 형태적 변이의 상관관계에 대한 연구결과는 보고된 적이 거의 없다.

배수체는 겉씨식물(1.5%)에서는 거의 확인되지 않고 대부분 속씨식물(50-70%)에서 확인되며 속씨식물의 주 진화의 기작으로 알려져 있다. 배수체 변이가 보이는 종은 쥐다래 2n=58, 116, 매발톱나무 2n= 28, 42, 산조팝나무 2n=18, 36, 아구장나무 2n=18, 36, 황벽나무 2n=28, 78 물오리나무 2n=14, 28, 42 등이다.

형태적 변이는 배수체 변이와 상관관계를 보이는 경우도 있고 그렇지 않은 경우도 있지만 때로 화학적이거나 혹은 생리적 변이와 관련을 보이며 잡종에서도 이런 염색체 변이 현상이 확인된다. 배수체는 극단적인 생태적 환경에 적응을 하거나 혹은 잡종후 염성을 극복하는 기작 역할을 한다.

4) 생태형(ecotype) 및 경향성 연속변이(cline)

특정변이는 환경적 변화나 상태와 무관할 때도 있다. 동일 집단내에서 잎의 두께 차이, 다양한 잎과 형태, 수피 형태, 혹은 잎이나 열매 등의 털의 정도 차이 등이 확인된다. 이런 변이는 한 개의 유전자에 의해 조절되기도 하고 혹은 여러 유전자가 한 개의 형질에 관여하는 다형질유전형(polygenic trait)이기도 하지만 적응형 변이가 아닌 경우(nonadaptive)도 있다.

이와는 달리 생태형(ecotype) 혹은 생태 지역종(ecological race)은 특정 생태적 환경에 선발이 되어 뚜렷한 형태나 혹은 생리적 특성을 보이는 경우이다. 생태형은 뚜렷한 생태적 환경에 유전적으로 적응한 경우로서 생육지와 관련되며, 이식실험이나 혹은 동일지역에 식재하여 형태적으로 유지되는 형(ecotype)과 새로운 환경에 따라 변화하는 생태표현형(ecophene)과 구분하기도 한다.

많은 수종들은 매우 광범위한 생태적 영역에 분포해서 다른 기후나 혹은 토양에 적응해서 진화한 경우가 있다. 반대로 생태나 혹은 경향성 연속변이 없이 일반 목적성 유전형(general purpose genotype)이라 하여 표현형 적응성에 의한 변이는 생태형과는 다르게 본다. 이런 변이를 보이는 수종은 주로 노린재나무나 때죽나무의 잎의 변이가 해당된다.

경향성 연속변이(cline)는 형질의 일부가 지리적 혹은 생태적인 구배(기울기)와 상관관계를 보이는 경우로서 온도, 강수량 혹은 광주기에 따라 넓게 분포하는 수종에서 연속변이를 보이는 경우를 말한다. 각 집단은 일정한 구배에 따라 비교적 균일한 변이를 보이지만 이런 생태적 환경에 비교적 적응하는 특징을 가지고 있다. 이런 변이 현상은 가문비나무의 구과의 크기가 북쪽 집단에서 남쪽으로 내려오면서 차츰 작아지는 경향(그림 4-3), 혹은 잔털벚나무와 같은 수종이 남쪽 집단일수록 털이 없지만 북쪽집단으로 가면서 털이 점점 많아지는 현상 등이다. 단지 이런 연속변이가 어떤 생태적인 구배와 관련이 있는지는 규명된 적은 없다. 경향성 연속변이는 수목의 형태, 생리, 화학적 형질에서 흔하게 접하는 변이 종류이다.

5) 생식적 변이

집단이나 종수준의 변이에 영향을 주는 중요한 인자 중에는 다양한 생식기작과 관련이 있다. 기작에는 타가수정(outbreeding 혹은 outcrossing), 근친수정(inbreeding)과 무수정생식(apomixis)이 있다.

유전적 변이는 차세대까지 전달되는 형질로서 주로 돌연변이(mutation)와 유전자 이동과 조합(gene flow and recombination)이다. 돌연변이는 유전변이의 궁극적인 근원이 되지만 교잡에 의해 생식하는 식물에게는 유전자 이동과 조합이 바로 직접적인 근원이 된다. 타가수정은 이론적으로 집단 내에서 많은 유전적 변이가 존재하지만, 집단 간 유전자 교류가 있어 집단 간에는 유전적 차이가 유사한 경향을 보인다. 통상 화기 구조, 자가불화합성, 이가화 등이 이런 기작을 유도한다. 반면 자가수정은 양성화내에서 수정되거나 혹은 같은 개체내 다른 꽃간의 수정(geitonogamy)으로서 주로 집단내 유전다양성을 낮추면서 종의 집단간 유전적 분화를 증진한다.

무성생식은 집단내 그리고 집단간 특이한 변이를 보여주는데 뿌리발아, 맹아 등 다른 생식기관 이외의 기관이나 조직으로 증식하는 현상이다. 다른 무성생식의 기작으로 처녀생식(agamospermy)이 있는데 일부 생식적인 번식이 관여되기도 해서 종자를 생산하는 경우도 있다. 때로 종간 잡종으로 형성된 개체의 경우 이런 처녀생식을 통해 번식을 하는 경우도 있지만 집단 내 독특한 변이 양상을 보인다. 대부분 국내 목본식물에서는 이런 현상은 거의 볼 수가 없다.

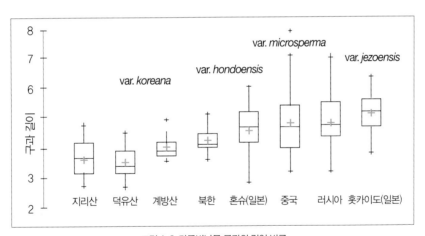

그림 4-3. 가문비나무 구과의 길이 비교

6) 잡종 및 잡종 이입

야외에서 두 유사 모종이 공간적 혹은 생식적 격리가 되지 않으면 종간 교잡의 가능성이 있다. 통상 F1의 경우 모종의 중간적 형태로 인지되기도 하는데 이런 잡종은 파괴된 식생지대에 존재하거나 혹은 두 모종의 중간 식생 지대에 분포하기도 한다. 국내에서 이런 잡종 현상에 대한 연구는 미미한데 통상 산 정상에 분포하는 붉은병꽃과 산 입구 주변에 주로 분포하는 병꽃나무는 개화기에서도 일주일 이상 차이를 볼 수 있지만 가끔 파괴된 식생지역의 집단 내에서 잡종현상이 확인된다. 이외 제주도 지역의 때죽나무는 쪽동백과의 잡종 현상도 확인된다.

F1이 두 모종 중 특히 한 종과 다시 반복해서 역교배되어 두 종간 형태적, 생태적 차이의 가교 역할을 하는 경우를 잡종이입(introgression)이라 하며 모종보다 형태적 변이가 더 다양해지는 현상이 있다. 관련된 종의 분포가 중첩될 때 잡종이입은 파괴된 지역이나 혹은 중간 지대에 적응해서 생존하는 경우가 많은데 때로 매우 좁은 지역에 국한해서 분포하는 경우도 있다(localized introgression). 이런 좁은 지역에 국한된 것이 모종이 분포하는 지역과 매우 떨어진 곳에 분포하는 경우도 보고된다(dispersed introgression). 종간 교잡과 종 무리들로 이루어진 지역에서 잡종이입이 복합적으로 일어나는 경우를 합성잡종(syngameon)이라 한다. 개화기와 분포상의 차이로 낙엽성 참나무의 경우는 일부 종이 지역적으로 교잡되지만 섬지역인 서해 강화도지역에서는 갈참나무, 졸참나무, 떡갈나무, 신갈나무 등이 동일지역에서 서로 교잡되어 이런 합성잡종을 일으키는 경우도 보고된다.

잡종현상은 짧은 시간 안에 식생이 파괴된 지역에서 일어나는 경우도 있지만 매우 오래전 신생대 3기말이나 4기초의 기후변화와 식생대 이동에 따라 잡종이 된 후 오랜 시간 격리되어 일정 지역에 분포하는 경우도 있다. 형태적인 관찰 결과로는 북방계열의 분비나무와 남방계열의 구상나무가 지리산과 덕유산지역에서 서로 만나 잡종 현상을 보이는 경우가 있으며, 신갈나무의 경우도 지리산, 제주도 지역에서 졸참나무와 잡종(물참나무)현상을 볼 수 있다. 북방계열인 물개암나무와 남방계열인 참개암나무간, 북방계열의 지렁쿠나무와 남방계열인 덧나무간의 잡종현상 등 주로 한반도 남부에서 이런 현상이 확인된다.

2. 변이의 이해

초본 식물은 다생년 식물이라 하더라도 생활사가 빠른 반면, 목본의 경우는 생활사가 매우 길기 때문에 환경변화에 따른 적응도 다르다. 특히 목본식물의 표현형 적응성은 초본에 비해 뛰어나며, 맹아나 혹은 잡종에 의한 변이 양상이 다양해서 분류학자들은 자신이 연구하는 분류군에 따라서 많은 다른 변이에 대한 이해를 한다. 특히, 초본과 목본의 식물 특성의 차이는 분류학적 소견에 차이를 보이기도 하나.

과거 한반도 식물을 연구한 일본 분류학자인 나카이(Nakai, T. 中井猛之進)는 초본에서 보는 형태적 변이를 똑같이 목본에도 적용해서 변이가 심한 형질을 근간으로 종을 설정한 경우가 많았다. 나카이는 과거 전형적 특징을 가진 개체들만 근간으로 종으로 인정하고, 이와 다른 모든 개체나 실체는 모두 종, 혹은 변종 등 분류학적 계급을 부여하였다. 그러나, 식물이 집단을 이루고 생식을 하고 유전자 교환을 하는 개체군으로 바라본 경우에는 이런 중간, 혹은 극단적 변이를 모두 집단의 변이나 혹은 개체변이로 볼 수도 있다.

털의 정도나 빈도, 잎의 크기 등을 근간으로 많은 분류학자들은 종을 세분화하는데 이런 정량적 형질들은 여러 유전자가 하나의 형태적 형질에 관여하는 다유전자 형질(polygenic trait)로서 정규분포 양상을 보이며 많은 표본추출을 통해 조사하면 모두 연속적인 변이로 종의 계급을 부여하기가 어려운 경우가 있다.

현실적으로 북미대륙처럼 나라의 경계가 없는 경우나 오랜 역사속에 제한된 교류가 있더라도 식물다양성이 떨어지는 유럽에서는 국경선을 근간으로 종이 정리된 경우가 없다. 그러나, 아시아에서는 국가 간 경계가 오랫동안 유지되었고 20세기 들어와서도 국가적 교류가 빈번하지 않아 동일 식물이나 혹은 일부 집단 변이임에도 불구하고 다른 학명을 사용하여 국가별로 별개의 종으로 인지되는 경우가 많았다. 과거 국경을 근간으로 국경선내 식물만을 연구하였던 중국, 러시아(구 소련), 북한, 남한, 일본, 대만 학자들의 제한된 식물 연구는 자국의 식물을 주변 국가의 식물과는 별개의 독립된 식물로 간주하여 서로 다른 학명을 사용하고 심지어 고유종이라는 주장을 한다. 물론 때로 오랜 기간 동안 생식적 격리를 통해 종분화가 진행된 경우도 확인이 되지만 대부분 식물에 대한 전체 분포와 변이를 고려하지 않아 발생한 좁은 종의 개념으로 해석할 수 있다. 그러나 아시아 대륙은 유럽이나 북미대륙에 비해 과거 지사학적 영향(예, 신생대 4기 빙하의 영향)을 덜 받아 원시적 형질을 가진 많은 분류군들이 남아 있어 북미나 유럽대륙에서 보는 지리적 변이(cline)의 현상보다는 뚜렷한 종이면서 국지적인 분포를 보이는 분류군이 다수 있어 보다 신중한 분류학적 해석이 필요하다.

과거 세분화된 분류학적 처리를 지지하느냐 혹은 모두 종내의 개체 혹은 집단변이로 보냐는 것은 분류학자의 개인적 견해와 판단에 속한다. 분류학은 수학이나 물리학처럼 오직 한 가지만 진실이라고 생각하고 증명할 수 있는 학문은 아니다. 때로 불연속변이를 보이는 분류군에는 누구나 쉽게 종의 한계를 명쾌하게 선을 그을 수 있지만, 그렇지 못한 경우에는 분류학적 이견이 존재하는 것이고 이런 상황에서 어느 누가 보다 많은 자료를 근간으로 가장 합리적인 결정을 하느냐에 따라 다른 학자들이 이를 지지하거나 혹은 수용하지 않는 견해 차이가 존재한다. 분류학적 이견에 대해 종에 대한 서로 다른 개념으로 해석하기도 하지만 가장 중요한 것은 개인 학자의 성향과 분류학적 처리와 밀접한 관계가 있다. 항상 상호 극단적인 종의 개념이 존재할 수 있지만 종이나 변이에 대한 시대에 따른 변화도 예상할 수 있다.

전통적으로 특정 분류군에 매우 세분화한 종의 개념이 적용되는 경우에는 통념 때문에 짧은 시간에 특정 분류군에 대한 개념을 바꾸기는 어렵다. 예로서 벚나무와 산벚나무의 경우처럼 분류학자들이 변이가 매우 심한 화서에 근간을 두고 종을 분류하고 그 이외 여러 변종 등의 분류군을 중첩되는 형질로 세분화하였는데 전통적으로 관련 근연 식물에도 똑같이 적용하게 되어 매우 좁은 종의 개념을 적용하고 있다. 진화과정에서 일부 분류군에서는 근연종들이 잔존할 수 있어(즉, 다른 속에는 멸종된 종들이 많아 중첩된 종이 없고 매우 뚜렷한 종간 차이를 보일 수도 있음) 단순히 세분화된 종의 개념으로만 해석하는 것은 적절하지 않을 수도 있다.

결국 분류학적 처리를 실험적 자료를 근간으로 한 기능적 측면이냐 혹은 눈에 보이는 형태적 형질, 혹은 야외에서 관찰이 되는 형질을 근간으로 한 실질적 측면이냐는 차이가 존재하지만 이는 서로 배타적이지 않고 상호보완적이어서 종에 대한 해석이 어느 한쪽만을 지지하는 측면에서 결론을 내리지는 않는다.

종을 해석할 때 개체변이만을 고려한 전형적인 종에 대한 시각(A)보다는, 보다 집단변이(B)도 아울러 보는 시각이 필요하다(그림 4-4). 특히, 집단변이는 종의 교배양식과 유전적 자료에도 근간을 두어야 한다.

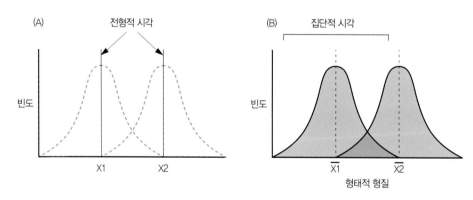

그림 4-4. 린네 종의 개념이라 불리는 전형적 형질로 고정된 실체로 보는 개념(A)과
변이가 포함된 집단적 시각을 보는 개념(B)은 형질의 선택과 변이에 대해 서로 상반된 종의 실체를 판단할 수 있다.

3. 식별 형질

　좋은 형질은 환경에 영향을 덜 받는 형질로 알려진 사실이며 특히 꽃이나 열매와 같은 생식 형질은 비교적 환경적 변이에 영향을 덜 받는 형질이다. 그러나 수목식별은 개화기나 결실기는 시기적으로 짧아 비생식형질이 주로 관심을 많이 받는다.

　식별을 위한 형질 선택(변이가 심하지만 때로 자신만이 인식할 수 있는 형질로 사용)도 때로 필요하다. 기존에 알려진 형질만을 이용하여 식별이 가능한 분류군도 있지만 남들이 간과한 좋은 형질도 관찰을 통해 찾아낼 수도 있기 때문에 늘 식물의 특징을 관찰하는 습관이 필요하다.

　형질에 근거한 종식별에 통계적 기법을 이용하여 유효 형질을 선별하는 경우가 있다. 즉, 통계적 기법으로(예, 분산분석 ANOVA 종간에 형질별로 조사해서 종간 양적 형질의 유의성 있는 차이를 보이는 형질을 선별하는 방법) 쉽고 빠르게 유효형질을 선발할 수는 있지만 현실적으로 종 동정을 위한 형질 사용과는 무관한 경우도 있기 때문에 표본이나 생체를 근간으로 직접 확인하여 그 형질의 유용성에 대해 검토를 해야 한다.

　예로서, 형질에 대한 변이를 조사해 보면 형질별로 섬벚나무와 산벚나무의 두 종간에 모두 중첩되어 종을 식별하는 유용한 형질로 사용하기 어려워(그림 4-5A) 종간 차이를 부정할 수도 있지만, 형질 2-3개를 조합하여(X와 Y축의 형질 좌표를 만들어 종간을 비

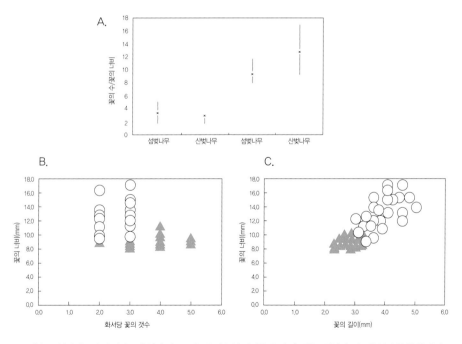

그림 4-5. 섬벚나무와 산벚나무의 형질 비교. A는 꽃의수와 너비를 종간 비교한 그림이다. B는 꽃의 수와 꽃의 너비, C는 꽃의 길이와 꽃의 너비를 비교한 2개의 형질을 조합해서 확인한 종간 차이로 본다.

교) 검증을 해 보면, 뚜렷한 종간 차이를 확인할 수 있다(그림 B와 C 참조). 즉, 현재의 예제에서 보듯이 화서에 달리는 꽃의 수와 꽃의 크기를 두 종간을 비교할 때 형질이 종간에 중첩되지만 2개의 형질을 조합하여 고려한다면 뚜렷한 종간 차이를 확인할 수 있어 두 종을 인정한다.

다음 예는 음나무의 경우(그림 4-6) 잎의 결각이 깊이 갈라지는 정도와 털의 정도를 조합하여 기재된 변종들이 다수 존재하는데 털의 정도와 잎이 갈라지는 정도의 상관관계를 분석한 그림이다. (그림 4-6B)에 분석한 바와 같이 잎의 결각과 털의 상관관계는 존재하지 않기 때문에 이 두 형질을 근간으로 종이하 분류군 설정은 바람직하지 않다.

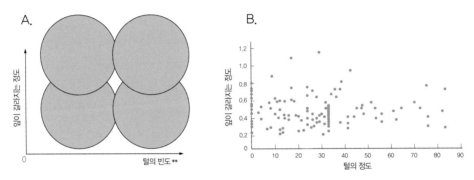

그림 4-6. 음나무에서 털의 빈도와 잎이 갈라지는 두 형질을 조합하여 변종 분류군을 구분한 것을 모식화한 그림이다(A). 그러나 두 형질의 상관관계는 존재하지 않아 두 형질을 근간으로 한 분류군 설정은 부적절함을 보여준다(B).

변이를 이해하면 할수록 종은 늘 불변하거나 혹은 고정적이거나 정지된 실체로 보는 견해보다는 인간이 만든 인위적인 분류체계의 일종의 칸막이 수준의 임의성인 종의 한계로 볼 수 있다. 다양한 변이는 분류학자나 혹은 수목학자에게 종이라는 것은 개체로 구성된 집단(개체군)으로서 역동적임을 인지하게 되고 동시에 특이한 변이 형질을 보이는 나무의 형태가 어떤 것들이며 어떻게 이런 변이를 형성하게 되는지 관심을 갖게 된다.

변이의 이용과 이해 인지는 산림의 다양한 측면에서 중요하며 삼림육종에서 이런 변이에 대한 적절한 이용과 지식은 매우 유용하게 활용이 되며 이외 생물다양성 보전을 위한 측면에서도 중요하다.

종을 세분화한 시각이냐 혹은 넓은 시각의 판단이냐의 논쟁보다는 환경에 변이가 적은 뚜렷한 형질을 중심으로 한 식별형질 제시가 중요하다. 수목에서 물푸레나무와 같은 겨울눈의 변이가 심한 경우(털의 빈도나 모양)도 있지만 대부분 수목에서는 겨울눈이 종간에 뚜렷한 차이를 보여 비생식형질로서 매우 유용하다. 따라서, 수목을 공부할 때에는 늘 겨울눈을 관찰하는 습관을 가지는 것이 식별에 도움이 된다.

1. 변이중에 식별학적(식별 형질)으로 기준이 되거나 이용이 가능한 변이에는 무엇이 있으며 그 이유는 무엇인가?

2. 연속변이와 생태형은 어떤 차이가 존재하는가?

3. 식별에 있어 전형적 시각과 집단적 시각에는 어떤 차이가 존재하는가 설명하시오.

4. 종을 포괄적으로 보는지 혹은 세분화해서 종을 나눠보는 시각은 영어로 lumper 대 splitter라 표현하기도 한다. 이 두 대립되는 개념으로 식별을 할 때 장단점에 대해 설명하시오.

5. 잡종이입은 종의 변이를 이해하는데 중요하다. 그 이유는 무엇인가?

제 5장 꽃과 잎의 형질

생식과 비생식 형질에 대한 용어의 정확한 뜻을 이해하는 것은 중요하다. 기재문, 검색표를 활용하거나 종간비교의 도표를 보거나 혹은 수목 동정을 위한 의사소통에 특징을 설명할 때에 활용된다. 분류와 계통에서는 생식적인 형질인 꽃, 열매, 구과, 화서 등의 특징을 근간으로 보지만 매우 짧은 시기에만 볼 수 있는 특징이다. 반면 수목의 식별 관점에서 1년 내내 수종을 구별하기 위해서는 비생식 형질인 잎, 형상(관목, 교목), 수피와 소지 등의 특징 관찰이 강조된다. 특히 겨울철에 식별이 가능한 소지의 특징에 대한 이해도 중요하다.

1. 비생식 형질

1) 나무 종류(습성, 생장형, habit)

생육환경에 따라 교목, 관목이 바뀌는 경우도 있어 일부 수종에서는 반교목, 반관목 등의 표현을 쓰기도 한다. 식별에 있어서 절대적 형질은 되지 않으며 보조적 역할을 한다.

교목(tree) 주 동체가 분명하며 높이가 10m 이상인 나무

관목(shrub) 주 동체가 불분명하고, 0.7-2m정도로, 줄기가 많이 갈라지는 나무

낙엽수(deciduous tree) 가을에 잎이 떨어지고, 이듬해 다시 새 잎이 나오는 나무

상록수(evergreen tree) 1년 내내 푸른 잎이 남아 있는 나무

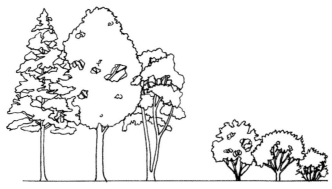

그림 5-1. 나무 생장형의 모식도

2) 잎 (leaves)

① 일반적 형질

잎새(blade) 잎을 잎자루와 구분하여 부르는 이름으로, 잎자루를 제외한 나머지 부분

잎자루(petiole) 잎새를 가지나 줄기에 붙게 하는 꼭지 부분

탁엽(stipule) 잎자루 밑에 쌍으로 난 부속체로 보통 잎모양이며 서로 붙어 있음(엽병)

중앙맥(midrib) 잎의 중앙에 있는 잎맥

측맥(lateral vein) 중앙맥에서부터 시작하여 잎의 가장자리를 향해서 뻗어나가는 잎맥

샘(gland) 꽃이나 잎에서 단물을 내는 조직 또는 기관

② 홑잎(단엽)과 겹잎(복엽)

홑잎과 겹잎의 구분은 가을에 낙엽이 질 때 낙엽지는 부분이 잎 1개인지, 혹은 여러 작은 잎(소엽)이 잎줄기를 포함해서 떨어지는 것으로 구분한다.

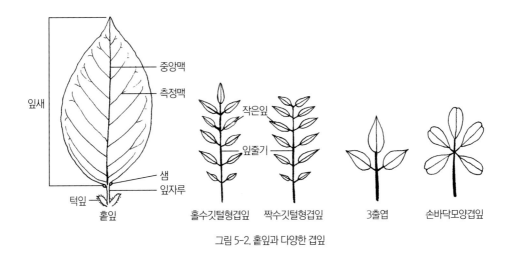

그림 5-2. 홑잎과 다양한 겹잎

홑잎(단엽, simple leaf) 잎자루에 한 장의 잎새만 붙어 있는 잎

홀수깃털형겹잎(기수 복엽, odd-pinnately compound leaf) 끝 부분에 짝이 없는 작은 잎이 한 장 있는 깃털모양의 잎

짝수깃털형겹잎(우수 복엽, even-pinnately compound leaf) 끝 부분의 작은 잎까지 짝이 있는 깃털모양의 잎

3출엽(trifoliate leaf) 3개의 작은 잎으로 이루어진 겹잎

장상겹잎(장상복엽, palmate compound leaf) 4장 이상의 잎이 손바닥 모양처럼 달린 잎

작은잎(소엽, leaflet) 겹잎을 이루는 각각의 잎

잎줄기(소엽병, rachis) 작은잎이 달리는 줄기로 겹잎의 중심을 이루는 줄기

배축성(abaxial) 축(가지)로부터 멀어지는, 등쪽의
향축성(adaxial) 축(가지)을 향한, 배쪽의

③ 잎차례

마주나기나 어긋나기는 수목 식별에 매우 중요한 형질이지만, 일부 수종(갈매나무, 물푸레나무)에서는 마주나기이면서 일부 어긋나기도 해서 종간 특징에 대한 관찰이 필요하다.

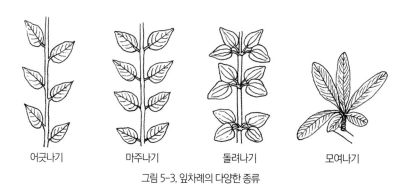

| 어긋나기 | 마주나기 | 돌려나기 | 모여나기 |

그림 5-3. 잎차례의 다양한 종류

어긋나기(호생, alternate) 잎이나 가지가 마디마다 방향을 달리하여 어긋 나는 것
마주나기(대생, opposite) 한 마디에 2장의 잎이 마주 나는 것
돌려나기(윤생, whorl) 마디에 3개 이상의 잎이 돌려붙어 나는 것
모여나기(총생, fascicle) 한 마디나 한 곳에 여러 개의 잎이 무더기로 모여 나는 것

④ 잎새의 모양

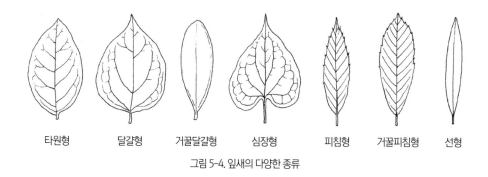

| 타원형 | 달걀형 | 거꿀달걀형 | 심장형 | 피침형 | 거꿀피침형 | 선형 |

그림 5-4. 잎새의 다양한 종류

타원형(elliptic) 위쪽과 아래쪽의 길이는 비슷하고 가운데가 가장 넓은 모양으로 길이는 폭의 두 배 이상임
달걀형(ovate) 달걀처럼 생긴 모양으로 아랫부분이 넓음
거꿀달걀형(obovate) 달걀을 거꾸로 세운 모양

심장형(cordate) 심장 혹은 하트 모양

피침형(elliptical) 끝이 가늘어지면서 길이와 폭의 비가 6:1에서 3:1 정도로 기다란 잎

거꿀피침형(obloncelolate) 피침형이 뒤집혀진 모양

선형(linear) 폭이 좁고 길이가 길어 양쪽 가장자리가 거의 평행을 이루는 잎

⑤ 잎밑(엽저)

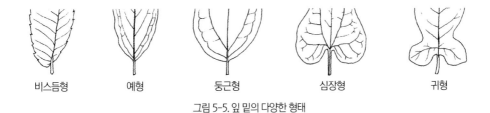

| 비스듬형 | 예형 | 둥근형 | 심장형 | 귀형 |

그림 5-5. 잎 밑의 다양한 형태

비스듬형(oblique) 잎이 좌우상칭이 아닌 비대칭형태

예형(acute) 매우 급하게 좁아지는 모양

둥근형(rounded) 둥근 모양

심장형(cordate) 심장의 윗부분처럼 생긴 모양

귀형(이저 auriculate) 사람의 귀처럼 좌우가 처진 모양

⑥ 잎끝(엽선)

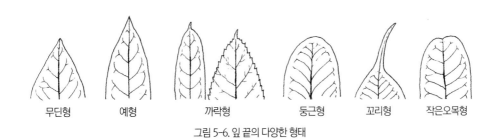

| 무딘형 | 예형 | 까락형 | 둥근형 | 꼬리형 | 작은오목형 |

그림 5-6. 잎 끝의 다양한 형태

무딘형(obtuse) 90° 이하의 각을 가지고 뾰족하며 끝이 길지 않음

예형(acute) 90° 이하의 각을 가지고 뾰족함

까락형(aristate) 잎의 끝에 꼬리가 발달

둥근형(rounded) 끝이 둥근 모양

꼬리형(caudate) 끝이 꼬리처럼 길고 뾰족함

작은오목형(retuse or emarginate) 주맥 끝이 약간 안으로 오목함

⑦ 잎 가장자리

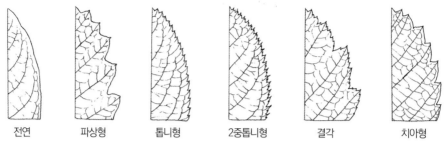

전연   파상형   톱니형   2중톱니형   결각   치아형

그림 5-7. 잎 가장자리의 다양한 형태

전연(entire) 잎의 가장자리가 매끈한 모양

파상형(repand) 잎의 가장자리가 구불구불한 물결모양

톱니형(serrate) 잎의 가장자리가 톱날 모양

2중톱니형(double serrate) 큰 모양의 톱날 모양과 작은 모양의 톱날 모양 함께 있는 모양

결각(incrustation) 잎의 가장자이가 깊게 패여 있는 모양

치아형(dentate) 90° 이상으로 이빨모양

⑧ 털의 종류

훨씬 다양한 종류의 털이 수목에서 확인되지만 간략하게 네 개의 대표적 털 종류만 제시하였다. 때로 종 식별(개암나무 vs 물개암나무)이나 잡종(낙엽성 참나무류)에 도움이 되지만 대부분 단일 유전자가 한 형질에 관여하는 멘델 유전식 방식이라 식별 형질로 사용하는 것은 다소 신중해야 한다.

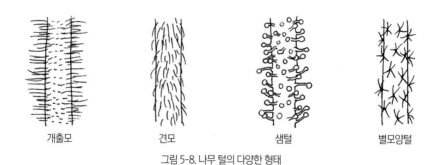

개출모   견모   샘털   별모양털

그림 5-8. 나무 털의 다양한 형태

개출모(hirsute) 꼿꼿이 일어서 있는 털

견모(pubescent) 한쪽 방향으로 누운 털

샘털(glandular hairs) 끝에 꿀샘이 달린 털

별모양털(성상모, stellate hairs) 방사상의 별 모양의 털

3) 소지

소지(twig)는 눈비늘 흔적이 남아 있는 최근에 형성된 나무 끝부분의 작은 가지를 지칭하는데 눈, 엽흔, 탁엽흔, 관속흔의 갯수, 수의 형태가 식별의 주요 특징이 된다.

① 겨울눈 및 소지

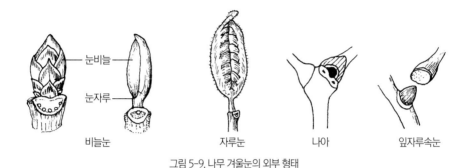

비늘눈   자루눈   나아   잎자루속눈

그림 5-9. 나무 겨울눈의 외부 형태

겨울눈(아린, bud) 꽃이나 잎이 될 부분들이 겨울동안 비늘잎에 의해 보호되어 있는 기관

눈비늘(아린, bud scale) 눈을 싸고 있는 비늘 잎

비늘눈(imbricate bud) 눈비늘이 있는 눈

나아(naked bud) 눈비늘이 없는 눈

잎자루속눈(엽병내아, infrapetiolar bud) 잎자루 속에서 발달한 눈

아병(stalked bud) 눈자루가 발달한 눈

끝눈(정아, terminal bud) 줄기 도는 가지의 끝부분에 위치한 눈

곁눈(측아, lateral bud) 줄기 또는 가지의 열매에 달리는 눈

피목(lanticel) 가지의 껍질이 돌출되어 특이하게 발달한 부위로 가스의 교환이 이루어지는 부위

속(pith) 가지의 중심 부위

잎자국(엽흔 leaf scar) 줄기에서 잎자루가 떨어진 흔적

다발자국(관속흔 bundle scar) 잎이 떨어진 자리에서 남아 있는 관다발의 흔적

눈흔적(bud scar) 가지에서 눈비늘이 떨어진 흔적

단지(spur shoot) 자라는 속도가 느린 짧은 가지

장지(long shoot) 긴 가지

                                  단지

그림 5-10. 은행나무의 단지   장지

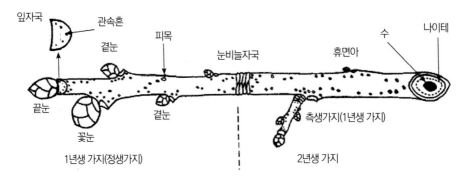

그림 5-11. 소지의 주요 외부 형태

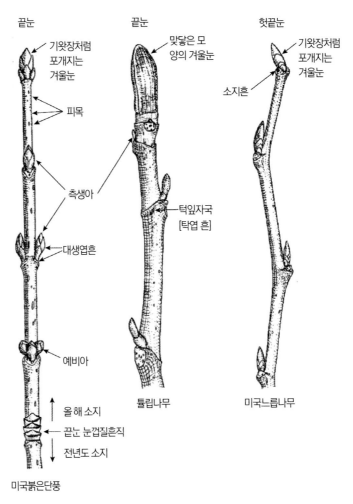

그림 5-12. 마주나기 소지와 어긋나기 소지의 비교

② 정아의 종류

가정아(pseudoterminal bud) 소지의 정단부분에 측아가 있으면서 끝눈(정아, terminal bud)의 기능을 하는 경우를 지칭하는데 가정아 옆에 발달하는 소지흔이 가정아임을 판단하는 기준이 된다. 국내 분포하는 수종의 대부분은 끝눈(정아)을 가지는 경우보다 가정아가 훨씬 빈도가 높다. 소지의 뚜렷한 탁엽흔은 목련과에서 볼 수 있는 특징으로 튤립나무, 함박꽃나무, 목련 등에서 볼 수 있다.

③ 대생, 아대생의 예

대부분 마주나기로 알려져 있는 식물도 소지의 경우 약간 어긋나 마치 어긋나기처럼 보이기도 하는데 이럴 경우 아대생이라 부른다.

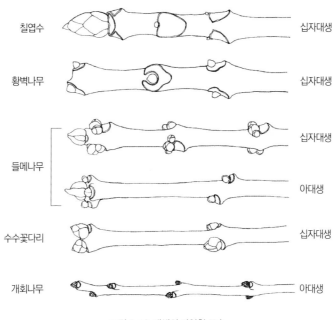

칠엽수 — 십자대생
황벽나무 — 십자대생
들메나무 — 십자대생 / 아대생
수수꽃다리 — 십자대생
개회나무 — 아대생

그림 5-13. 대생의 다양한 모습

④ 수(pith)의 종류

대부분의 소지는 수가 차 있지만 일부 수종에는 계단상으로 구분되는 경우가 있는데 막 사이가 차 있는 경우(튤립나무), 막 사이가 비어 있는 경우(가래나무, 다래)가 있어 식별에 도움이 된다. 일부 수종에서는 스폰지처럼 되어 있는 경우(딱총나무)나 아예 수의 속이 비어 있는 경우(개나리, 괴불나무, 병꽃나무)가 있지만 초기 소지는 수가 차 있고 가을이나 몇 년이 경과한 후 이런 특징을 형성하는 경우도 많아 식별형질로 사용할 경우 주의를 요한다.

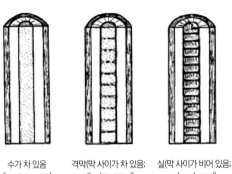

수가 차 있음	격막(막 사이가 차 있음;	실(막 사이가 비어 있음;
(homoaenous)	diaphragmed)	chambered)

그림 5-14. 균질수/격막수/유실수

⑤ 엽흔의 수종별 모양

말굽형(두릅나무, 오갈피나무속, 음나무), 반달형(참빗살나무, 노박덩굴 , 다래), U자형 (박쥐나무, 황벽나무, 때죽나무, 옻나무) 등 일부 수종에서 확인되는 엽흔의 모양과 관속 흔의 수가 식별에 도움이 된다.

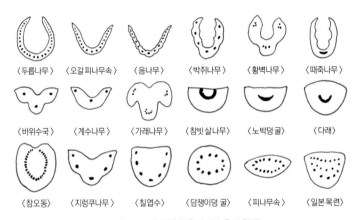

〈두릅나무〉 〈오갈피나무속〉 〈음나무〉 〈박쥐나무〉 〈황벽나무〉 〈때죽나무〉

〈바위수국〉 〈계수나무〉 〈가래나무〉 〈참빗살나무〉 〈노박덩굴〉 〈다래〉

〈참오동〉 〈지렁쿠나무〉 〈칠엽수〉 〈담쟁이덩굴〉 〈피나무속〉 〈일본목련〉

그림 5-15. 수종별 엽흔과 관속흔의 형태

⑥ 예비아

측아(그림에서는 주아)외의 추가적인 눈이 달려 있을 경우, 예비아(accessory bud)라 하는데 옆에 달려 있는 경우(지렁쿠나무, 물오리나무, 두메오리)와 위에 달리는 경우(가 래나무, 쪽동백)도 있다.

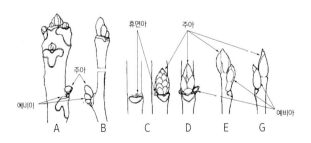

그림 5-16. 수종별 눈의 형태 A. 가래나무속, B. 쪽동백나무, C. 떡갈나무, D. 지렁쿠나무, E. 물오리나무 F. 두메오리

⑦ 겨울눈대(동아병) 및 엽병내아

겨울눈대(동아병)는 겨울눈 아래에 대처럼 형성되어 일컫는 명칭인데, 오리나무속중 오리나무와 물오리나무, 단풍나무속의 시닥나무와 산겨릅나무, 생강나무속의 비목나무 등은 같은 일부 종에서 볼 수 있는 식별 형질이 된다.

엽병내아(infrapetiolar bud)는 전년도 잎자루 안에 숨어 겨울눈이 형성되는 경우로서 잎자루가 완전하게 동아를 감싸고 있다. 예로서 황벽나무, 버즘나무, 박쥐나무, 쪽동백 이 여기에 속한다.

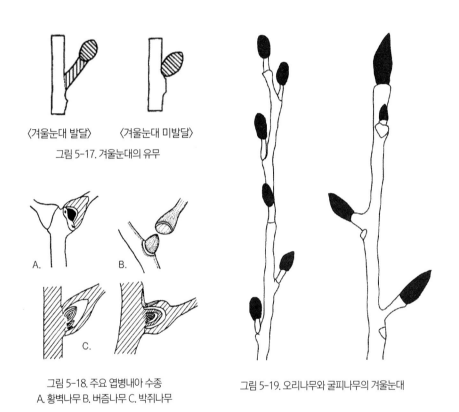

〈겨울눈대 발달〉 〈겨울눈대 미발달〉
그림 5-17. 겨울눈대의 유무

A. B. C.

그림 5-18. 주요 엽병내아 수종
A. 황벽나무 B. 버즘나무 C. 박쥐나무

그림 5-19. 오리나무와 굴피나무의 겨울눈

⑧ 꽃눈과 잎눈

대부분 겨울눈에는 잎과 꽃이 형성되지만 일부 종에서는 꽃눈과 잎눈이 구별되며 서로 형태가 다른 경우가 있어 식별형질로 이용이 가능하다. 생강나무속, 참식나무속 등 일부 종에서 2개의 다른 형태의 겨울눈이 확인된다.

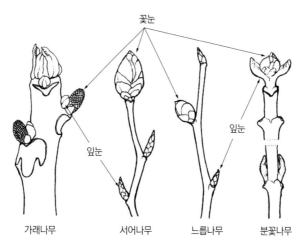

꽃눈

잎눈

잎눈

| 가래나무 | 서어나무 | 느릅나무 | 분꽃나무 |

그림 5-20. 꽃눈과 잎눈을 갖는 수종들

⑨ 인아와 나아

겨울눈의 정아 부분이 껍질(아린)으로 덮인 인아(scaled bud)와 껍질이 없이 나출된 것 (아린이 존재하지 않음)을 나아(naked bud)라 부른다. 대부분 눈껍질이 존재하지만 일부 종(개옻나무, 작살나무, 가래나무, 분단나무, 때죽나무, 쪽동백, 합다리나무, 나도밤나무, 누리장나무)은 아린이 없는 나아를 가진다. 겨울눈의 모양과 눈껍질 수 등은 비교적 잎 이나 다른 비생식형질에 비해 변이가 심하지 않아 좋은 식별 형질로 활용이 된다. 아래는 나아의 예이다.

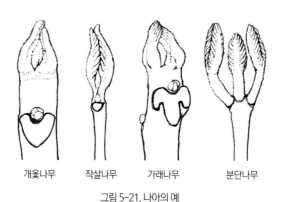

| 개옻나무 | 작살나무 | 가래나무 | 분단나무 |

그림 5-21. 나아의 예

4) 수피

국내 분포하는 수종중 수피의 특성을 판단할 수 있는 교목성은 전체의 약 17%이다. Vaucher(1990)에 의하면 18개 종류를 나눠 분류하고 있지만, 여기서는 10개로 유형을 줄여 예제를 표시하였다. 수피는 통상 어린 나무경우와 30~40년생 수피의 모양이 변화 하기 때문에 일반화해서 식별에 일괄적으로 적용해서 이용하기 어렵다.

초기(1차) 외피의 코르크형성층은 바깥부분은 코르크를 형성하는 반면, 안으로는 코르크피층이 발달하는 경우가 있으며 이를 고리형 외수피라 한다(그림 5-22 A). 외수피가 그리 두껍게 발달하지 않는 형태로서 일본삼나무, 향나무처럼 벗겨지는 형태를 말한다. 반면, 코르크피층과 2차체관부 사이에는 새로운 2차 코르크형성층이 만들어 지는 경우가 있는데, 이때 2차 코르크형성층과 1차 코르크형성층사이에 만들어지는 부분은 외수피(outer bark, rhytidome)라 하며 비늘형 혹은 피목성 형태로서 비교적 두껍게 외수피가 발달하는 형태이다(그림 5-21 B). 독일가문비나 기타 대부분 수종이 이 형태를 갖는다.

수피를 형성하는 형으로는 크게 위에 언급된 고리형 외수피와 비늘형 외수피로 양분해서 볼 수 있지만, 때로 1차 코르크형성층에 의해 만들어지는 성숙 코르크형 (long-lived first cork cambium)도 있다. 굴참나무나 황벽나무처럼 코르크층이 발달하는 형으로 처음 코르크층에 의해 형성되어 계속 남아 있다.

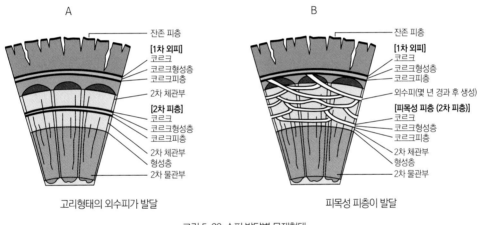

그림 5-22. 수피 발달별 목재형태

외수피의 기능은 나무를 물리적 및 화학적으로 보호하는 역할을 한다. 새로 형성되는 코르크피층에는 세포벽에 수베린(suberin)이 축적되어 수분 침투를 방지한다. 이 외에도 줄기나 소지에 코르크띠(cork band)가 형성되는 경우도 있는데 화살나무가 그 예이다.

수피에 포함되는 화학적 성분으로는 소나무속의 송진(resins), 느릅나무속의 점액성 (mucilage), 참나무류, 자작나무류, 버드나무류, 가문비나무류의 타닌(tannins)성분, 혹은 결정체(crystals)를 가지는 피나무속, 너도밤나무속 같은 식물들이 있다. 결정체에는 대부분 옥살산칼슘(calcium oxalate)이나 규산염 등으로 구성된다.

수피의 두께는 연령별, 수종별로 차이가 있는데 통상 5-30mm이지만 60-80mm까지 발달하는 수종(아까시나무, 사시나무류)도 있다. 물리적 구성에서 수피가 차지하는 부분은 전체 목재의 약 11-20% 정도로 그리 높지않다.

다음은 국내 수종에서 볼 수 있는 10가지 수피의 형태를 보여주는 예이다.

1) 매끈하면서 일부 주름지거나 세로로 갈라지는 형(A) 서어나무형, 팥배나무형
2) 깊게 갈라지면서 골이 생기거나, 파도처럼 깊게 갈라지거나, 두텁고 딱딱하면서 서로 골이 세로로 형성되지만 때로 가로로 연결되는 형(B) 참나무형 이태리포플러형
3) 사각형 혹은 다각형으로 깊게 갈라지는 형(C) 감나무형
4) 콜크가 발달하는 형(D) 황벽나무, 굴참나무형
5) 금이 가는 형태로 갈라지는 형(E) (중간 혹은 크게 갈라지는 형) 말오줌나무, 수우물오리, 산사나무
6) 수피가 벗겨지거나 껍질이 벗겨지는 형(F) 자작나무형
7) 버즘처럼 형성되는 형(G) 백송, 노각나무, 모감주나무형
8) 껍질이 매우 얇게 섬유조직처럼 일어나거나 스폰지처럼 부드럽지만 세로로 깊게 갈라지는 형(H) 메타세콰이형, 낙우송형
9) 피목이 가끔 짧게 가로로 혹은 뚜렷하게 발달하는 형(I) 산돌배나무, 느티나무, 벗나무형
10) 수피에 콘모양의 가시 혹은 모양이 가시가 많이 발달 형(J) 초피나무, 산유자나무, 주엽나무형

〈수피 유형에 따른 검색표〉

1a. 콜크층 발달	D형
1b. 콜크층 미발달	
2a. 세로로 갈라지거나 홈피 깊게 발달	
3a. 깊게 갈라짐	B형
3b. 사각형(다각형)	C형
3c. 금이 가는 것처럼 갈라짐	E형
2b. 매끈하거나 벗겨지거나 가시같은 부속체가 존재	
4a. 가시가 발달하거나 피목이 발달	
5a. 가시가 발달하는 형태	J형
5b. 피목이 발달	I형
4b. 매끈하거나 벗겨지는 형태	

6a. 매끈한 형   A형

6b. 벗겨지는 형

        7a. 종이껍질 처럼 벗겨짐   F형

        7b. 버즘처럼 벗겨짐   G형

        7c. 섬유조직처럼 얇게 벗겨짐   H형

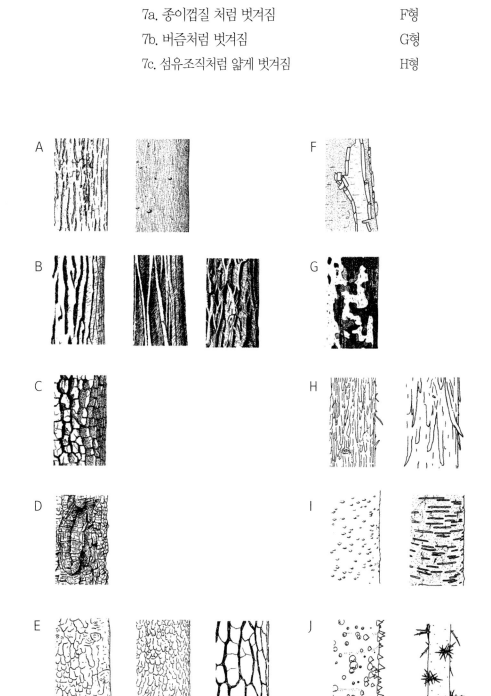

그림 5-23. 주요 수피의 모식도

2. 생식 형질

1) 꽃 (속씨식물)

꽃이 필 경우에는 꽃의 색깔, 꽃의 구조 등 수목 식별이 매우 용이하지만 꽃 피는 시기가 짧아서 효용에 있어서는 매우 제한적이다. 수목식별은 꽃에 의존한 식별보다는 비생식 형질인 잎, 겨울눈, 수피, 수형 등의 형질을 관찰해서 그 특징으로 수종 판별하는 기술적인 부분을 강조하기에 오히려 목본식물의 꽃을 자세하게 관찰하지 않는 경우도 발생한다.

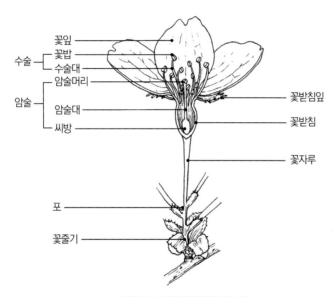

그림 5-24. 피자식물 꽃의 주요부분

꽃밥(anther) 수술의 끝에 달린 꽃가루를 담고 있는 주머니

수술대(filament) 꽃가루와 함께 수술을 이루는 기관

수술(stamen) 꽃밥+수술대

암술머리(stigma) 꽃가루받이가 일어나는 암술의 끝 부분

암술대(style) 씨방에서 암술머리까지의 부분으로 보통은 가늘고 길다.

씨방(ovary) 속에 밑씨가 들어 있는 암술대 밑에 붙은 통통한 모양의 주머니

암술(pistile) 암술머리+암술대+씨방

심피(carpel) 암술을 이루는 각각의 단위로 보통 암술머리, 암술대, 씨방으로 이루어져 있다.

밑씨(ovule) 씨방에 들어 있는 것으로 수정된 후 자라서 씨앗이 된다.

꽃잎(petal) 꽃받침 안쪽에 있는 조각. 화관이 갈라져서 조각들이 서로 떨어져 있을 때 사용하는 용어

꽃부리(화관, corola) 꽃 한송이의 꽃잎 전체를 이르는 말로, 주로 꽃잎이 서로 붙어 있는 것을 뜻한다.

꽃받침(calyx) 꽃의 가장 밖에서 꽃잎을 받치고 있는 조각

꽃받침잎(sepal) 꽃받침을 이루는 조각

꽃자루(소화경, pedicel) 꽃을 달고 있는 자루

꽃줄기(총화경, peduncle) 꽃차례와 가지를 연결하는 자루

암수한그루(일가화, 자웅동주, monoecious plant) 암꽃과 수꽃이 한 그루에 달리는 나무

암수딴그루(이가화, 자웅이주, dioecious plant) 암꽃과 수꽃이 각각 다른 그루에 달리는 나무

암수한꽃(양성화, bisexua flower) 하나의 꽃에 암술과 수술이 함께 있는 꽃

암수딴꽃(단성화, unisexual flower) 하나의 꽃에 암술이나 수술 어느 한 개만 갖는 꽃

① 꽃차례

　꽃차례(화서, inflorescens) 꽃이 줄기나 가지에 달리는 모양 또는 꽃이 달려 있는 줄기나 가지 자체를 의미한다.

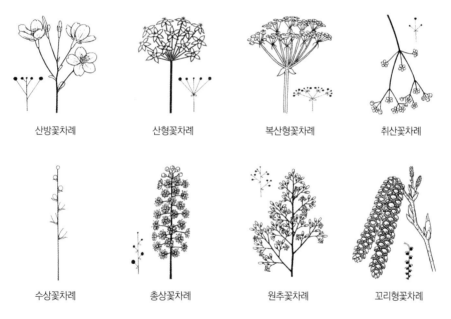

산방꽃차례	산형꽃차례	복산형꽃차례	취산꽃차례
수상꽃차례	총상꽃차례	원추꽃차례	꼬리형꽃차례

그림 5-25. 피자식물 꽃의 꽃차례

산방꽃차례(corymb) 꽃자루의 길이가 줄기 아래쪽에 달리는 것일수록 길어져서 꽃이 거의 평면으로 가지런하게 피는 꽃차례

산형꽃차례(umbel) 꽃대의 끝에 여러 꽃자루가 우산살 모양으로 갈라져, 그 끝에 꽃이 하나씩 피는 꽃차례

복산형꽃차례(compound umbel) 산형꽃차례의 끝에 다시 산형꽃차례가 달리는 꽃차례

취산꽃차례(cyme) 꽃대의 끝에 꽃이 한 송이 피고, 그 밑의 가지 끝에 다시 꽃이 피고, 거기서 다시

가지가 갈라져 끝에 꽃이 피는 꽃차례

수상꽃차례(spike) 1개의 긴 꽃대에 꽃자루가 없는 꽃이 이삭처럼 촘촘이 붙어서 피는 꽃차례

총상꽃차례(raceme) 긴 꽃대에 꽃자루가 있는 여러 개의 꽃이 어긋나게 붙어서, 밑에서부터 피어 올라가는 꽃차례

원추꽃차례(panicle) 주축에서 갈라져 나간 가지가 총상꽃차례를 이루어 전체가 원뿔꼴이 되는 꽃차례로 주축의 아래쪽 가지는 크고 길며, 위로 갈수록 작아지므로 전체가 원뿔꼴인 꽃차례

꼬리형꽃차례(ament) 밑으로 처린 긴 꽃줄기에 꽃이 달려 마치 꼬리같이 생긴 꽃차례

② 꽃의 모양

그림 5-26. 꽃의 주요형태

종모양(campanulate) 꽃부리가 종모양

항아리 모양(urceolate) 꽃부리의 아래가 좁아져 항아리 모양

나비 모양(papilionaceous) 콩과의 꽃으로 기판(standard), 익판(keel), 용골판(wing)으로 이루어진 꽃

③ 씨방의 위치

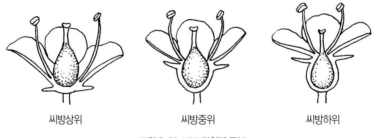

그림 5-27. 씨방 위치별 구분

씨방상위(superior, hypogynous) 자방이 화탁 위의 다른 꽃 부분들보다 위에 위치

씨방중위(semiinferior, perigynous) 꽃잎과 꽃받침, 수술이 화탁 위의 자방주위로 내려와 있는 것

씨방하위(inferior, epigynous) 자방이 꽃의 다른 부분들보다 아래에 위치

2) 열매(fruit)

육질형태인 것과 건과 종류로 나누고 건과중에는 성숙하면 벌어지는 형태와 벌어지지 않는 형태로 구분한다. 원시식물인 목련계통(미나리아재비과, 목련과 등) 식물은 하나의 꽃에서 암술이 달리며 각각 자방이 독립적이라 이생심피(apocarpous)라 하는 반면에, 대부분 식물들은 여러 암술이 합쳐져서 1개의 자방 안에 여러 방으로 분리되는 형태(여러 심피로 구성)인 합생심피(syncarpous)를 가져 열매의 형태에서 확연한 차이를 보인다. 이생심피의 경우에는 골돌, 수과 등이 대표적인 열매 형태이다.

① 건과이면서 성숙해도 닫혀있는 열매 형태(건폐과; Dry, indehiscent fruits)
수과(achen) 1개의 자방에 1개의 씨가 들어있는 과피가 단단한 열매
예) 국화과(해바라기, 민들레), 미나리아재비과(으아리)
견과(nut) 뚜껑컵(참나무과) 혹은 열매껍질에 싸여있는 있는 열매로 열매껍질이 단단하여 다 익어도 벌어지지 않는 열매 예) 참나무(도토리), 밤나무, 개암나무
시과(samara) 열매껍질이 자라서 날개처럼 되어 바람에 흩어지기 편리하게 된 열매
예) 산형과, 물푸레나무, 자작나무, 느릅나무

② 건과이면서 성숙하면 열리는 형태(건개과, Dry, dehiscent fruit)
삭과(capsule) 익으면 열매껍질이 말라 쪼개지면서 씨를 퍼뜨리는 여러 개의 씨방으로 된 열매 예) 사시나무, 버드나무, 진달래, 봉선화
골돌과(follicle) 이생심피이면서 단자예로 구성된 배봉선에 따라 열리는 건개과로서 대개 한 꽃에 있는 여러개의 암술이 익어서 된 열매 예) 목련, 오미자
꼬투리(협과, 콩과, legume) 하나의 심피(carpel)로부터 만들어진 두 개의 꼬투리가 있는 열매 예) 팥, 콩, 박태기

③ 육질 형태(Fleshy fruits)
이과(pome) 과육 (중ㆍ내과피)/종자(pome) 꽃턱이나 꽃받침통이 다육질의 살로 발달하여 응어리가 된 씨방과 그 안쪽의 씨앗을 싸고 있는 열매 예) 사과, 배, 산사나무
핵과(drupe) 외과피, 과육(=중과피), 핵(drupe) 씨가 들어 있는 단단한 속껍질을 다육질의 열매살이 둘러싼 열매 예) 복사나무, 벚나무, 호두
장과(berry) 부드럽고 육질의 외과피로 형성된 열매 예) 포도, 다래, 감나무,
귤과(hesperidium) 외과피가 거친 껍질이며, 육질이 부드러운 열매. 장과의 형태이지만 두터운 외과피면서 심피가 많은 열매를 지칭함 예) 귤, 레몬, 오렌지

④ **겹열매**

취합과(aggregate) 여러 개의 골돌, 수과의 열매가 모여서 이루어진 열매. 즉 독립된 씨방에 1개의 암술머리가 달린 열매의 모임 예) 미나리아재비, 작약, 산딸기

다화과(multiple) 꽃차례에 형성된 여러 꽃이 1개의 열매처럼 형성된 경우 예) 뽕나무, 굴피나무

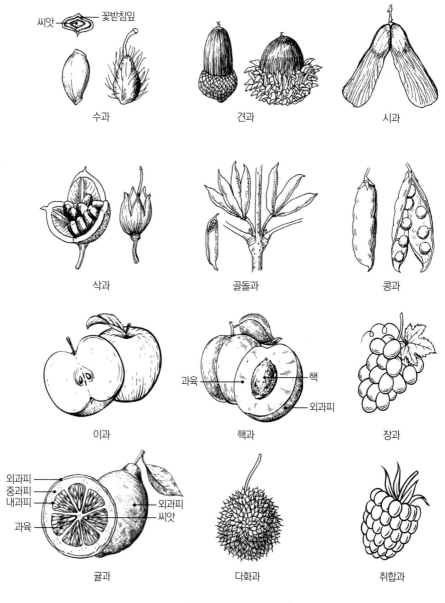

그림 5-28. 수목의 열매 종류

- 연습문제 -

1. 나아를 가지는 종은 ?

2. 동아의 대(아병)을 가지는 종과 엽병내아의 특징을 가진 종은?

3. 수가 비어 있거나, 계단상이거나, 스폰지와 같은 형태의 수를 가지는 종은?

4. 겉씨식물의 구과를 꽃이라는 표현보다 배우체라는 표현을 사용하는 이유는 무엇인가?
   꽃을 구성하는 중요한 요소는 무엇인가?

5. 핵과와 장과의 차이는 무엇이며 이런 열매를 가지는 종은?

6. 대부분 수종은 가정아를 가지는데 정아를 가지는 종은 ?

7. 건개과에 속하는 열매는 어떤 종류가 있으며 주로 어느 과에서 볼 수 있나?

8. 은행이나 주목을 열매로 부르지 않는 이유와 육질부분은 무엇인가?

9. 수목에서 은행나무처럼 암수딴그루(이가화) 에 해당되는 수종은 무엇인가?

제 6장 겉씨식물

겉씨식물문(Gymnospermae, Pinophyta)에는 지구상의 온대림에 있어서 경제적으로 가장 중요한 수종들이 속한다. 겉씨식물(나자식물)의 배주는 대포자엽(megasporophyll)의 표면에 달리므로 겉에 표출되는 것이 특징이기 때문에 나자식물(裸子植物- 종자가 밖에서 보이는 식물이라는 뜻, gymno+sperm)로 불리며, 수분(가루받이; pollination)에 있어서는 웅성(=수컷, 꽃가루) 요소를 운반하는 데 물 혹은 바람이 필요하고 수정(fertilization)에 있어서는 1개의 정충만이 참여하는 단수정이다. 최근의 Christenhusz et al. (2011)에 의하면 겉씨식물은 4개의 아강(subclass)으로 Cycadidae(소철아강), Ginkgoidae(은행나무아강), Pinidae(소나무아강), Gnetidae(매마등아강)으로 나누며, 국내는 소철아강에 소철목, 소철과, 은행나무아강에 은행나무목, 은행나무과, 소나무아강에 소나무의 소나무과(Pinaceae)와 측백나무목의 금송과(Sciadopityaceae), 측백나무과(Cuppressaceae)와 주목과(Taxaceae)가 있다. 은행나무아강과 달리 소나무아강은 대부분 솔방울과 같은 구과를 형성하기 때문에 구과식물이라 부른다. 웅성세포는 은행나무와 달리 정자처럼 움직이지 않고 잎은 단엽으로서 선형 또는 피침형이며 1개의 엽맥이 있어 부채꼴 모양의 은행나무와 구분된다.

겉씨식물 중 은행나무, 개비자나무, 비자나무는 암수딴몸(이가화)이지만, 대부분은 암수한몸에 단성화(암배우체와 수배우체가 따로 발달)의 특징을 가지고 있다.

은행나무과 Ginkgoaceae, The maidenhair tree family

은행나무 *Ginkgo biloba* L., maiden hair tree
종소명 설명 biloba 2개로 잎이 갈라진

잎 어긋나기, 부채꼴이고 잎의 맥이 2개로 갈라지며, 겨울에 낙엽이 지며 엽흔과 더불어 2개의 관속흔이 남는다. 구과 암수나무가 따로 있으며 4-5월에 잎과 더불어 배우체가 핀다. 수배우체는 1-5개씩 달리고 대가 있는 많은 소포자낭이 달리며, 암배우체는 6~7개의 축 끝에 각각 2개씩의 배주가 있지만 1개만 성숙하여 10월 말에 떨어진다. 핵과처럼 생겼고, 종의는 빨리 썩으며 냄새가 나고 피부에 닿으면 염증을 일으킨다. 종자는 은백색으로서 난원형이다. 소지 가지는 긴 가지(장지)와 짧은 가지(단지)가 있다.

중국 양자강 하구 남쪽(Hangzhou, Zhejiang)의 티안무샨(天目山) 근처로 추측한다. 불교 및 유교를 따라 국내에 들어온 것이라고 추측되며, 우리나라의 사찰림(寺刹林)과 마찬가지로 중국에서도 사찰림으로 잘 보호되어 왔다. 은행(銀杏)의 구과가 살구와 비슷하면서 종자가 흰색이라 붙은 이름으로서 한약의 白果(백과)라는 이름도 있다. *Ginkgo*는 한자의 일본식 발음에서 유래되었고 *biloba*는 긴 가지에 달린 잎이 2개로 갈라진 것을 말하며, maiden hair tree도 이와 같은 잎의 모양에서 온 이름이다.

소나무과 Pinaceae, The pine family

잎은 선형으로 어긋나기, 총생 또는 속생하고 상록성이지만 낙엽으로 떨어지는 경우(잎갈나무속)도 있다. 배우체는 암수한그루로서 소포자엽(microsporophyll, ♂)은 솔방울처럼 모여 달리고 각 2~6개씩의 소포자가 뒷면 밑부분에 달려 있다. 대포자엽(megasporophyll, 우)도 화축에 모여 솔방울과 같이 되며 표면 밑부분에 2개의 배주가 있고, 뒤에 1개의 포가 있다. 솔방울은 목질로 되어 종자가 성숙할 때까지 벌어지지 않는다. 대부분 식물은 실편이 끝까지 붙어 있고(젓나무속 예외) 종자에 날개가 있으며 2~10개의 떡잎이 있다.

소나무속, 개잎갈나무속, 잎갈나무속, 가문비나무속, 솔송나무속, 젓나무속이 국내에 분포한다. *Pseudotsuga*는 미국 원산지로서 미송으로 불린다.

· 소나무속(*Pinus*)	· 개잎갈나무속(*Cedrus*)
· 잎갈나무속(*Larix*)	· 가문비나무속(*Picea*)
· 젓나무속(*Abies*)	· 솔송나무속(*Tsuga*)

표 6-1. 소나무과 속에 대한 주요형질 비교

속명	잎	구과	소지	종자성숙
소나무속	속생, 상록성	위로 달림	긴 /짧은 가지	2년
개잎갈나무속	속생, 상록성	위로 달림	긴 /짧은 가지	2-3년
잎갈나무속	속생, 낙엽성	위로 달림	긴 /짧은 가지	1년
가문비나무속	대생, 상록성	아래로 처짐	긴 가지	1년
젓나무속	대생, 상록성	위로 달림	긴 가지	1년
솔송나무속	대생, 상록성	아래로 처짐	긴 가지	1년

소나무속 *Pinus* L., pine

소나무과 중에서 종(120종)이 가장 많고 경제적으로 중요하다. 대부분 상록교목이지만 간혹 관목도 있다. 북반구의 온대와 열대의 산악지대에 분포한다.

잎 끝이 뾰족한 선형, 가장자리에 잔톱니가 있다. 관속의 수는 1~2개이고, 수지구멍의 수는 2개 이상이다. **배우체** 배우체는 암수한그루로서 수배우체는 새 가지의 밑부분에 달리며 많은 수술이 달리고, 암배우체는 새 가지 끝에 1개-여러 개가 달리고 많은 대포자엽이 모여 있다. 구과 솔방울은 난형 또는 원통형으로서 실편이 떨어지지 않고 딱딱해진다. 종자는 각 실편에 2개씩 들어 있으며 날개가 있거나 없고 2~3년 만에 익으며, 자엽은 3~18개이다. 소지 가지는 윤생하고 수피가 갈라지며 겨울눈은 뚜렷하고 많은 포로 싸여 있다. 배우체 형성기/결실기 5월/다음해 10월, 종자는 10-11월에 떨어진다.

소나무는 잣나무류(soft pine)와 소나무류(hard pine)로 구분되는데 특징은 다음과 같다.

표. 6-2. 잣나무류와 소나무류의 구분 형질

구분	잎			구과 실편	목재
	잎의 수	아린	관속수		
잣나무류	3-5	곧 떨어짐	1	끝이 얇고 가시가 없음	연함
소나무류	2-3	끝까지 남음	2	끝이 두껍게 되고 가시가 있음	단단함

표 6-3. 잣나무류 수종의 주요 형질

종명	잎의 수	잎의길이	수지구 수	구과	종자 날개	
잣나무	5	7-12cm	3	12-15cm	X	교목
눈잣나무	5	3-6cm	2	3-5cm	X	관목
섬잣나무	5	6-8 cm	2	10cm	△	교목
스트로브잣나무	5	7.5-12.5cm	2	10-20cm	O	교목
백송	3	5-10cm	5	5-7cm	O	교목

종소명 설명 bungeana 중국 식물 연구를 한 A.A. von Bunge의; koraiensis 한국산의; parviflora 꽃이 작은; pumila 키가 작은; strobus 구과의

잣나무 *P. koraiensis* Siebold & Zucc., Korean pine

잎 5개이며 단면이 세모 모양이고 뒷면에 백색 기공조선이 있으며 가장자리에 잔톱니가 있다. 수지구멍이 3개로서 안쪽에 있다. **배우체** 수배우체는 5~6개, 암배우체는 2~5개가 새 가지의 끝에 달린다. **구과** 종자는 각 실편에 2개씩 들어 있으며 날개가 없고 양면에 얇은 막이 있다. **수피** 흑갈색이고 갈라진다. **분포** 주로 백두대간에 분포하지만 경기도 북부에도 확인된다

생태 및 기타 정보 젓나무, 분비나무, 피나무, 자작나무, 신갈나무 등과 같이 자라지만 백두산지역에서는 순림에 가까운 곳도 있다. 약간 그늘에서 자라고, 뿌리는 약간 깊은 편이며 20년생 정도 되면 구과가 달리고, 종자는 발아율이 80% 정도이다. 산지에 따라 낙엽활엽수 또는 침엽수와 혼생하고 부분적으로는 순림을 형성하기도 한다. 금강산에서는 고도 300m-700m까지 가장 무성하고 이 지대에서는 젓나무와 더불어 무성한 임상을 이루고 있으며, 신갈나무, 황벽나무, 들메나무, 물푸레나무 등은 잣나무와 더불어 위층을 차지한다. 그 밑층에 느릅나무, 생강나무, 야광나무, 물개암나무, 개암나무, 참조팝나무, 쉬땅나무, 복자기, 신나무, 당단풍, 짝자래나무, 개벚나무, 붉나무, 가래나무, 진달래, 왕머루, 개머루, 다래, 개다래, 미역줄나무 등이 우거져 있지만, 900m에서부터 젓나무의 수가 많아지고 1,000m에서는 분비나무, 가문비나무, 주목 등이 많아짐과 동시에 잣나무는 그 본수가 10% 정도 차지한다. 이 지역에서는 사스래나무, 신갈나무, 고로쇠나무, 다릅나

무, 들메나무, 피나무, 분비나무 등이 위층을 차지하고, 밑층에는 미역줄나무, 개다래, 눈측백, 철쭉, 진달래, 물참대, 병조회풀 등이 차지하며 산꼭대기를 향하여 눈잣나무와 연속된다. 잣나무와 신갈나무가 위층을 차지하는 곳에서는 밑층을 철쭉만이 차지하고 있는 곳도 있는데, 이것은 무성한 가지와 잎으로 인하여 다른 종류가 들어가기 어렵기 때문이다. 이와 같은 현상은 설악산에서도 볼 수 있다.

북부지방의 고산지대에서는 분비나무, 종비나무, 잎갈나무 등의 침엽수와 피나무류, 산겨릅나무, 사스래나무 등의 활엽수와 자라고 있다. 잣나무는 자연상태에서는 동령림을 형성하기 어렵다. 종자가 클 뿐만 아니라 다람쥐나 기타 짐승들이 즐겨 먹기 때문에 더욱 어려워진다.

눈잣나무 *P. pumila* Regel, dwarf stone pine
배우체 형성기/결실기 6~7월 / 다음해 9월 초에 익는다.
생태 및 기타 정보 설악산(1,600m), 금강산(1,100m), 묘향산(1,600m 이상) 및 차일봉(2,200m)에서 자라는 아고산 식생의 수종으로 옆으로 벋는 관목형이지만 평지에 심은 것은 곧게 자란다.

섬잣나무 *P. parviflora* Siebold & Zucc., Japanese white pine
배우체 형성기/결실기 6월/다음해 9월
생태 및 기타 정보 울릉도 태하동에서 솔송나무, 너도밤나무 등과 같이 자라며 고도 600m 근처에서 가장 많이 자란다. 일본개체에 비해 울릉도 개체는 잎이 매우 길고 구과도 크다.

스트로브잣나무 *P. strobus* L., eastern white pine
잣나무 및 섬잣나무와는 잎이 가늘고 연약하며 수피가 밋밋하고 구과의 실편의 모양 등 가늘며 긴 점이 다르다.
생태 및 기타 정보 북아메리카 동부와 동북부산으로서 추위에 강하다. 생장이 빠르지만 송충이와 좀벌레의 피해가 심하므로 국내에서는 조림수종으로 이용하지 않는다.

백송 *P. bungeana* Zucc. ex Endl. lacebark pine
잎 3개가 속생하는 소나무류처럼 보이지만, 관속이 1개이고 구과의 실편 등 잣나무류의 특징을 가지고 있다. 수피에 백색 페인트를 칠한 것과 같다. 높이 30m까지 자라는 교목이지만 때로 밑에서 갈라져 관목형태로 보이기도 한다. **배우체 형성기/결실기** 4-5월/ 다음해 10-11월

생태 및 기타 정보 중국 내륙(감수, 호북, 산서, 산동, 섬서 및 사천북부와 하북서부)에 자라는 나무로서 600년전 도입되었다. 이식이 어렵다.

소나무류 Subgenus *Pinus*, hard pine

- *P. densiflora* Siebold & Zucc. 소나무
- *P. thunbergii* Parl. 곰솔
- *P. rigida* Mill. 리기다소나무(재배종)
- *P. taeda* L. 테에다소나무(재배종)
- *P. tabuliformis* Carrière 만주곰솔

표 6-4. 잣나무류 수종의 주요 형질

종명	잎의 수	잎의 길이	수지구 위치	겨울눈색
소나무	2	8-9cm	바깥쪽	붉은색
곰솔	2	4.5-6cm	중앙	회색
리기다소나무	3	7.5-12.5cm	중앙	갈색
테에다소나무	3	15-22.5cm	중앙	녹색
만주곰솔	2	10-17cm	바깥쪽	회갈색

종소명 설명 densiflora 밀생한 꽃이 있는; rigida 딱딱한; tabuliformis 편평한; taeda 송진이 있는; thunbergii C.P. Thunberg의

소나무 *P. densiflora* Siebold & Zucc., Japanese pine

잎 밑부분이 연한 갈색의 아린으로 싸여 있고 2년간 가지에 달려 있다. **구과** 난형 (길이 4.5cm)이며 실편은 70~100개이다. **소지 및 수피** 수피는 윗부분이 적갈색 밑부분은 검고, 겨울눈은 적갈색이다.

생태 및 기타 정보 남쪽 끝에서 북쪽 끝까지 흔히 자라는 수종으로서 순림을 형성하고 있는 곳도 많다. 이와 같은 현상은 기후와 토질이 소나무가 자라는 데 있어서 가장 알맞다는 것을 분포와 번식상태로써 짐작할 수 있지만 소나무의 순림을 형성하기까지는 오랜 시간과 원인이 있다. 만일, 어느 소나무의 순림을 조금도 손을 대지 않고 20~30년 방치할 때에는 반드시 활엽수와의 혼효림이 이루어질 것이며, 100~200년 후에는 소나무 개체수가 줄어 들 것으로 예측되나 최근에는 소나무재선충에 의한 피해로 감소 속도가 매우 높다.
임상이 파괴될 경우에는 그곳에서 자라던 수종이나 다른 활엽수가 들어가겠지만 지면이 노출되어 건조될 경우에는 소나무의 종자가 근처에서 날아 들어가서 활엽수림의 일부를 차지한다.

강원도 설악산 근처의 식생을 보면 산기슭에는 소나무의 순림이 있고, 산의 중턱에는 활엽수가 있으며, 양자가 접촉하는 곳에는 소나무와 활엽수가 같이 자라고 있음을 볼 수 있다. 사면능선에 있어서 남사면에서는 소나무, 북사면과 계곡에서는 활엽수가 차지하고 있는 것도 그리 드문 현상이 아니다. 이것은 소나무가 활엽수림으로 침입하여 들어가는 현상이고, 화전적지와 같은 곳에서 이와 같은 임상을 흔히 볼 수 있다.

소나무숲에서도 마찬가지로서 어린 소나무가 자라지 못하는 곳은 비산된 소나무 종자가 발아 후 생장가능한 조건이 되어 있지 않다는 것으로서 새, 산거울, 잔디 등이 무성한 곳에 있어서는 종자가 직접 땅에 닿기 어렵기 때문이다. 소나무는 양수이지만 늙은 소나무 밑에서는 능히 자랄 만하다. 남쪽 난대림지대에서는 붉가시나무, 동백나무 등과 같이 자라지만 대개 참나무류 및 그 밖의 활엽수와 같이 자라고 있다. 북부에 있어서는 활엽수 이외에 잎갈나무와 같이 자라는 곳도 있다. 잎갈나무와 소나무는 노출된 토지를 점령하는 데 비슷한 성질을 지니고 있지만, 잎갈나무가 소나무를 도저히 따라가지 못하고 일시적으로 같이 자라고 있을 뿐이다. 각처 산야의 양지에서 흔히 자라며, 북부 고산지대에 있어서는 고도 800m 이하에서 자란다.

일제 강점기 수원고농의 우에키(Uyeki) 교수에 의해 소나무 연구를 통해 여러 품종을 발표하였다. 조림수종으로 주목을 받는 것은 금강소나무(f. *erecta* Uyeki)로서 원대가 늘씬하게 자라고 수피의 밑부분은 회갈색이며 윗부분은 황적색이고 결이 곱다. 반면, 정원수로 주목받는 반송(f. *multicaulis* Uyeki)은 높이 10m 정도로 자라고 지면에서 20~30개의 가지가 갈라져 자란다. 솔방울은 2~3개씩 달리는 것이 보통이지만 간혹 100여 개가 가지 끝이나 밑부분에 달리는 것도 있는데, 끝에 달린 것은 여복송(f. *congesta* Uyeki), 밑부분에 달린 것은 성전환에 의하여 생긴 것이므로 본래는 수배우체라는 뜻의 남복송(f. *aggregata* Nakai)이라고 하지만 이런 개체적 특징을 근간으로 분류학적 계급(품종)을 사용하지 않는다.

곰솔 *P. thunbergii* Parl., black pine
잎 2개씩이며 다소 비틀어진다. 소나무와는 잎끝이 바늘과 같이 뾰족하고, 아린은 회백색이라 적갈색인 소나무와 구별된다. 구과 난상의 긴 타원형이며 종자 발아율은 80%로 다소 높다. 소지 및 수피 수피는 흑갈색, 겨울눈은 백색이다. 배우체 형성기/결실기 5월 중순/다음해 9월 분포 해안을 따라 육지로 4km 정도 들어오고, 서쪽에서는 37°20′(경기도 남양)까지, 동쪽에서는 강원도까지 올라온다.

생태 및 기타 정보 햇볕이 잘 쬐는 곳에서 자라고 뿌리가 약간 깊은 편으로서 해안방조림용으로 사용한다. 소나무와 곰솔의 분포가 겹치는 지방에서는 잡종이 형성되는데 [중곰솔(*P. densithunbergii* Uyeki)] 겨울눈은 적갈색이고 잎은 부드러우며 수지구멍이 바깥쪽에 있고 겨울눈은 회갈색이고 잎은 곰솔과 같으며 수지구멍이 바깥쪽과 가운데에 있고 실편은 약간 두드러지며 윤택이 있다. 경기도 화성군 마도면과 서신면, 전남 여수시 돌산읍 및 기타 바닷가에서 확인된다.

리기다소나무 *P. rigida* Mill., pitch pine

북아메리카 동북부의 원산으로서 1907년 일본을 통하여 들어와 60-70년대에 조림수종으로 널리 식재하였다. 잎은 3개씩 나오고 딱딱하며 비틀린다. 수피는 흑갈색이며 깊게

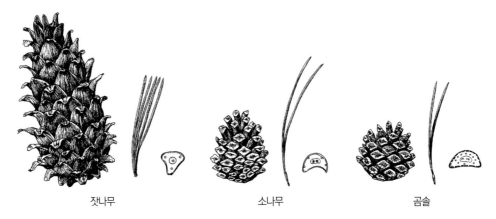

잣나무   소나무   곰솔

그림 6-1. 잣나무: 구과의 실편이 젖혀지고 포에 침이발달하지 않으며, 잎의 단면은 3각형이고, 관속은 1개만 존재
소나무: 구과와 잎은 모두 곰솔과 일치하며, 잎의 단면은 타원형이고, 수지구는 잎 표피에 가깝게 위치
곰솔: 구과의 실편은 젖혀지지 않고 포에 침이 발달하며, 잎의 단면은 타원형이고, 관속은 2개이며, 수지구는 안쪽에 위치

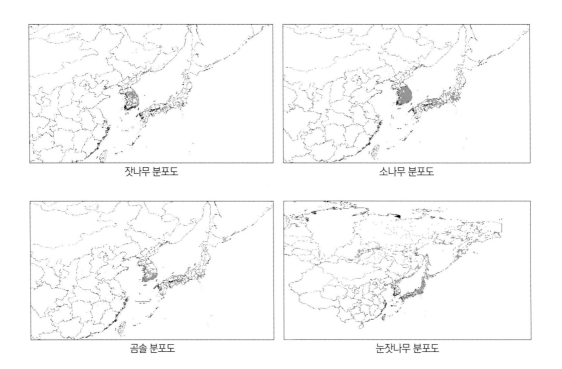

잣나무 분포도   소나무 분포도

곰솔 분포도   눈잣나무 분포도

갈라지고, 맹아력이 강하고 어린 나무를 자르면 밑에서 돋은 맹아가 자라며 송진이 많다. 과거에 송충이의 피해에 강하고 건조지와 습지에도 잘 견디어서 사방조림용으로 널리 식재하였다. 테에다소나무(*P. taeda* L., loblolly pine)는 미국의 남부에서 자라며, 우수한 목재자원으로 널리 활용되고 있으며 추위에 약해 우리나라 중부지방에서는 자라기 어렵다. 수피는 어릴 때에는 거의 흑색이지만 늙은 나무의 것은 떨어져 나가기 때문에 적갈색으로 되기도 한다.

개잎갈나무속 *Cedrus* Mill., cedar
개잎갈나무(히말라야시다) *C. deodara* Loudon., Himalaya cedar

잎 짧은 가지에서 총생하고 새 가지에서는 1개씩 달리며 길이가 3cm 정도로서 끝이 뾰족하다. **구과** 타원형으로서 곧추서고 길이가 10cm정도이며 겉이 밋밋하고 초록빛이 도는 회갈색이다. 실편은 넓은 부채꼴로서 성숙하면 떨어지고 종자에 날개가 있다. **소지 및 수피** 가지는 옆으로 퍼져 약간 밑으로 처지고, 수피는 회갈색이며 갈라져 벗겨진다.

배우체 형성기/결실기 늦가을에 배우체가 피고, 암수한그루이다.

분포 히말라야 서부지역

기타정보 관상적 가치가 높으며 1926~1932년에 도입된 것이라고 본다. 천안 이남지역에서 자랄 수 있지만 서울 시내에서도 환경에 따라 월동되기도 한다. 뿌리가 얕게 자라 태풍이나 바람에 넘어지는 경우가 많아 가로수로 식재하는 것을 피하고 있다.

잎갈나무속 *Larix* Mill., larch

북반구 한대에서 10종이 자라며, 잎갈나무가 금강산 이북에서 자라고, 일본에서 들어온 일본잎갈나무가 조림 용재수로 식재하고 있다.

> · *L. gmelinii* (Rupr.) Kuzen. 잎갈나무
> · *L. kaempferii* (Lamb.) Carrière 일본잎갈나무(재배종)

표 6-5. 잎갈나무속 수종의 주요 형질

종명	씨앗바늘	끝
잎갈나무	25~40개	곧다
일본잎갈나무	50~60개	뒤로 젖혀진다

종소명 설명 gmelinii 독일의 분류학자 K.C. Gmelin의; kaempferii 일본 식물을 연구한 E. Kämpfer의

잎갈나무 (=이깔나무) *L. gmelinii* (Rupr.) Kuzen., larch

잎 낙엽교목이면서 가을에 황색으로 변하고 일본잎갈나무보다 빨리 떨어지며 봄에는 일찍 핀다. **구과 및 종자** 구과는 원통형이며 포는 실편 길이의 1/2 이상이다. 실편은 25~40개로서 다갈색이다. 종자는 발아율이 30% 정도이다. 종자로 번식하며 삽목이 어렵다. **배우체 형성기/결실기** 4월/당년 9월.

생태 및 기타 정보 수령은 200~300년생이 보통이지만 500년에 달하는 것도 있고, 보통 백두산지역의 높은 지대와 능선에서 자라지만 계곡까지 내려온다. 순림을 형성하고 있는 것이 많지만 소나무, 젓나무, 잣나무, 분비나무 등의 침엽수와 자작나무, 사스래나무, 사시나무, 황철나무 등의 낙엽활엽수와 같이 자라는 것도 있다. 습원에서는 사스래나무, 황산차, 들쭉, 월귤 등이 자라는 곳의 상층을 차지한다. 남쪽으로는 금강산까지 내려오며 잣나무와 더불어 상층을 차지하고 하층에는 쪽동백나무, 두메오리나무, 함박꽃, 진달래, 산앵도나무, 당단풍나무, 개회나무, 개박달나무, 신갈나무, 당마가목, 사스래나무, 생강나무 등과 같이 자란다. 배우체가 피어 결실하는 것은 15년생부터이지만 완전한 종자가 달리는 것은 20년생부터이고 2~3년에 1번 풍년이 든다.

일본잎갈나무 (=일본이깔나무, 낙엽송) *L. kaempferi* (Lamb.) Carrière, Japanese larch

구과는 위로 향해 달리고 난원형, 실편은 50~60개이고 포는 넓은 피침형이며 끝이 뾰족하다. 종자는 발아율이 40% 정도이다. 잎갈나무보다 생장이 빠르므로 용재수종으로 주로 백두대간에 많이 식재하고 있다.

잎갈나무　　　　　　일본잎갈나무　　　　　　일본잎갈나무 식재 분포도

그림 6-2. 잎갈나무: 실편이 25~40개이고, 실편 끝이 곧음, 일본잎갈나무: 실편이 50~60개이면서 끝이 뒤로 젖혀짐

가문비나무속 *Picea* A. Dietr., spruce

북반구의 아시아, 유럽과 북미의 온대와 한대에 35종이 있으며, 국내에는 독일가문비와 더불어 3종이 있다. **잎**은 나선상으로 달리며 대개 4각형(가문비는 렌즈형)이며 양쪽에 2개의 수지구멍이 있다. **구과**는 밑으로 처지며 길고 많은 실편으로 구성되며 종자가 성숙

해서 날릴 때 실편은 떨어지지 않는다. 각 실편에는 종자가 2개씩 들어 있고 종자는 날개가 있다. 암수한그루이다. **소지**에 엽침이 발달하고, 엽침 사이에 홈이 있다.

· *P. jezoensis* (Siebold & Zucc.) Carrière 가문비나무
· *P. koraiensis* Nakai 종비나무
· *P. abies* (L.) Karst., 독일가문비(Norway spruce, 재배종)

표 6-6. 가문비나무속 수종의 주요 형질

종명	잎 횡단면	구과 크기
가문비나무	렌즈형	4-7.5cm
종비나무	4각형	8cm
독일가문비	4각형	10-15cm

종소명 설명 abies *Abies*속(젓나무속)의; jezoensis 홋카이도(北海道, Yezo)산의 ; koraiensis 한국산의

가문비나무 *P. jezoensis* (Siebold & Zucc.) Carrière, yezo spruce
식별형질 잎의 단면이 가문비나무중 유일하게 렌즈형태처럼 생겨 마름모 형태의 다른 종에 비해 쉽게 구분된다.
분포 주로 함경북도와 양강도에 주로 분포하며 금강산과 남한에서는 계방산, 덕유산과 지리산에 분포한다.
생태 및 기타 정보 지름이 30~60cm이고 수령이 200~300년인 것이 보통이다. 분비나무, 잣나무, 종비나무, 눈측백, 주목 등의 침엽수와 사스래나무, 시닥나무, 산겨릅나무, 개회나무, 털개회나무, 까치박달, 당단풍, 물참대, 귀룽나무, 신갈나무 등의 활엽수와 혼생한다. 특히, 구상나무(분비나무)는 항시 같이 나타나며, 이보다 밑에서부터 나타난다. 지리산의 반야봉 능선에서도 대부분 구상나무이지만 고도가 높아질수록 가문비나무가 다소 나타나기 시작하지만 수형이나 구과 결실률 등은 매우 좋지 않다. 부식토가 많고 습기가 적당히 있는 곳을 좋아하며 능선보다도 골짜기에서 많이 자라지만 남부에서는 거의 능선 근처에 몰려 있다. 30년생 정도부터 구과가 달리기 시작하며, 젓나무와 분비나무보다는 그늘에 약하다.

종비나무 *P. koraiensis* Nakai, Korean spruce
잎이 렌즈모양이 아니라 4각형(마름모형)이고 낫처럼 약간 구부러진다. 구과는 가문비나

무보다 크다.

생태 및 기타 정보 무산군과 갑산군 높은 지대의 낮은 습지 또는 산의 중턱에서 가문비나무 및 분비나무와 더불어 자란다.

독일가문비 *P. abies* (L.) Karst., Norway spruce

생장이 느린 상록교목으로 유럽 전역에 걸쳐 자라며 주요 조림수종중이 하나며 한반도에는 1924~1927년에 도입되었으며 주로 풍치수로 심고 있다. 가지는 길게 옆으로 퍼지고, 소지가 밑으로 처지며, 수피가 적갈색이다.

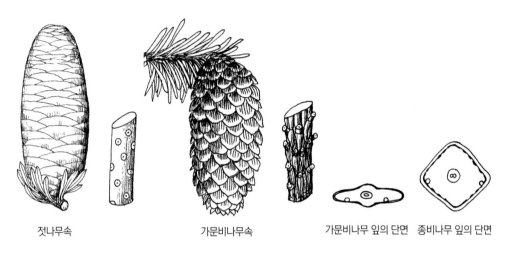

| 젓나무속 | 가문비나무속 | 가문비나무 잎의 단면 | 종비나무 잎의 단면 |

그림 6-3. 구과가 위로 달리는 젓나무속과 아래로 달리는 가문비나무속은 소지에 잎이 달렸던 흔적의 차이가 뚜렷함

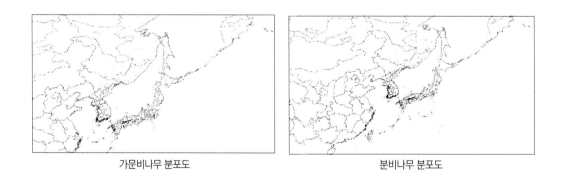

| 가문비나무 분포도 | 분비나무 분포도 |

젓(전)나무속 *Abies* L., fir

북반구의 난대에서 한대에 걸쳐 40종이 있으며 국내에는 3종이 자생한다. 어린 묘목의 잎이나 맹아에서 돋은 잎은 끝이 깊게 갈라지고 일본에서 들어온 일본젓나무(*Abies firma* Siebold & Zucc., Japanese fir)를 남쪽지방에서는 풍치수로 심는다. 음수이면서 심근성이고 다른 젓나무속 식물에 비해 추위에 약하다.

잎 엽침이 발달하지 않으므로 떨어진 자리가 밋밋하고 겨울눈에는 수지가 있는 것이 많다. 잎은 선형이며 뒷면에는 백색의 두 줄이 있다. 수지구멍이 양쪽에 있고 바깥쪽 또는 안쪽에 있다. **배우체** 암수한그루이며 암배우체는 위를 향하여 달리며 난원형 또는 긴 타원형이며 각 실편에 2개의 배주가 있다. 구과 성숙하면 실편이 완전히 떨어진다. 자엽은 4~10개이다.

> · *A. holophylla* Maxim. 젓나무   · *A. nephrolepis* (Trautv.) Maxim. 분비나무
> · *A. koreana* E. H. Wilson 구상나무

표 6-7. 젓나무속 수종의 주요 형질

종명	수피	소지 털	잎 끝	구과 포	구과 크기	수지구
젓나무	거칠음, 흑갈색	없음	끝이 안 갈라짐	거의 보이지 않음	큼 (2배 이상)	안쪽
분비나무	밋밋, 회백색	존재	끝이 약간 갈라짐	곧추 섬	작음	안쪽
구상나무	밋밋, 회백색	존재	끝이 약간 갈라짐	뒤로 젖혀짐	작음	바깥쪽

종소명 설명 holophylla 잎이 갈라지지 않은(1가지 종류의 잎이라는 의미); koreana 한국산의; nephrolepis 콩팥모양의 인편을 의미

젓(전)나무 *A. holophylla* Maxim., needle fir
잎 선형이고 끝이 매우 뾰족하며 분비나무나 구상나무에 비해 길다. **구과** 원통형, 구상나무나 분비나무(5.5~6cm)에 비해 크다(길이 10~12cm). 포는 겉에 나타나지 않는다.
배우체 형성기/결실기 4월말/10월
생태 및 기타 정보 높이가 40m이고 지름이 1.5m에 달하는 상록교목으로서 높은 산(고도 1,000m이하)에서 자라지만 각처에서 풍치수로 심고 있다. 남부에서 북부에 걸쳐 높은 산지대에서 분비나무, 잣나무, 주목, 가문비나무 등의 침엽수를 비롯하여 신갈나무, 당단풍 등 피나무류 활엽수와 같이 임분의 위층을 차지하며, 높이가 25m 이상이고 지름이 1m정도인 것으로서 수령 200~300년 되는 것은 그리 희귀한 것이 아니다.
강원도 오대산록에 높이가 27m이고 지름이 1.2m인 것이 있으며, 어린 나무의 발생도 가문비나무보다는 뒤떨어지지만 적당한 광선이 들어오고 지피물의 상태가 좋을 때에는 묘목의 생장상태가 좋다. 종자가 무겁기 때문에 가문비나무, 잎갈나무, 소나무류 등보다는 산포 범위가 넓지 않으며 어릴 때의 생장이 느리고 처음에는 측지가 원대보다 훨씬 길게

자란다.

젓나무는 가문비나무나 분비나무보다 낮은 지대에서부터 자라며, 잣나무보다 낮은 지대 혹은 동일 지대에서 자란다. 금강산의 고도 840m에서 젓나무가 가장 무성한 곳의 수종을 보면 신갈나무, 들메나무, 잣나무 등과 더불어 상층을 차지하고, 까치박달, 곰의말채, 당단풍, 다릅나무, 팥배나무, 개벗나무, 사스래나무, 박달나무 등이 뒤따르며, 하층에는 미역줄, 곰취, 송이풀, 단풍취, 노루오줌, 잔대, 금강초롱, 하늘나리, 여로, 대사초, 애기나리, 며느리밥풀, 관중 등이 자란다. 북부 산골짜기의 부식토가 많은 지대가 가장 적합하며, 상층의 그늘에는 약하지만 측면 그늘은 도리어 효과적이다. 30년생부터 구과가 달리기 시작하며, 2년마다 잘 결실하지만 그렇게 많이 달리지 않는다.

분비나무 *A. nephrolepis* (Traut.) Maxim., east Siberian fir, hinggan fir
잎 선형으로서 비교적 짧으며 끝이 2개로 갈라진다. 뒷면이 백색이고 수지구멍이 가운데에 있다. **구과** 긴 난형 또는 난상 원통형이다. 포는 길이가 3mm로서 겉에서 끝이 약간 보일 정도이다. **배우체 형성기/결실기** 5월/9월 말
생태 및 기타 정보 상록교목으로서 젓나무, 가문비나무, 잣나무등의 침엽수및 기타활엽수와 같이 자라며, 젓나무 다음으로 흔한 종류로서 젓나무보다 높은 지대에 자란다.
생장도 젓나무보다 느리지만 거의 유사하며, 남부와 중부에 있어서는 젓나무보다 양적으로 많다.

설악산과 같이 눈잣나무가 자라는 곳까지 올라가고, 눈잣나무와 비슷한 생장을 나타낸다. 이와 같이 높은 지대까지 자라는 종류로는 눈잣나무, 눈향나무, 잎갈나무 등이 있으며, 제주도에서는 구상나무가 산꼭대기까지 올라가고 있다. 적당한 습기가 있고, 부식토가 많은 계곡에서 잘 자라지만 젓나무보다는 능선으로 올라가는 경향이 있다.
한반도 북부의 식생은 주로 분비나무와 가문비나무의 침엽수림과 신갈나무의 활엽수림이 우점을 이루는데 분비나무와 가문비나무는 백두산에서 볼 수 있는 대표적 식생처럼 노랑만병초, 산진달래가 같이 자라며 활엽수림의 신갈나무는 생강나무, 진달래, 철쭉꽃, 붉은병꽃, 서어나무와 숲을 이루지만 때로 잣나무와 혼효림을 이루기도 한다. 실제 분비나무와 가문비나무숲은 남한에서는 극히 드물며 대부분 북한의 북부 지역이 대표적이며 활엽수림의 경우에는 남한에서 주로 신갈나무가 우점을 차지한다. 백두산에서 조사된 기록에서는 분비나무와 가문비나무는 고도 1,700m까지는 증가하지만 그 이후 2,000m까지는 이깔나무가 대신 우점을 보이며 증가한다.

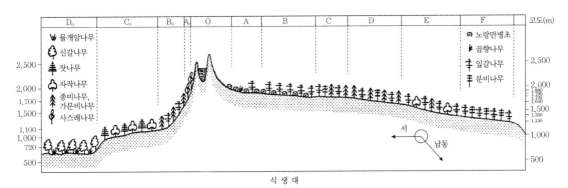

그림 6-4. Srutek et al.(2003)에서 일부 수종의 오류를 수정해서 작성한 백두산의 서편과 동편 식생

구상나무 *A. koreana* E. H. Wilson, Korean fir

잎 도피침상 선형이며 끝이 얕게 갈라지고 수지구멍이 다소 표피 밑쪽 가까이에 위치한다. 구과 실편은 포편 끝의 뾰족한 돌기가 밖으로 나와서 뒤로 젖혀진다. 암배우체는 녹색이며 성숙한 구과도 청색인 것, 흑자색인 것, 적색이 강한 것 등 구과색깔의 다형성 (polymorphism)이 보고되나 분류학적 계급을 부여하는 것은 의미가 없다.

배우체 형성기/결실기 5월/9월 말

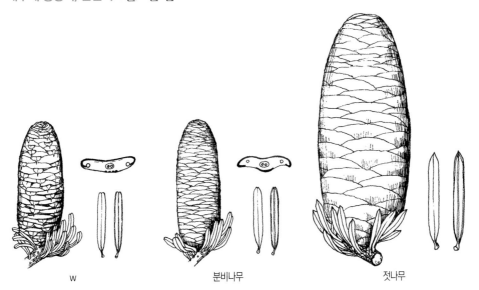

그림 6-5. 구상나무: 구과의 포는 종자 성숙 전부터 완전히 뒤로 젖혀지고, 수지구는 잎의 표피 가까이 위치
분비나무: 구과의 포는 종자 성숙 후 뒤로 젖혀지고, 수지구는 잎의 표피보다 안에 위치
젓나무: 구과의 포는 거의 보이지 않고, 구과의 크기는 구상나무나 분비나무의 2배가 됨

그림 6-6. 잎 단면에서의 수지구 위치의 차이

생태 및 기타 정보 가장 많이 자라고 있는 곳은 제주도의 한라산이며 고도 1,500m에서 정상까지 분포되어 있고(2,800ha), 지구 온난화 피해를 받아 큰 나무는 대부분 죽었지만 아직 상당수의 나무가 군데군데 남아 있다. 주목, 눈향나무, 사스래나무, 산벚나무, 인동속, 진달래, 산철쭉 등이 같이 자라며, 구상나무가 사라진 옆에 진달래 숲이 발달한다. 구과 색깔이 검은색, 붉은색 및 푸른색이 거의 비슷하게 섞여 있다.

일본에 분포하는 *A. veitchii* Lindl.와 형태적으로 유사하다. 일본의 젓나무속 종들은 신생대4기에 자연교잡이 되어 순수 종의 유전적 특성을 찾기가 쉽지 않다는 다수의 논문이 있다. 구상나무의 구과의 포가 뒤고 젖혀지는 특징과 잎 단면에서 수지구 위치 이외의 형질인 잎의 크기나 종자 크기는 분비나무와 변이가 중첩되어 식별하기 쉽지 않으며 지리산과 덕유산에서 폭넓게 분비나무와 잡종이 확인된다.

솔송나무속 *Tsuga* Carrière, hemlock
솔송나무 *T. sieboldii* Carrière, Japanese hemlock
종소명 설명 sieboldii P. F. B. von Siebold의 네덜란드 사람의
잎 선형, 끝이 갈라지고, 표면이 윤택이 나는 짙은 녹색이며 뒷면에는 두 줄의 백색 기공조선이 있다. **구과** 실편은 원형이면서 자주빛이 돌며 톱니가 있고, 구과는 타원형 또는 난형이다. **소지 및 수피** 가지는 수평으로 퍼지고, 수관은 난원형, 소지는 털이 없고 흑갈색이거나 또는 황갈색이며, 겨울눈은 난원형으로서 끝이 뾰족하고 털이 없다.
배우체 형성기/결실기 5월/10월
생태 및 기타 정보 울릉도에서만 자라고, 과거 과도한 벌채로 수형이 좋은 것은 거의 사라졌다. 천연기념물 제 50호 태하동의 솔송나무, 섬잣나무 및 너도밤나무군락이 그 자생지로서 보존되고 있다. 보리밥나무, 감탕나무, 동백나무, 푸조나무 및 자금우와 같은 난대분자와 섬잣나무, 향나무, 섬국수나무, 섬개야광나무, 말오줌나무 및 만병초와 같은 한대분자와 같이 자랄 뿐만 아니라 바위틈에서는 소나무와 같이 자라는 것도 있다.

최근 발표된 DNA분석 결과(Havill et al., 2008)에 의하면 울릉도 솔송나무는 일본 남쪽에 분포하는 *T. sieboldii* Carrière에 더 가깝다. 형태적으로 *T. diversifolia*는 새 가지에 털이 없으며 구과의 자루가 발달하며 약간 구과가 크면서 겨울눈은 달걀형이면서 끝이 뾰족한 반면 *T. sieboldii*는 새 가지에 털이 발달하면서 구과의 자루가 발달하지 않고 구과 크기가 작으면서 겨울눈은 거꿀달걀형의 원형으로 차이가 있다. 신종으로 기재된 경우도 있지만 (*T. ulleungensis* G.P. Holman, Del Tredici, Havill, N.S. Lee & C.S. Campb.) 형태적으로 차이가 없다. 배우체가 피기 시작하는 것은 20년생부터이지만 완전한 종자를 생산하는 것은 30년 이상 되어야 한다.

측백나무과 Cupressaceae, The cypress (cedar) family

　　전 세계적으로 분포하며 상록성, 반상록성 혹은 낙엽성의 교목 혹은 관목으로 28속 137종이 보고 된다. 통상 과거에는 낙우송과(Taxodiaceae)와 측백나무(Cupressaceae)로 구분하였으나 잎의 특징 이외에는 별다른 형질의 차이점이 없고 최근 연구 결과에서도 하나의 과로 합치는 것을 지지하고 있다. 단, 일본에 고유종으로 알려져 있는 금송(*Sciadopitys*)은 과로 승격하여 금송과(Sciadopityaceae)로 취급한다.

향나무속(*Juniperus*), 눈측백나무속(*Thuja*), 측백나무속(*Platycladus*)이 자생하고, 삼나무속(*Cryptomeria*), 편백나무속(*Chamaecyparis*), 나한백속(*Thujopsis*; 나한백 *T. dolabrata* Siebold & Zucc., Hiba arbor-vitae)이 일본에서 들어와 조림이나 관상수로 심고 있다. 이외에도 미국 동남부에서 도입된 낙우송속(*Taxodium*)과 중국 내륙에서 들어온 메타세쿼이어속(*Metasequioa*)이 관상수로 식재하고 있다.

잎 윤생하거나 대생, 침엽이거나 성장하면서 인엽으로도 바뀌며 통상 2-10년 달리지만 (상록성) 일부 속은 낙엽성이다. **구과 및 종자** 자웅이주 혹은 암수한그루의 암구과는 크기가 작고, 씨앗비늘은 대생을 하거나 3출하며, 포가 달리지 않으며 종자구과는 목질화, 핵과 혹은 장과와 비슷한 모양을 갖는다.

> - 삼나무속(*Cryptomeria*, 재배종)
> - 향나무속(*Juniperus*)
> - 편백속(*Chamaecyparis*, 재배종)
> - 눈측백나무속(*Thuja*)
> - 낙우송속(*Taxodium*, 재배종)
> - 메타세콰이어속(*Metasequioa*, 재배종)
> - 나한백(*Thujopsis*, 재배종)
> - 측백나무속(*Platycladus*)

표 6-8. 측백나무과 속의 주요 형질

속명	잎	종자구과 모양 및 씨앗비늘(실편)수	종자날개
삼나무속	바늘형 상록성, 윤생	원형, 씨앗비늘은 20-30개	발달
낙우송속	납작형 낙엽성, 어긋나기	원형, 씨앗비늘은 10-12개	없다
향나무속	침엽/인엽 상록성, 대생/윤생	원형, 핵과 유사형 (구과 육질)	없다
메타세콰이어속	납작형 낙엽성, 대생	타원형, 씨앗비늘은 5-9개	발달
편백속	침엽 상록성, 대생	원형, 씨앗비늘 6-10개, (구과 목질)	없다
나한백	침엽 상록성, 대생	타원형, 소형, 씨앗비늘 6-8개,(구과 목질)	발달
눈측백나무속	침엽 상록성, 대생	타원형, 소형, 씨앗비늘 8-10개, (구과 목질)	발달
측백나무속	침엽 상록성, 대생	타원형, 씨앗비늘 6-8개, (구과는 목질)	거의 없다

종소명 설명 distichum 두줄로 되어 있는; japonica 일본산의; glyptostroboides *Glyptostrobus*속과 유사한; orientalis 동양의

삼나무속 *Cryptomeria* D. Don
삼나무 *C. japonica* D. Don, Japanese cedar, Japanese sugi

잎 높이가 45m이고 지름이 2m, 상록교목이며 나선상으로 달려 5줄로 배열되고 짧은 침같이 생겼다. **배우체** 암수한그루, 많은 수술로 된 수배우체는 타원형이며, 암배우체는 소지 끝에 1개씩 달린다. **구과** 실편은 두꺼우며 윗부분이 퍼져 쐐기같이 생겼다. 각 실편에 2~6개씩 들어 있고 좁은 날개가 있다. **배우체 형성기/결실기** 3월/10월 전남, 경남 및 남쪽 섬과 울릉도에서 심고 있다. 삼나무는 양수로서 어릴 때의 생장이 빨라 우수한 조림수종 중의 하나로 되어 있으며, 산골짜기의 적당한 습기가 있는 곳을 좋아한다.

낙우송속 *Taxodium* Rich, bald cypress
낙우송 *T. distichum* (L.) Richard, bald cypress

잎 낙엽성으로 소지가 잎과 같이 떨어지므로 낙우송이라고 부른다. 겨울눈이 달린 끝의 소지는 떨어지지 않는다. 잎은 선상 피침형, 두 줄로 배열되며 어긋나기한다. **배우체** 암수한그루, 수배우체와 암배우체 모두 소지 끝에 형성된다. **구과** 구형으로 당년에 익고, 실편은 떨어지지 않는다. 종자는 불규칙한 3각형으로서 3개의 날개가 있고 밑부분이 뾰족하다. 관상용으로 심고 있지만 양수로서 습지와 추위에 강하고, 가을의 황갈색 단풍이 좋다. 수피는 섬유조직처럼 일어나면서 벗겨진다.

메타세쿼이어속 *Metasequoia* H.H. Hu & Cheng
메타세쿼이어 *M. glyptostroboides* H.H. Hu & Cheng, dawn redwood

잎 낙엽성으로 교목형으로 잎은 대생하고 두 줄로 배열한다. 끝이 갑자기 뾰족해지며 밑부분이 둥글고 직접 소지에 달린다. **소지 및 수피** 가지는 옆으로 퍼지고 소지가 녹색이다. **분포** 높이가 35m이고 지름이 2m에 달하며 냇가의 습지에서 잘 자란다. 2차세계대전 중인 1941년 말에 후베이(湖北省)과 쓰촨(四川省)경계지역을 흐르고 있는 양쯔강 상류 마타오치(磨刀溪)에서 발견되어 '살아있는 화석'으로 알려지면서 지금은 전 세계적으로 관상수로 식재한다.

측백나무속 *Platycladus* Spach

과거에는 측백나무속(*Platycladus*)을 눈측백나무속(*Thuja*)에 포함시켰지만 지금은 1속 1종으로 분류하고 있다. 측백나무속은 구과는 6-8개의 씨앗바늘로 구성되며, 비성숙 구과의 씨앗바늘은 비교적 길게 발달하고, 육질이 비교적 적고 종자는 날개가 거의 없는 반면,

눈측백나무속은 종자 구과는 8-10개의 씨앗바늘이 있다. 비성숙 구과의 씨앗바늘은 짧게 발달하고 육질이 풍부하며 종자는 날개가 발달해서 서로 독립 속으로 구분하고 있다.

측백나무 *P. orientalis* (L.) Franco, Chinese arborvitae

잎 비늘같고 끝이 뾰족하며 가운데의 잎은 도란형이고 옆의 잎은 난형 또는 넓은 피 침형으로서 양면이 모두 녹색이거나 연한 황록색이며 약간의 백색 점이 있다. **구과 및 종자** 난원형으로서 8개의 실편은 각 2개씩 대생하며 가장 밑의 1쌍이 극히 작고 종자가 들어 있지 않다. 종자는 날개가 없다. **소지 및 수피** 수관은 불규칙하게 퍼지고, 수피는 회갈색이며 세로로 깊게 갈라져 있다. 가지는 적갈색이고 소지가 녹색으로서 편평하며 곧게 선다. **배우체 형성기/결실기** 4월/ 9월

분포 경북의 울진, 달성 및 영양과 충북의 단양 및 안동군에서 자란다.

생태 및 기타 정보 상록교목으로 절벽에서 자라고 있기 때문에 거의 관목상태로 남아 있으며 달성, 영양, 안동 및 단양의 측백나무는 천연기념물로 지정되어 있다.

눈측백속 *Thuja* L., arborvitae

동아시아지역과 북미에 5종이 자란다. 서양측백(*T. occidentalis* L., eastern white cedar)은 피라밋형의 수형이 아름답기 때문에 관상용으로 많이 심고 있으며 습한 곳에서 더욱 잘 자란다.

> · *T. koraiensis* Nakai 눈측백   · *T. occidentalis* L. 서양측백(재배종)

표 6-9. 눈측백속 두 종의 주요 형질

종명	잎	성상	잎 길이
눈측백	큰 가지에서 서로 인접하여 붙음. 끝은 뭉툭, 뒷면은 뚜렷한 백색이 없음	관목 (가끔 교목)	짧다 (2-4mm)
서양측백	큰 가지에서 서로 떨어져 붙어 있음. 끝이 뾰족하고, 뒷면은 흰색	교목	길다 (4mm)

종소명 설명 koraiensis 한국산의; occidentalis 서양의

눈측백 *T. koraiensis* Nakai, Korean arborvitae

잎 비늘과 같으며, 가운데의 잎은 사각상 둔두이고 곁잎은 타원상 삼각형 둔두이다. 표면이 녹색이고 뒷면이 황록색으로서 백색의 두 줄이 있으며, 향기가 있다. **구과 및 종자** 타원형이며 짙은 갈색이고 익으면 벌어진다. 실편은 8개이고 종자는 타원형, 편평하고 양측

에 날개가 있다. **소지 및 수피** 수피는 어린 나무의 경우 밋밋하고 윤택이 있는 적갈색이지만 오랜 나무는 회적색이 돌며 세로로 얕게 갈라진다. 1년생 가지는 녹색, 2년생 가지는 적갈색, 3~4년생 가지는 붉은빛이 도는 회갈색이다. 겨울눈은 녹색이고 인편으로 싸여 있다. **배우체 형성기/결실기** 5월/10월

생태 및 기타 정보 곧게 자라지만 흔히 측지가 곧게 자라 여러 대가 한곳에서 자란 것같이 보이는 것도 있고, 밑에서부터 가지가 나와 밑으로 처지거나 수평 또는 비스듬히 퍼지며 황록색 잎이 밀생한다. 피압목이나 바람받이에서 자라는 것은 원대의 생장이 중지되고 가지가 자라 눈잣나무와 같은 형으로 나타나기 때문에 눈측백이란 이름이 생겼다. 높이가 10m이고 지름이 20cm 정도로 자라는 상록교목 흔히 관목상이다. 중부 이북의 높은 산에서 자라고 주목, 가문비나무 및 분비나무보다는 밑에서 자라지만 잣나무와 젓나무보다는 높은 지대에서 자라며, 부분적으로는 순림을 형성한다. 금강산에서 가장 무성한 곳(900~1,000m)에는 젓나무, 분비나무, 가문비나무, 잣나무, 주목 등의 침엽수와 사스래나무, 들메나무, 다릅나무, 당단풍, 고로쇠나무, 함박꽃나무, 피나무, 쪽버들 등이 있다. 하층에서 자라는 종류로는 미역줄이 가장 많고 병조희풀, 쥐다래, 물참대, 철쭉, 진달래, 시닥나무, 산앵도나무 등이 있지만, 눈측백이 무성한 곳에서는 다른 종의 침입을 전혀 볼 수 없다. 이와 같은 현상은 설악산 천불동계곡의 윗능선이나 봉정암의 계곡 등에서도 볼 수 있다.

뿌리가 얕고 음수로서 공중습기가 많으며 온도가 낮고 부식질이 풍부한 곳에서 잘 자라며, 지름이 15cm 정도 자라는 데 200년 정도 걸린다고 한다. 20년생부터 구과를 맺고 2~3년마다 많은 종자를 생산한다. 발아율은 20%로 매우 낮다.

편백속 *Chamaecyparis* Spach, false cypress

북미와 아시아에 6–7종이 분포한다.

잎 상록교목, 대생하고 어릴 때에는 침형이지만 자란 후에는 난형 또는 4각형으로서 끝이 뾰족하거나 둔하며 가장자리가 밋밋하다. **배우체** 암수한그루로서 암수가 각각 다른 가지에 달린다. **구과** 둥글며, 실편은 6~12개로서 방패같이 생겼으며 가운데에 돌기가 있다. 종자는 2–5개이다. 넓은 날개가 있다. **소지 및 수피** 수피는 세로로 깊게 갈라지며, 가지는 퍼지고 소지가 편평하며 다소 잎같이 배열된다.

일본에서 들어온 편백[*C. obtusa* (Siebold & Zucc.) Endl., Japanese cypress, hinoki cypress]과 화백[*C. pisifera* (Siebold & Zucc.) Endl., sawara cypress]이 중부 이남에 조경용 혹은 남부에서는 화백의 경우 조림수종으로 식재한다.

종소명 설명 obtusa 둔두형의; pisifera *Pisum*속(완두속)의

편백, 화백, 측백나무의 식별은 측백나무는 잎 뒷면에 흰 기공조선이 발달하지 않는 반면 편백과 화백은 흰 기공조선이 발달한다. 화백은 V형, 편백은 Y형으로 보인다.

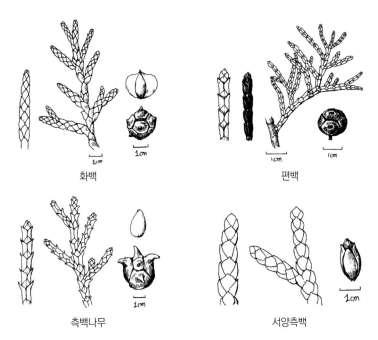

화백

편백

측백나무

서양측백

그림 6-7. 잎이 마주나는 소지 전체 뒷면을 보면, 화백은 흰 기공조선이 산발적이면서 뚜렷하게 발달하고 마주나는 잎이 뾰족해서 V자형이라고 부른다. 편백은 잎이 서로 마주나는 선에 뚜렷하게 기공조선이 보여 Y자형으로 보이는 반면 측백나무와 서양측백은 흰 기공조선이 거의 발달하지 않고 W자형이다. 각 종의 구과 모양이 있을 경우에는 뚜렷하게 식별할 수 있다.

향나무속 *Juniperus* L., juniper

북미와 중남미, 동북아시아, 지중해, 북부 아프리카 지역 등에 약 60종이 교목과 관목으로 자란다. 일부 수종의 잎의 오일은 향료나 약용 혹은 식용으로 사용된다. 구과는 장과형태이며 많은 수종이 전세계적으로 관상수로 이용하고 있다. 많은 수종이 잡종이입, 종간 잡종, 연속변이나 지리적 생태형 등이 자주 형성되나 국내에는 숲을 이뤄 분포하는 경우가 드물어 이런 현상이 보고된 적은 없다.

잎 3개씩 윤생하거나 2개씩 대생하고 비늘같지만, 어릴 때에는 모두 바늘같이 뾰족하다. 종에 따라 침엽만 존재하는 경우도 있다. **배우체** 대부분 암수딴그루이지만 가끔 암수한그루이다. 소지의 끝이나 엽액에 달린다. **수피** 세로로 갈라진다. **구과** 육질이고, 자흑색 또는 적갈색으로 성숙한다. 1~6(보통 2~4)개의 종자가 1~3년만에 익는다. 종자는 흔히 홈이 파지며, 싹이 나는 데 2년 이상 걸린다. 자엽은 2장 혹은 4~6장이다.

종소명 설명 alpina 산악의; chinensis 중국산의; procumbens 기는, 도복성의; rigida 다소 굳은; communis 통상의, 공통적인; sargentii 미국의 식물학자 C.S. Sargent (1841-1927)의

- *J. chinensis* L. var. *chinensis* 향나무
- *J. rigida* Siebold & Zucc. 노간주나무
- *J. communis* subsp. *alpina* (Suter) Celak. 곱향나무
- *J. chinensis* var. *sargentii* A. Henry 눈향나무
- *J. chinensis* var. *procumbens* (Siebold) Endl. 섬향나무

표 6-10. 향나무속 수종의 주요 형질

종명	잎	잎 형태 및 길이	배우체	종자구과	종자수/구과	겨울눈	성상
향나무	침엽+인엽	3개씩 돌려남. 다소 듬성 달림. 8-12mm	정생	짙은 검은색	2-3 (4 or 5)		교목
노간주나무	침엽	V형태, 12-22mm	액생	붉은색	3	뚜렷함	교목(전국)
곱향나무	침엽	편평/약간 휨 4-10(-12)mm	액생	푸른색, 검푸른색	1-3	뚜렷함	관목(아고산)
눈향나무	침엽+인엽	X자 교차(침엽)/3개씩 돌려남. 촘촘하게 달림. 3-6mm	정생	짙은 검은색	2-3 (4 or 5)		관목(아고산)
섬향나무	침엽+인엽	교차, 3개 윤생, 6-8mm	정생	검은 갈색	(1)2		관목(서해)

향나무 *J. chinensis* L., Chinese juniper

잎 7~8년생까지 침엽이지만 점차 비늘(인엽) 같은 잎이 돋는데 침엽은 3개씩 윤생하여 6줄이지만 때로는 어긋나기하는 것이 있어 4줄로 된다. 인엽은 서로 대생한다. **구과 및 종자** 원형 흑자색이며, 실편이 서로 붙어 있고 실편 끝의 돌기가 흩어져 있으며 밑에 6개의 포린이 있고, 2년만에 성숙하며 익지 않은 것은 갈색이 돌고, (1)3(6)개씩의 종자가 있다. **소지 및 수피** 수형은 어릴 때부터 원추형 수고는 1m 정도이지만 수관이 5m 이상으로 퍼진다. 수피는 세로로 갈라지며 15년생부터 얇게 벗겨지고 잿빛이 도는 흑갈색/적갈색이다. 겨울눈은 뚜렷하지 않다. **배우체 형성기/결실기** 배우체는 15년생 정도에서 피기 시작하고 처음에는 수배우체가 많이 달리며, 삽목에 의한 것은 7~8년이 되면 배우체가 달리고 2년마다 많은 종자가 달린다. 배우체는 4월에 피며 구과가 다음해 10월경에 자색으로 익는다. **분포** 분포는 북위 30° 이남이라고 하지만 식재는 함남의 바닷가에 따라 북위 40°까지 성장이 가능하다.

생태 및 기타 정보 높이가 20m이고 지름이 1~1.2m로서 500년 이상 크게 자란다. 남아 있는 큰 나무들은 묘지나 집 근처에서 볼 수 있지만, 한반도 산지에서는 집단이 거의 사라졌고 절벽 위에 그 흔적만이 남아 있다. 향나무의 산지로 알려진 울릉도에는 절벽 위에 솔송나무, 섬잣나무, 동백나무, 감탕나무 및 보리밥나무와 더불어 약간 보일 정도로 남아 있다. 향나무(노간주나무 포함)는 분재 또는 정원수로서 널리 심고 있지만 배나무의 적성병을 옮기기 때문에 과수원 근처에는 심지 않는다.

노간주나무 *J. rigida* Siebold & Zucc., needle juniper

잎 발아할 때는 4열, 2년생 후 3렬로 된다. 어릴 때의 생장이 느리다. 잎 단면은 3각형, 길이는 12~20mm이다. 잎은 가지와 돌려내한다. 더불어 밑으로 처진다. **구과 및 종자** 구형 또는 타원형, 실편은 끝에서 3개로 갈라지며 밑에 9개의 포린이 달린다. 흑색으로 익으며 끝 부근에 백색 가루가 생긴다. 종자는 난형으로서 (1)3(4)개씩 들어 있다. **소지 및 수피** 늙은 나무의 수피는 향나무처럼 세로로 갈라지며 흑갈색이다. 가지는 털이 없다. 원대와 가지가 모두 위로 향하면서 자라기 때문에 빗자루같은 수형이 되지만 원대와 가지의 끝은 모두 밑으로 처진다. **배우체 형성기/결실기** 5월/다음해 10월

생태 및 기타 정보 구과 형성 시기는 15년생 이후로 2~3년마다 달린다. 자생지에는 소나무와 같이 자라며, 나출된 건조지에서는 침엽수중 소나무 다음으로 흔하다. 강한 양수이지만 소나무보다 다소 음성에 강하다. 수령은 200년 정도이다. 구과를 새들이 먹지만 종자의 껍질이 두꺼워서 그대로 배출되기 때문에 넓게 산포된다. 종자는 미발달 배 형성으로 휴면성이 강하다. 어렸을 때에는 맹아력이 강하고 바늘과 같은 잎이 형성되어 동물의 피해도 피할 수 있어 초기 건조지에 흔하다. 참나무류와도 섞여 자라지만 경쟁에서 밀려 쇠퇴한다.

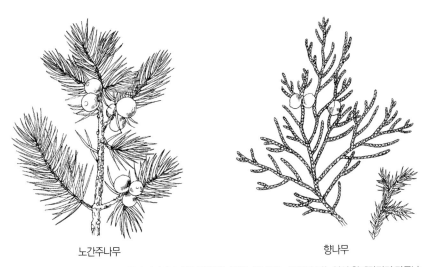

노간주나무   향나무

그림 6-8. 노간주나무는 주로 침엽이면서 3개씩 윤생하는 반면, 향나무는 침엽과 비늘잎이 함께달리며 마주남

노간주나무 분포도

주목과 Taxaceae, The yew family

　과거 분류체계에서는 주목과와 개비자나무과를 분리하여 독립적인 과로 보았지만 최근 DNA연구에서는 주목과로 통합해서 본다. 과거 두 과를 구분하는 특징은 주목과는 종자껍질은 붉은색이면서 종자의 일부분만 싸며 6-8개월의 성숙시기가 걸리며 종자는 다소 작으며 개비자나무과는 녹색 혹은 적색의 종자껍질 색깔에 종자 전체를 싸며 구과 형성기는 18-20개월로 길면서 종자는 다소 크다.

　6속 28종으로 구성되며 주로 북반구에 분포한다. 잎은 상록성이며 어긋나고 두 줄로 배열되고 피침형이며, 뒷면에 연한 녹색 또는 회청색 기공 줄이 있다. 배우체는 암수딴그루/암수한그루, 배주는 보통 1개씩이며 종자는 일부 또는 전부가 육질의 종자껍질(aril, 종의)로 싸여 있다.

표 6-11. 주목과 속의 주요 형질

속명	잎끝	기공조선	종자
주목속	비교적 부드럽다. 수지 미발달	2줄	0.6cm
비자나무속	침처럼 매우 뾰족. 수지발달	2줄	2.5-4cm
개비자나무속	뾰족하지만 찌르지 않음	2줄	1.5cm

주목속 *Taxus* L., yew

북반구의 추운 지대에서 자라고 9종이 있지만 국내에는 1종(2변종)이 있다. 교목성 식물로서 종자껍질은 적색이고 육질로서 종자의 밑부분 만을 둘러싼다.

- *T. cuspidata* Siebold & Zucc. var. *cuspidata* 주목
- *T. cuspidata* var. *nana* Rehder 눈주목

표 6-12. 주목속 수종의 주요 형질

종명	원대(줄기)	가지
주목	1개	땅에 닿지 않고 교목성
눈주목	여러개로 갈라짐	땅에 닿는 관목성

종소명 설명 cuspidata 갑자기 뾰족해 지는; nana 키가 작은

주목 *T. cuspidata* Siebold & Zucc., Japanese yew

3~5m에 달하는 상록교목이며 주로 백두대간에 분포하는 수종으로 배우체 결실기는 그해 9월에 성숙한다. 관상수로 식재한다.

생태 높은 산의 정상 근처에서 자라고, 수령은 300년 이상에 달한다. 고도 1,000m 근처에 20~30m 간격으로 자라며, 낮은 지대일수록 젓나무와 잣나무의 수가 많고, 위로 올라갈수록 분비나무와 가문비나무의 수가 보다 많다.

주목은 중턱 이상에서 능선까지 자라고 있지만 가장 많이 나타나는 곳은 북쪽의 계곡이며 이와 같은 곳에서는 눈측백, 청시닥나무, 개회나무, 털개회나무, 쪽버들 등이 혼생한다. 강한 음수로서 울폐된 활엽수림 밑에서도 능히 자라고, 다른 침엽수와 더불어 숲을 형성한다. 높은 산 중턱 이상 그늘에서 잘 자라며, 뿌리가 얕다. 햇볕을 적당히 받을 만한 곳에서는 모수 근처에서 어린나무가 자라는 것을 볼 수 있지만, 작은 구과는 새가 먹고 종자를 여기저기 산포한다. 주목의 종자는 휴면성이 매우 강한 수종으로 알려져 있는데 종피의 배가 자라는 것을 억제하는 물리적 기능과 종피의 불투수성과 배 미숙 등으로 여러 휴면인자를 복합적으로 가지고 있다. 일단 발아율은 비교적 높은 80% 정도로 알려져 있지만 자연 상태에서는 그리 높은 편은 아니다.

잎의 너비가 3~4.5mm로 보다 넓은 것을 회솔나무(var. *latifolia* Nakai)로 지칭하지만 주목의 이명으로 본다. 원대가 1개가 자라고 가지가 길게 벋으며 땅에 닿으면 뿌리가 내리는 것을 설악눈주목(*Taxus caespitosa* Nakai)이라고 하지만 키가 크지 않고 밑에서 여러 대로 갈라져 1~2m 자라는 국내나 일본의 눈주목(var. *nana* Hort.)과 구분하기 어렵다. 이런 개체는 설악산 꼭대기 근처 눈잣나무의 군락에서도 볼 수 있다.

비자나무속 *Torreya* Raf., torreya

비자나무 *T. nucifera* Siebold & Zucc., kaya, Japanese torreya

제주도의 비자림을 비롯해서 남부 전라남도 지역의 강진, 진도, 장성, 고흥, 해남, 화순 등지에 식재한 숲이 조성되어 있다.

종소명 설명 nucifer 견과가 달리는

잎 어긋나기, 밑부분이 비틀려서 두 줄로 배열되며 딱딱하고 끝이 뾰족하며 표면이 짙은 녹색이고 뒷면이 갈색이다. 주맥과 가장자리가 녹색이고 주맥이 뒷면에만 나타난다. **구과** 대가 없고 타원형, 종의로 싸여 있다. 종자는 타원형이고 양끝이 빠르며 다갈색의 딱딱한 껍질과 적갈색의 내피가 있다. 배우체 암수딴그루(간혹 암수한그루)이다.

배우체 형성기/결실기 4월/ 구과는 다음해 9~10월

생태 개비자나무와 유사하게 종자 발아율이 80%로 높다. 내음성이 매우 강한 수종으로 다른 나무 아래에서 지수 성장이 가능하다. 성장하면서 습한 토양과 빛을 선호한다.

개비자나무속 *Cephalotaxus* Siebold & Zucc. ex Endl., plum yew

개비자나무 *C. harringtonia* (Knight ex Forbes) K. Koch, Japanese plum yew

종소명 설명 harrington 유럽에 처음 식재한 Earl of Harrington인 Charles Stanhope 를 기린 이름이지만 백작의 계급으로 봐서 'harringtonia'로 사용

잎 어긋나기, 측지에 두 줄로 배열된다. 수지구명은 관속 밑에 1개 있다. 잎 뒷면에는 두 줄의 백색 기공조선이 있고 끝이 뾰족하지만 찌르지 않는다. **구과** 타원형으로서 종의로 싸여 붉게 익으며 약간 달다. 종자는 타원형이며 갈색이다. **배우체** 암수딴그루(간혹 암수 한그루)이다. **배우체 형성기/결실기** 4월/다음해 8~9월

생태 종자 발아율은 80%로 상당히 높은 편이다. 산골짜기 응달에서 자라는 상록관목이며 중부지방에서는 참나무류와 단풍나무류의 하부식생으로서 내음성이 강한 음수이다. 전북 지방에서는 이와 같은 식생이 없는 노출된 바위틈에서도 자란다. 대체로 성장이 느리다.

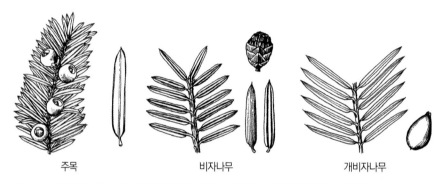

주목   비자나무   개비자나무

그림 6-9. 구과에 홈이 파져 있는 주목(잎 뒷면에 기공조선 2개)과 구과가 타원형인 비자나무(기공조선 2개, 잎이 뾰족하고 딱딱해서 손을 찌르는 듯함), 개비자나무(기공조선 2개, 잎이 뾰족하지만 비자나무보다 상대적으로 덜함)

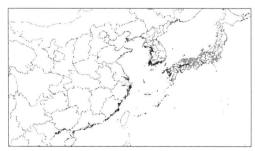

비자나무 분포도

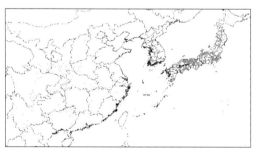

개비자나무 분포도

-연습문제-

1. 소나무류와 잣나무류를 구분하는 특징은 무엇이 있는가?

2. 가문비나무속과 젓나무속의 형태적으로 구분하는가?

3. 향나무와 노간주나무를 식별할 수 있는 차이점은 무엇인가?

4. 주목과 개비자나무, 비자나무를 식별할 수 있는 차이점은 무엇인가?

5. 측백나무속과 눈측백나무속을 다른 속으로 구분하는 형태적 이유는 무엇인가?

6. 젓나무와 분비나무, 구상나무의 형태적으로 어떻게 구분하는가?

7. 리기다소나무와 테에다소나무의 차이점과 소나무와 곰솔의 차이점은 무엇인가?

8. 겉씨식물의 배우체를 꽃(flower)이라 부르지 못하는 이유는 무엇인가?

9. 메타세콰이어와 낙우송의 차이점은 무엇인가?

10. 가문비나무와 종비나무를 식별할 수 있는 특징은 무엇인가?

11. 백두대간에서 고도 1,000m 이상에서 볼 수 있는 아고산에서 볼 수 있는 종과 저지대에 분포하는 종은 어떤 종들이 있는가?

제 7장 속씨식물

속씨식물(피자식물; Angiospermae)은 중생대 쥬라기(Jurassic; 1억 6천만 년 전)에 분화되어 신생대 3기 중기에 대부분의 많은 분류군들이 분화되었다. 속씨식물의 배주는 대포자엽(megasporophyll=ovary)으로 완전히 둘러싸여 배주(ovule)을 밖에서 볼 수 없고 이를 씨방(자방, ovary)이라 부른다.

속씨식물은 크게 단자엽식물(Monocotyledoneae)과 쌍자엽식물(Dicotyledoneae)의 2개의 계열로 나누는데 단자엽식물은 자엽이 1개이고 관속이 흩어져 있으며, 잎이 평행맥이고 톱니가 없으며, 뿌리에 주근이 없고, 꽃의 부분이 3수성이며 꽃가루의 발아공이 대개 1개씩이다. 반면, 쌍자엽식물은 자엽이 2개이고 관속이 원통형으로 나열되며, 잎이 망상맥이고 단엽 및 복엽이며 톱니가 있고, 뿌리에 주근이 발달하며, 꽃의 부분이 4-5수성이고 꽃가루의 발아공이 1-3개 또는 그 이상인 것이 있다. 최근 연구에서는 이런 단자엽과 쌍자엽이 분자분류 연구에서 지지를 받지 못하지만 기존 분류체계로 정리하였다.

속씨식물은 대부분 양성화이면서 암수한몸이지만 일부 수종은 암수딴몸이기도 한다. 특히 버드나무, 운향나무과, 감탕나무과, 대극과, 굴거리나무과, 옻나무과에 속하는 대부분 종과 새덕이, 식나무, 사스레피나무, 돈나무, 소태나무, 담팔수나무 등 남부 상록성 식물에 다수 암수딴몸이다. 이외에 백두대간이나 전국적 분포를 하는 오갈피나무, 산뽕나무가 암수딴몸이며, 양성화이지만 기능적으로 암수딴몸인 종은 고로쇠나무, 복장나무, 물푸레나무 등이 있다.

단자엽식물은 단계원적이지만 쌍자엽식물은 다계원적 계통 때문에 진정쌍자엽(eudicots)과 원시속씨식물(basal angiosperms)로 구분하며 2016년에 발표된 APG IV가 현재 통용되고 있다. 본 교과서의 과의 배열은 크론퀴스트(Cronquist) 분류체계를 따라 배열하였지만 APG IV로 변경된 과에 내용은 일부 제시하였다. 과거의 전통적인 느릅나무과, 버드나무과, 단풍나무과, 인동과 등의 일부 과는 합쳐지거나 분리된다.

조록나무과 Hamamelidaceae, The witchhazel family

27-30속, 80-140종으로 구성되며 아시아, 아프리카, 오세아니아 및 북아메리카의 동부 및 멕시코에 자란다. 경제적 가치는 없지만 관상용으로 심고 있다. 한반도에는 2속 2종이 있다. 주로 봄철에 일찍 피는 식물로 일본 원산인 풍년화(*Hamamelis japonica* Siebold & Zucc.)를 중부지방에 식재한다.

잎 낙엽성 혹은 숙존성, 어긋나기, 단엽으로 구성되며 탁엽이 존재하며 성모가 발달한다. **꽃 및 꽃차례** 양성 혹은 단성, 암수한몸 혹은 암수딴그루, 2심피, 2실이다. **열매 및 종자** 목질화된 외과피가 있는 2개의 방으로 형성된 삭과이다.

히어리속 *Corylopsis* Siebold & Zucc., winter hazel
히어리 *C. coreana* Uyeki, winter hazel, Korean winter hazel
종소명 설명 coreana 한국산의

잎 관목이면서 잎은 어긋나기이며 낙엽성이며 원형이면서 뾰족한 톱니가 있다. 잎에 털이 없으며 잎맥은 7-8개이며 가을에 노란색으로 단풍이 든다. **꽃차례 및 열매** 총상꽃차례이며 (5)7-11(13)개의 꽃이 달린다. 9월-10월에 삭과는 2실, 2개로 갈라져서 검은색 종자가 달린다. **소지** 암갈색이며 털이 없다. 겨울눈은 원형이며 끝은 뾰족하게 발달하며 2개 아린이 있고, 보통은 잎과 꽃이 동일 눈에 자라는 혼아고, 정아는 곁눈과 유사하다. **개화기/결실기** 4월초-중순/10월-11월 **분포** 주로 지리산 및 백운산을 중심으로 전라남북도에 분포하며 경기도에서는 수원 광교산과 포천 광덕산에도 분포한다.

일반적 정보 일본식물지에서는 일본에 자생하는 *C. gotoana*는 수술이 길고 (두배정도, 8-10mm) 수술 꽃밥이 붉은색인 반면 *C. glabrescens*는 수술이 짧고(4-5mm), 수술 꽃밥이 노란색으로 확연하게 차이가 있다고 보고한다. 분포는 *C. gotoana*는 혼슈(Honshu), 큐슈(Kyushu)와 시코쿠(Shikoku)를 가로지르는 선을 중심으로 북서쪽에 분포하는 반면 *C. glabrescens*는 남쪽에 분포한다고 한다. 이런 종간 차이를 근거로 일본 학자들은 한반도에 분포하는 히어리(*C. coreana* Uyeki)를 *C. gotoana*와 동일 종으로 보고 있지만 최근 Roh et al.(2007)에서는 nrDNA-ITS region 분석에 의해 *C. coreana*가 독립된 종으로 보고 있다. 꽃밥에 대한 색깔은 채집된 지역내에서도 붉은색, 노란색, 갈색 등 다양한 색깔이 변이가 매우 심해 히어리가 일본의 *C. gotoana*와 *C. glabrescens*와 구분하는 형질로는 적절하지 않고 유일하게 잎의 외형과 털이 없는 특징에 있어 일본종과 차이가 있다. 일본의 두 종은 과거 잡종의 영향이 있다고 보는데 히어리는 이 두 분류군들과 유전적으로 차이가 있지만 실제 분자상의 특징과 달리 형태적으로는 털의 유무 이외에는 뚜렷하지가 않다.

조록나무속 *Distylium* Siebold & Zucc., distylium, isu tree

조록나무 *D. racemosum* Siebold & Zucc.

종소명 설명 racemosum 총상꽃차례의

잎 교목성이지만 대개 관목이며 상록성이다. 어긋나기, 두껍고 타원형이다. 양면에 털이 없고 가장자리가 밋밋하며 탁엽이 일찍 떨어진다. 잎맥은 4-5개가 뒷면에 발달하며 2차 맥이 많이 발달한다. **꽃 및 꽃차례** 총상꽃차례(혹은 원추꽃차례)는 가지 옆에 달리고, 별 모양의 털이 있으며 꽃은 잡성, 꽃받침은 붉은색, 5-6개로 갈라지며 피침형, 겉에 갈색의 별모양의 털이 있다. 씨방은 2실, 암술대는 1개로서 2개로 갈라진다. 삭과는 목질이며 겉에 밀모가 있으며 열매 끝이 2개로 갈라진다.

개화기/결실기 4월-5월/ 9월

생태 및 기타 정보 양수면서 내음성이 강하고 건조지에도 생육이 강하다. 토양의 성질에 관계없이 잘 자라며 이식은 쉽지만 성장은 느린 편이다. 제주도와 완도에서 확인되며, 종 특징으로는 겨울눈이 나아면서 별모양의 갈색털이 많으며 잎의 뒷면의 2-3차 맥이 발달한다.

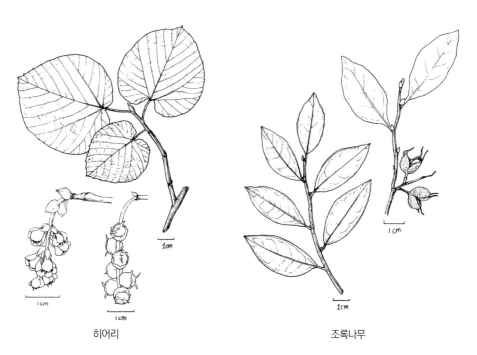

히어리   조록나무

버즘나무과 Platanaceae, The sycamore, planetree family

1속 10종으로 구성되며 북미, 멕시코, 남부유럽, 서아시아에 분포하며 한반도에서는 과거 3종류를 가로수로 식재하고 있지만 현재는 대부분 양버즘나무이다.

잎 낙엽성교목, 어긋나기, 단엽이고 장상으로서 3-7개로 갈라진다. 탁엽은 잎같이 생겼다. **꽃 및 꽃차례** 암수한그루지만 단성화이며 잎과 같이 피고 구형의 두상꽃차례에 달린다. **열매 및 종자** 구형의 다화과로서 수과가 긴 도란형, 밑에 갈색 털이 있고, 위에 굽은 갈고리가 있다. **소지 및 수피** 소지는 구불구불하며 수는 충실하고 원형이다. 정아는 없으며 잎자루의 아래가 부풀어서 액생의 겨울눈을 감싼다(엽병내아). 아린은 1개면서 적색이다. 엽흔은 겨울눈 주위에 돌아가며 발달하고, 관속흔은 많으며, 탁엽흔은 소지를 둘러싸고 있다. 수피는 모과나무, 노각나무처럼 조각이 나면서 벗겨진다.

생태 및 기타 정보 양버즘나무는 양수에서 중용수로 북미대륙에서는 초기 생장이 빠르고 작은 규모의 선구수종 역할을 하지만, 다른 활엽수종에 밀려 야생에서는 극히 일부 개체만이 산발적으로 확인된다. 수명은 통상 500~600년 정도이다. 국내에서는 주로 가로수로 식재한다.

> · *P. orientalis* L. 버즘나무(재배종)
> · *P.* × *hispanica* Münchh. 단풍버즘나무(재배종)
> · *P. occidentalis* L. 양버즘나무(재배종)

표 7-1. 버즘나무속 수종의 주요 형질

종명	열매 /수과 아래 털	잎 갈라짐	탁엽	꽃	가운데 열편 모양
버즘나무	2-6개/ 열매 밖으로 노출	5-7개	〈1cm	4수성	길이〉너비
단풍버즘나무	2(-4)개/노출안함	3-5개	1-1.5cm	4수성	길이=너비
양버즘나무	1(2)개/노출안함	3-5개	2-3cm	4-6수성	길이〈너비

종소명 설명 hispanica 스페인의; occidentalis 서양의; orientalis 동양의

식별 형질 단풍버즘은 버즘나무와 양버즘나무의 잡종으로 잎의 비교적 양버즘나무에 비해 결각이 좀 더 깊게 갈라지고 열매가 2-3개가 달리는 반면, 버즘나무는 결각이 더 갈라지고 열매가 4개가 주로 달린다. 양버즘나무는 잎이 가장 덜 깊게 갈라지고 열매가 1개가 달린다.

굴거리나무과 Daphniphyllaceae

아시아에서 28종이 자라며, 국내에는 2종이 분포한다.

잎 단엽이고 톱니와 탁엽이 있다. **꽃 및 꽃차례** 암수딴그루, 총상꽃차례이다. 수꽃은 불규칙하게 5-6개로 갈라진 꽃잎, 6-12개의 수술, 암꽃은 6개의 꽃잎과 1개의 암술, 그리고 8-10개의 헛수술과 씨방은 2-3개의 심피로 구성되지만 1실로 되며 핵과이다.

> · *D. macropodum* Miq. 굴거리나무
> · *D. teijsmannii* Zoll. ex Teijsm. & Binn. 좀굴거리나무

종소명 설명 macropodum 굵은 대가 발달한; teijsmannii 네덜란드 식물학자 J. E. Tejismann의

표 7-2. 굴거리나무속 수종의 주요 형질

종명	잎 길이	꽃	암꽃의 헛수술	겨울눈
굴거리나무	15-20cm	측맥은 잎 하면 돌출 없음, 측맥간 거리는 멀다	발달	달걀형, 잎자루가 변한 아린은 작아 겨울눈 아래에 짧게 발달
좀굴거리나무	7-11cm	측맥은 잎 하면 돌출, 망상, 측맥간 거리는 가깝다	없음	좁은 달걀형, 잎자루가 변한 아린이 겨울눈 전체를 감쌈

식별 형질 두 종간 차이는 잎의 크기와 꽃의 특징도 차이가 있지만, 겨울눈 형태가 매우 뚜렷해서 이 형질로 종을 식별하는 것이 용이하다. 두 종 모두 음수로서 다른 상록활엽수림 아래에서 잘 자라나 좀굴거리는 주로 해안가나 섬지역에 자란다. 좀굴거리나무 초기 성장은 느리지만 섬지역의 해풍이 강한 지역에 살아 바람이 강해 방풍림이나 혹은 공해가 심한 남부지방에서 식재가 가능하나 이식은 불가능하다.

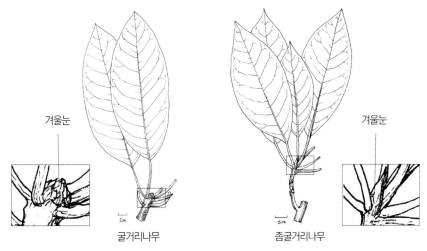

굴거리나무   좀굴거리나무

그림 7-1. 굴거리나무의 경우 겨울눈은 달걀형이면서 짧게 발달하는 반면, 좀굴거리나무는 좁은달걀형이면 아린이 눈 전체를 감싼다.

가래나무과 Juglandaceae, The walnut family

전 세계 9-10속 50종으로 구성되며 교목 또는 관목으로서 북반구의 온대에 널리 퍼져 있다. *Juglans, Engelhardtia, Carya* 및 *Pterocarya*는 좋은 목재를 생산함과 동시에 *Juglans*와 *Carya*는 호두와 같은 중요한 열매도 생산한다. 수피와 열매껍질은 황색 염료 및 타닌자원이기도 하며, 2속 2종이 한반도에 자생한다.

잎 낙엽성 교목, 어긋나기, 기수우상복엽이며 탁엽이 없다. 향이 나기도 한다. **꽃 및 꽃차례** 단성화, 암수한그루, 수꽃은 통상 꼬리꽃차례이다. 핵과와 같은 견과나 혹은 때로 날개를 가지는 견과다. **소지 및 수피** 겨울눈은 눈껍질로 싸여 있거나 나아이다.

> · 가래나무속(*Juglans*)　　· 굴피나무속(*Platycarya*)

표 7-3. 굴피나무속과 개래나무속의 주요 형질

속명	겨울눈 비늘수	겨울눈	열매	종자	수꽃차례
가래나무속	나아, 갈색털	아병 없음, 관속흔 30여개 존재	핵과성 견과	날개 없다	아래로 처짐
굴피나무속	인아 20개, 털이 없음	아병 존재, 관속흔 10여개	구과 모양의 견과	날개 존재	곧추선다

가래나무속 *Juglans* L., walnut

과거에는 지구상에 널리 퍼져 있던 속이지만(신생대 3기) 지금은 15종 정도가 남아 있으며, 동남아시아·유럽의 남동부 및 미주에서 자란다. 한반도에서는 2종이 자라며 자생종은 가래나무이며 호두나무는 중국을 통해 도입되어 식재한다.

잎 낙엽교목, 간혹 관목상, 어긋나기, 기수우상복엽이고, 소엽은 9-23개로서 긴 타원상 피침형, 가장자리에 잔톱니가 있고, 총잎자루에는 털이 많다. **꽃 및 꽃차례** 암수한그루, 수꽃차례는 전년생가지의 옆에 달린다. **열매 및 종자** 핵과성 견과로서 껍질이 두껍고 불완전하게 2-4실로 되어 있으며 벌어지지 않지만 결국 두 조각으로 갈라진다. **소지 및 수피** 수피는 세로로 갈라지고, 겨울눈은 몇 개의 눈껍질로 싸이며 가지는 속이 계단상이다.

> · *J. mandshurica* Maxim. 가래나무
> · *J. regia* L. 호두나무(재배종)

종소명 설명 mandshurica는 만주지역에 자람; regia 왕의, 훌륭한

가래나무 *J. mandshurica* Maxim., Manchurian walnut

잎 높이 20m에 달하는 낙엽교목, 어긋나기, 기수 1회우상복엽, 소엽은 7-17개, 긴 타원형, 끝이 뾰족하며 밑이 심장저, 가장자리에 잔톱니가 있다. **꽃 및 꽃차례** 수꽃차례는 길이가 10-20cm, 암꽃차례에는 4-10개의 암꽃이 달린다. **열매 및 종자** 핵과성(견과)으로 난원형, 끝이 뾰족하며 외과피에는 선모가 밀생하고, 내과피는 매우 딱딱하며 8개의 능각 사이에는 주름살이 깊게 져있다. **소지 및 수피** 회색이고 세로로 갈라지며, 가지는 굵고 성기며 갈라지고 소지에는 선모가 있으며 가지는 계단상 수를 가지고 있다.

생태 및 기타 정보 양수로서 초기 성장 때에는 충분한 빛을 필요로 하며 토양이 습하며 표층이 깊은 곳에서 자라는 심근성 수목으로서 초기 생장은 매우 빠르다. 주로 계곡에 접한 사면이나 계곡주위 등 습한 지역에서 잘 자란다. 수관은 넓게 퍼지면서 자란다. 통상 주로 백두대간에 자라며, 강원도에서는 들메나무와 복장나무, 분버들, 박달나무, 황벽나무 등과 함께 계곡에서 발견된다. 야생동물중 다람쥐에 의한 종자 전파가 있어 가끔 능선지역에서도 볼 수 있다. 타감작용이 미국에 자생하는 흑호두(*Jugland nigra* L.)에서 알려져 있듯 가래나무도 항균, 구충 효과가 있다. 종자는 과피가 단단하여 종피불투수성과 종피의 껍질이 물리적 강도를 가져 배가 자라는 것을 압박해서 휴면성을 가지고 있다.

식별 형질 가래나무는 소엽수가 매우 많고 (7-17개) 가장자리에 톱니가 발달하는 반면, 호두나무는 소엽수가 5-7개이면서 소엽의 톱니가 없다. 종자는 가래나무는 2실이지만 호두나무는 4실로 차이가 있다.

굴피나무속 *Platycarya*
굴피나무 *P. strobilacea* Siebold & Zucc.

종소명 설명 strobilacea는 겉씨식물 구과의 모양처럼 생긴

잎 낙엽교목, 기수우상복엽으로 소엽수가 7-15개, 피침형이며 중거치가 있다. 측맥은 18-22쌍이 존재한다. **꽃 및 꽃차례** 암수한그루 **열매 및 종자** 구과모양의 열매가 달린다. 1개의 열매에 소형의 견과가 달린다. **소지 및 수피** 수피는 황갈색이며 깊이 갈라진다.

개화기/결실기 5월/10월

생태 및 기타 정보 양수로서 빛이 많이 요구되는 곳에 자란다. 습하면서 비옥한 토양을 선호하며 주로 산 중복이하의 사면에서 잘 자란다. 그러나, 건조에 대해 내성이 강해 경사가 급한 사면에서도 자란다. 성장은 빠르나 눈에 대한 내성은 약하다. 백두대간 이외 지역인 서해안과 남해안에서 쉽게 확인된다.

· 가래나무속(*Juglans*)　　　　· 굴피나무속(*Platycarya*)

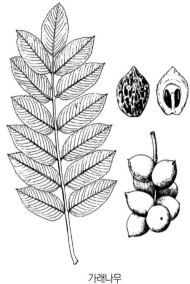
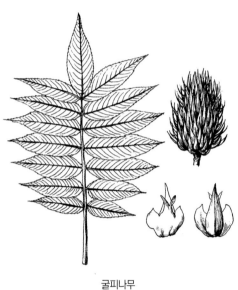

가래나무　　　　　　　　　　굴피나무

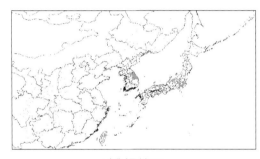

가래나무 분포도　　　　　　　굴피나무 분포도

자작나무과 Betulaceae, The birch family

전 세계에 6-7속 약 100-170여종 정도의 낙엽교목과 관목이 자라고 있다. 주로 북반구의 온대 이북에 분포하는 과이다.

비료목으로 사용되고 있는 오리나무류, 표고 배양의 골목으로 사용되는 서어나무류, 단단한 목질을 지니고 있는 박달나무 등 귀중한 나무와 더불어 열매로써 인기가 있는 개암나무 등이 있다. 한반도에서는 5속 36종이 자라고 있다.

잎 낙엽성 교목이지만 일부 관목형, 어긋나기, 단엽, 탁엽이 있고 가장자리에 톱니(거치)가 있다. **꽃 및 꽃차례** 단성이며 풍매화로서 잎과 같이 피지만 전년부터 달려 있는 것도 있고 수꽃은 꼬리꽃차례에 달리며 암꽃은 모여 달리거나 수상꽃차례 또는 꼬리꽃차례에 달린다. 각 포에는 수술이 2-10개가 있고 꽃받침은 있거나 또는 없다. 씨방은 2실이며 각각 2개의 배주가 들어 있다. 암술대는 2개이다. **열매 및 종자** 종자가 들어 있는 견과이며 종자에 배유가 없다.

· 자작나무속(*Betula*)	· 오리나무속(*Alnus*)	· 서어나무속(*Carpinus*)
· 개암나무속(*Corylus*)	· 새우나무속(*Ostrya*)	

표 7-4. 자작나무과 속의 주요 형질

속명	열매	수꽃	겨울눈	수피
자작나무속	실편 모양의 총포 포린은 3개로 갈라짐 솔방울 모양의 과서	꽃잎 존재, 수술 2개	긴달걀형 아병이 없음	대부분 벗겨지거나 갈라짐
오리나무속	실편 모양의 총포. 포린은 5개로 갈라짐 솔방울 모양의 과서	꽃잎 존재, 수술 4개	달걀형 아병 일부 종 발달	매끈하거나 세로로 갈라짐
서어나무속	총포는 잎 모양, 열매 일부 감싸며 톱니가 존재. 처진 과서	꽃잎 없음, 수술 3-10개	길며 끝이 뾰족	매끈함
개암나무속	총포(소포)가 열매를 감쌈, 정단의 톱니 일부 발달. 뭉쳐 나는 과서	꽃잎 없음, 수술 3-10개	달걀꼴로 끝이 둔하다	매끈하거나 횡으로 갈라짐
새우나무속	총포 잎모양, 열매를 감싸며 톱니가 없음. 처진 과서	꽃잎 없음, 수술 3-10개	길며 끝이 뾰족	거칠거나 벗겨짐

표 7-5. 자작나무과 속의 동아 형질

속명	눈껍질수	수꽃의 눈
자작나무속	3-6	나출
오리나무속	2(3)	나출
서어나무속	7-12	눈껍질안에 내재
개암나무속	3-8	나출
새우나무속	3-5	나출

자작나무속 *Betula* L., birch

40여종 정도가 북극에서부터 히말라야까지 분포되어 있고, 미주에는 북극에서부터 미국까지 퍼져 있으며, 한반도에서는 7종이 자란다.

잎 보통 난형으로서 가장자리가 톱니모양에서 결각상까지 있고, 엽맥이 많다. **꽃 및 꽃차례** 암수한그루로서 수꽃차례는 밑으로 처지고 전년에 생기며 각 포에 꽃이 3개씩 달리고 꽃받침이 4개로 갈라지며 수술은 2개로서 끝에서 2개로 갈라진다. 암꽃차례는 긴 타원형 또는 원주형으로서 각 포에 3개의 꽃이 달리고 꽃받침이 없다. **열매 및 종자** 작은 견과로서 날개가 있으며 성숙하면 포와 더불어 축에서 떨어진다. **개화기/결실기** 대부분 5-6월에 피며 열매가 9월에 익는다. **소지 및 수피** 겨울눈은 여러 개 눈껍질로 덮인다.

생태 및 기타 정보 교목 또는 관목으로 수목한계선까지 자란다. 주로 습한 토양에서 발아가 잘 되며 산불이후 발아가 활발하게 된다. 특히 관목상의 새순은 산짐승의 좋은 먹이가 된다. 지리산지역에서는 이른 봄에 사스래나무와 거제수나무의 수액을 받아 약수로 활용하고 있다. 자작나무는 백색 수피와 더불어 예쁜 빛깔의 잎을 가진 것이 관상용으로 사용되고 박달나무는 그 재질이 단단하여 귀중한 용재가 된다.

- *B. pendula* Roth. 자작나무
- *B. costata* Trautv. 거제수나무
- *B. ermanii* Cham. 사스래나무
- *B. fruticosa* Pall. 좀자작나무
- *B. davurica* Pall. 물박달나무
- *B. schmidtii* Regel 박달나무
- *B. chinensis* Maxim. 개박달나무

종소명설명 davurica는 러시아의 다후리지방을 지칭; schmidtii는 A. Schmidt에서 유래; ermanii는 A. G. Erman에서 유래; chinensis 중국산

표 7-6. 자작나무속 수종의 주요 형질

종명	잎 엽맥수	수피	성상	과수 길이	종자날개	잎과 잎자루길이
자작나무	(5)6-7(8)	흰회색	교목	2-5cm	있음	삼각상 달걀꼴, 15-20mm
물박달나무	7-8	회색(흑색) 벗겨	교목	2-5cm	있음	넓은 달걀꼴, 5-15mm
거제수나무	(10)13(16)	흰색(붉은색) 벗겨짐	교목	1.5 -2.7cm	있음	긴타원형 (5)7-9(15)mm
박달나무	9-10(13)	암회색(피목발달)	교목	2.6-3.5cm	없음	세장달걀형 5-10mm
사스래나무	(8)9(12)	흰색 벗겨짐	교목/관목	1.5 -2.7cm	있음	삼각상 달걀꼴 (10)21(34)mm
개박달나무	8-9(10)	흰색	관목	1-3cm	없음	달걀꼴 10-12mm
좀자작나무	5-8	흰색	관목	1-3cm	있음	긴타원형 2- 5mm

종의 식별 함경남도까지 자생하는 자작나무는 남한에서는 주로 가로수나 임도 주변에 식재한다. 자생하는 종중에서는 엽맥수가 가장 적은 것이 물박달나무로서 박달나무와 쉽게 식별이 가능하다. 박달나무와 개박달나무의 경우 엽맥수가 물박달나무처럼 적은 것이 개박달이며, 물박달나무와 개박달나무는 잎의 선점의 유무로서 식별이 가능하다. 사스래나무와 거제수나무는 겨울눈에 털이 발달한다. 자작나무속 전체에는 선점이 발달하지만 유일하게 개박달나무만 선점이 없다. 대부분의 종은 야외에서 수피의 모양과 교목/관목성에 의해 쉽게 식별이 가능하다. 분포에서 개박달나무는 중부지방 능선이나 정상에 자라며 거제수나무와 사스래나무는 강원도 및 백두대간에 자란다. 물박달나무는 순림을 이루기보다는 개체로 확인되며 박달나무는 오대산이나 산불이 난 지역에서 순림을 이루는 경우도 있지만 대부분 물박달나무처럼 개체로 발견된다.

자작나무 *B. pendula* Roth, European white birch

잎 3각상의 넓은 난형이며 끝이 뾰족하고 밑이 아심저이며 가장자리에 복거치가 있고 표면에는 털이 없지만 뒷면에는 약간의 잔털과 더불어 선점이 있으며 맥액에 흔히 긴 털이 있다. 엽맥은 6-8쌍, 잎자루는 길이 1-3cm이다. 잎의 변이가 매우 심하다. **꽃 및 꽃차례** 과수는 밑으로 처지며 원통형이며 4cm이다. **열매 및 종자** 좁은 도란형으로서 길이가 1.5-4.5mm이고 위쪽에는 흔히 잔털이 있다. **소지 및 수피** 수피는 백색이고 수평으로 종잇장처럼 벗겨지며, 소지는 흑자갈색으로서 어릴 때에는 선점이 있다.
생태 및 기타 정보 북한의 함경남북도에 분포하며 남한의 강원도에서는 주로 식재하고 있다. 대표적인 양수로서 나지에 자라는 초기 성장이 매우 빠른 선구 수종이다.

물박달나무 *B. davurica* Pall., asian black birch

잎 난형으로서 불규칙한 톱니 또는 치아상 복거치가 있으며 뒷면에는 지점이 있고 측맥은 7-8쌍이다. 잎자루는 길이가 5-15mm이다. **열매 및 종자** 과수는 길이 3-4cm이다.
수피 회갈색으로 잘 개 갈라져 얇은 조각으로 떨어지지만 불규칙하게 벗겨져서 매우 지저분하게 보인다.
생태 및 기타 정보 대부분 고도 1,000m이하의 양지에서 자라며 높이가 20m, 직경 40cm에 달하며 초기 생장이 매우 빠르다. 양수이나 반음지에서도 잘 자라며 내한성은 강하고 맹아력은 약하며 자연 상태에서 빛이 많은 곳에서는 종자 발아율이 높다.

거제수나무 *B. costata* Trautv., costata birch

잎 난형이거나 긴 타원상 난형으로서 길이가 5-8cm이며 끝이 길게 뾰족하고 가장자리가 겹으로 된 예리한 톱니가 있고 뒷면에는 선점이 있다. 측맥은 10-16쌍이다. 잎자루는 길이가 8-16mm이다. **열매 및 종자** 과수는 길이가 2cm이다.

생태 및 기타 정보 지리산지역에서는 이른 봄 사스래나무 및 고로쇠나무와 더불어 수액을 약수로 이용하고 있다. 지리산 꼭대기 근처와 강원도 이북 고도 1,000m 부근에서 자라고 높이가 30m에 달하는 교목이다. 수피는 붉은 색이 도는 백색이거나 갈색이 도는 회색이고 종잇장처럼 벗겨지며, 소지는 털이 없거나 어릴 때에는 잔털이 있고 갈색이다. 피목은 선형으로서 옆으로 길다. 초기 생장은 빠른 편이다. 양수로서 음지에서는 생장이 나쁘며 주로 햇빛이 많은 개방된 지역에서 자란다. 내한성 및 내건성은 보통이다. 공해에는 약해 도시에서는 잘 자라지 못한다.

박달나무 *B. schmidtii* Regel, Schmidt's birch

잎 난형으로서 끝이 뾰족하고 밑이 둥글거나 넓은 예저이며 가장자리에 위로 향한 불규칙한 톱니가 있고 길이가 4-8cm이다. 측맥은 9-10쌍이고 뒷면 맥상에 눈털이 있다. 잎자루는 길이가 5-20mm이고 표면은 녹색이며 털이 없지만 뒷면에는 선점이 있다. **열매 및 종자** 난형으로서 길이가 2mm정도이고 날개가 좁다. **소지 및 수피** 소지는 흑갈색이고 처음에는 털이 있지만 점차 없어지며 피목은 선형으로서 옆으로 배열된다. 흑색으로서 두껍고 작은 조각으로 떨어진다.

사스래나무 *B. ermanii* Cham., Russian rock birch

잎 삼각상 달걀꼴, 점첨두, 둥근 원저에 가깝다. 불규칙한 톱니에, 맥은 7-11(14)쌍, 표면은 털이 없고 뒷면은 지점이 있으며 맥 위에 털이 있다. 잎자루는 길이 5-30mm이다. **열매 및 종자** 과수는 곧추서고 길이 2-3cm이다. **소지 및 수피** 수피는 회색이거나 흰색이며, 종이장처럼 벗겨져서 줄기에 오랫동안 붙어 있다. 소지는 털이 있으나 점차 없어지고 지점과 점상의 껍질눈, 겨울눈은 긴원형, 끝은 날카롭게 발달, 4개의 아린, 헛끝눈과 곁눈은 비슷한 모양(7-12mm), 엽흔은 반달 모양이다.

생태 및 기타 정보 양수로서 빛이 매우 많은 곳에 초기 성장이 매우 빠른 식물이다. 선구수종으로 경사지나 건조한 곳에 생육을 시작하는 식물이다. 가문비, 분비나무가 주를 이루는 침엽수보다 높은 고도에 생육하는 수종(강원도에서는 고도 1,000m 이상)으로서 극동러시아와 일본 북해도 북부에까지 우점으로 분포하는 수종이다. 주로 고산지대에는 관목상태(오대산에서는 교목성)로 많이 자라며 눈의 피해에 의해 측아에서 나온 줄기나 가지가 많이 휘면서 자란다. 눈에 대한 피해 내성이 매우 강해 대개 침엽수보다 높은 고도에서도 생육한다. 러시아에서는 500년 이상 된 수목이 130-180cm의 흉고직경에 15-25m까지 자란 개체가 발견된다. 양수이지만 어릴 때에는 다른 수종의 수관 밑에서도 잘 자란다.

여름에 주로 습하면서 눈이 녹은 지대에서 자라는 사스래나무는 산불의 피해를 비교적 덜 받는 수종으로서 주로 숲틈(gap)이 형성되는 산림에서 자연 발아에 의한 수종 갱신이 진행된다. 단지 키가 크게 자라는 초본층에서는 다소 종자발아에 제한을 받고, 약 15-25년이 되면 천연간벌이 진행되며 대부분 60-70년이 되면 순림을 이루는 수관을 형성한다. 때로 신갈나무와 함께 순림을 형성한다. 가끔 산불에 의해 동령림보다는 이령림을 이루지만 산불이나 눈의 피해는 다른 가문비나무나 이깔나무에 비해 내성이 강해 쉽게 순림을 형성하기도 한다. 강한 음수 성격의 가문비나무나 분비나무의 득세에 밀려 순림보다는 혼효림을 형성하기도 한다.

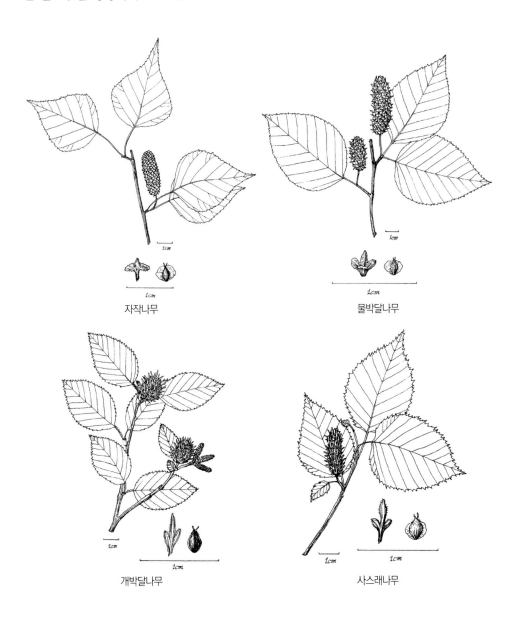

자작나무   물박달나무

개박달나무   사스래나무

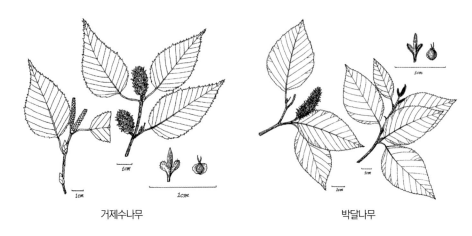

거제수나무   박달나무

그림 7-2. 자작나무속은 잎의 모양, 엽맥수, 종자의 날개 유무(날개가 없는 종–박달나무,
개박달나무)와 포의 모양에 의해 식별된다.

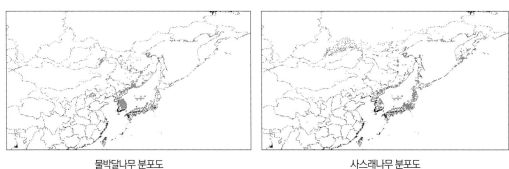

물박달나무 분포도   사스래나무 분포도

오리나무속 *Alnus* L., alder

20–30종의 교목과 관목이 북반구의 온대 이북에 분포하지만 볼리비아·콜롬비아 및 페루의 높은 지대까지 분포한다. 한반도에서는 5종이 자생하고 있으며 사방오리나무 및 좀사방오리나무를 남부지방의 사방사업에 많이 심는다. 뿌리에 박테리아가 공생하여 토양 중의 질소를 고정하기 때문에 척박한 땅에 나무를 심을 때 비료목으로 심고 있다. **잎** 어긋나기하고 대개 난형으로서 불규칙한 톱니가 있거나 치아상으로 갈라진다. **꽃 및 꽃차례** 수꽃차례는 길고 각 포에 3개의 꽃이 들어 있으며 수꽃은 4개로 갈라진 꽃받침과 1–4개의 수술로 되고, 암꽃차례는 짧으며 각 포에 2개의 꽃이 들어있고 꽃받침이 없으며 소포는 포에 유착된다. **열매 및 종자** 과수는 솔방울같이 생겼고 소견과에 날개가 있으며, 각 포에 2개씩 들어 있고 포는 목질로서 5개로 갈라진다. **소지 및 수피** 오리나무와 물오리나무는 겨울눈에 대가 있지만 다른 종은 없다.

개화기/결실기 꽃은 잎보다 먼저 또는 같이 피며, 열매가 가을에 성숙한다.

- *A. japonica* (Thunb.) Steudel 오리나무
- *A. incana* (L.) Medik. subsp. *hirsuta* (Turcz. ex Rupr.) Á. Löve & D.Löve, 물오리나무
- *A. incana* (L.) Medik. subsp. *tchangbokii* Chin S. Chang & H. Kim 수우물오리
- *A. alnobetula* (Ehrh.) K. Koch subsp. *fruticosa* (Rupr.) Raus 덤불오리나무
- *A. firma* Siebold & Zucc. 사방오리(재배종) · *A. pendula* Mastum. 좀사방오리(재배종)

종소명 설명 hirsuta는 연한 철이 있다는 의미; fruticosa 관목상의; tchangbokii 식물학자 이창복의; firma 강한, 견고한; pendula 밑으로 처지는; japonica 일본산의

표 7-7. 오리나무속 수종의 주요 형질

종명	겨울눈	아린 수	잎의 측맥수	잎 모양	열매자루	수피
오리나무	아병 발달, 끝이 둔함	2-3개	9(10)개 이하	타원형, 잎 끝이 뾰족, 결각상의 톱니 없음	0.1-1.5 (1.6)cm	갈라짐
물오리나무	아병 발달, 끝이 둔함	2-3개	9(10)개 이하	원형, 잎 끝이 원두, 결각상 톱니 발달	0.1-1.5 (1.6)cm	매끈
수우물오리	아병 발달, 끝이 둔함	2-3개	9(10)개 이하	원형, 잎 끝이 원두, 결각상 톱니 발달,	0.1-1.5 (1.6)cm	갈라지면서 벗겨짐
덤불오리나무	아병 없음, 끝이 뾰족	(2)3-6개	10-12개	넓은 달걀형, 잎 끝이 뾰족, 중거치발달	1.6-4.0cm	피목이 발달
사방오리	아병 없음, 끝이 뾰족	(2)3-6개	13-17개	타원형, 잎끝이 뾰족, 중거치 발달	1.6-4.0cm	수피가 조작지면서 벗겨짐
좀사방오리	아병 없음, 끝이 뾰족	(2)3-6개	20-26개	타원형, 잎끝이 뾰족, 중거치 발달	1.6-4.0cm	옆으로 피목이 발달

오리나무 *A. japonica* (Thunb.) Steud., Japanese alder

잎 어긋나기, 긴 타원형, 끝이 뾰족하고 밑이 예저 가장자리에 잔톱니가 있으며 털이 약간 있다. 측맥은 7-9쌍이다. **꽃 및 꽃차례** 암수한그루이다. 꽃은 화피와 수술은 각 4개씩이다. **소지 및 수피** 수피는 회갈색이고 갈라지며, 가지는 회갈색이고 거의 털이 없거나 어릴 때 갈색 털이 있으며 피목이 뚜렷하고 겨울눈에 대가 있다. **개화 및 결실** 3월/10월

생태 및 기타 정보 낮은 습지나 또는 산지에서 자란다. 양수로서 어린 나무일 때 빛이 많이 요구된다. 습하면서 비옥한 땅에 자라며 하천이나 계곡 등지나 호수 근방에 자라지만 대부분 한반도에서는 섬지역이나 해안가에 개체로 발견되며 순림을 이루는 경우는 거의 없다.

물오리나무 *A. incana* (L.) Medik. subsp. *hirsuta* (Turcz. ex Rupr.) Á. Löve & D.Löve, Manchurian alder

잎 타원상 난형이며 밑이 둥글며 얕게 5-8개로 갈라지고 뾰족한 복거치가 있다. 표면은 짙은 녹색으로서 뒷면은 회청색으로서 털이 밀생하며, 측맥은 6-8쌍이고, 잎자루는 털이 있다. **소지 및 수피** 소지는 잎의 뒷면 및 꽃차례와 더불어 긴 털이 밀생하지만 없어지고, 겨울눈에는 털이 있다. 수피는 비교적 매끈하다. **개화기/결실기** 3월/10월

생태 및 기타 정보 고산지대의 냇가 근처에서 자라고 높이가 20m 낙엽교목으로서 비료목으로 흔히 심고 있다. 양수로서 초기 성장 때에는 충분한 빛을 필요로 하며 토양의 수분이 많은 곳에서 성장한다. 하천, 계곡, 호수 근처에 군생하며 자란다.

수우물오리는 주로 지리산과 경기도 일대에 분포하는데 물오리와 비교해서 수피가 갈라져서 과거 물오리의 이명으로 판단하였지만 수꽃의 크기, 수꽃차례 길이, 열매 크기가 물오리에 비해 1.5배정도 크고, 잎의 모양도 훨씬 평저에 가까워 아종으로 인정한다. 한반도내 수우물오리는 2배체이고 물오리나무가 오히려 4배체가 흔하다.

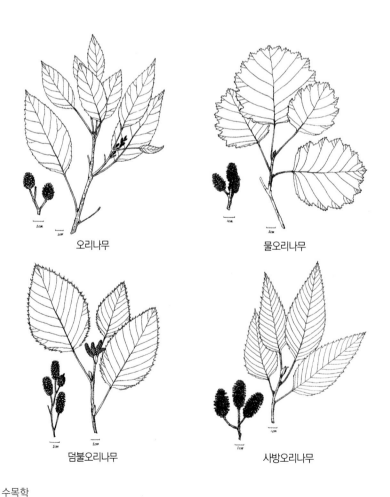

오리나무

물오리나무

덤불오리나무

사방오리나무

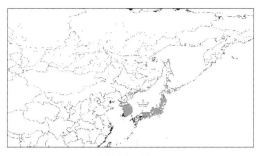

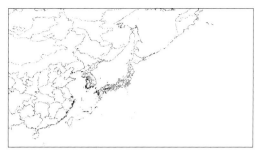

물오리나무 분포도   오리나무 분포도

서어나무속 *Carpinus* L., hornbeam

30~40종이 북반구에서 자라고 유럽에서부터 동아시아지방을 거쳐 히말라야까지 내려가며, 미주에서는 중부 아메리카까지 자란다. 한반도에서는 5종이 자라며 그중 서어나무가 표고버섯의 골목으로 많이 사용되고 있다.

잎 낙엽교목 또는 관목, 어긋나기, 다소 두줄로 배열되고, 측맥은 7-24쌍으로 곧다.

꽃 및 꽃차례 수꽃차례는 밑으로 처지고 꽃눈은 다른 자작나무과 식물과 달리 겨울눈 속에 들어 있다. 암꽃차례는 가지 끝에서 밑으로 처지고 각 포에 2개씩의 암꽃이 들어 있다. 꽃은 잎과 같이 핀다. **소지 및 수피** 소지는 가늘며, 수피는 회색이고 밋밋하거나 거칠며, 겨울눈은 뾰족하고 많은 눈껍질로 덮여 있다. **열매 및 종자** 포로 싸이고 맥이 있다.

생태 및 기타 정보 까치박달은 토양에서 발아하는데 2년이 걸리지만 개서어나무, 서어나무 등은 바로 이듬해 발아를 한다. 그러나 발아율은 매우 떨어진다는 연구 결과가 있다. 서어나무, 개서어나무 등은 치수때 빛을 선호해서 주로 종자가 모체의 수관 밑에서는 거의 발아가 되지 않으며 까치박달은 다소 습한 계곡에 생존율이 높지만 서어나무나 개서어나무의 경우에는 다소 떨어진다. 개서어나무의 경우는 숲틈(gap)에서 서어나무에 비해 4배 이상 생존율이 높아 숲에 빛이 많은 곳에서 잘 자람을 알 수 있다. 그러나 통상 순림에서 1년 후 생존율을 조사하면 오히려 개서어나무가 서어나무나 까치박달에 비해 1/4선으로 매우 낮다. 일본에서는 서어나무가 2차림에서 우점을 보이지만 시간이 흐르면서 일본너도밤나무에 밀려 천이가 진행된다. 반면 경기도 북부에서는 너도밤나무와 같은 수종이 없어 지속적인 우점을 보인다.

한반도에서는 까치박달나무가 가장 널리 분포하며 개서어나무는 남부, 소사나무는 북부와 서해안 및 남해안 일부 바닷가에 자란다. 서어나무는 표고버섯의 골목으로서 중요할 뿐만 아니라 가을단풍 또한 아름답다.

· *C. laxiflora* (Siebold & Zucc.) Blume 서어나무
· *C. tschonoskii* (Siebold & Zucc.) Maxim. 개서어나무
· *C. turczaninowii* Hance 소사나무
· *C. cordata* Blume 까치박달

종소명 설명 속명은 Car(木)+pin(頭)라는 의미이다. 종소명 cordata는 심장형; laxiflora는 꽃이 드문드문 달림; tschonoskii 일본 채집가 S. Tschonosk에서 유래; turczaninowii 러시아의 분류학자 N.S. Turczaniov에서 유래

표 7-8. 서어나무속 수종의 주요 형질

종명	잎맥 수	잎의 크기 (cm)	과포모양	분포
서어나무	(9)10-16(18)	4.5-11(첨두)	양쪽 열편 0, 거치 1-3(6)개	전국
개서어나무	(9)10-16(18)	4.5-11(첨두)	한쪽만 열편 0, 거치 0-1(3)개	경남, 전북 이남
소사나무	(9)10-16(18)	3.0-6.5(첨두)	열편 없음, 거치++	서해안 및 일부 남해
까치박달	(16)17-20(22)	7.5-12(예두)	열편 없음, 거치++	전국

식별 특징 까치박달은 엽맥수(17-20개)가 다른 근연종(10-16개)에 비해 매우 많다. 서어나무속의 식별은 주로 잎과 열매가 달리는 포의 특징으로 구분되는데 서어나무는 포가 양쪽으로 귀처럼 발달하며 개서어나무는 한쪽에는 거치가 없고 다른 한쪽에만 발달하는 비대칭성이며 까치박달은 아예 발달하지 않는다. 긴서어나무와 서어나무보다 꽃차례나 열매차례가 2배 정도 길고 주로 조계산, 지리산이나 제주도 등지에 분포한다. 겨울눈으로는 까치박달이 비늘수가 다른 서어나무속보다 많아 (20-26 vs 16-18개) 쉽게 구분된다.

서어나무 *C. laxiflora* (Siebold & Zucc.) Blume, Japanese loose-flowered hornbeam
잎 어긋나기, 처음에는 붉은빛이 돌지만 녹색으로 되고 긴 난형 길게 뾰족하고, 밑이 아심장저이며 복거치가 있다. 측맥은 10-12쌍이고 표면에는 털이 없으며 뒷면의 맥상에 잔털이 있다. **꽃 및 꽃차례** 암수한그루로서 잎보다 먼저 핀다. 수꽃차례는 소지에서 처지고 황갈색으로서 포린은 난원형이다. **열매 및 종자** 과수길이 4-8cm이며, 열매자루에는 털이 없지만 윗부분에 잔털이 있다. 열매는 3각상의 넓은 난형이며, 길이가 3mm 정도이다. **소지 및 수피** 회색이고 매끈하면서 근육처럼 울퉁불퉁하며, 소지는 어릴 때 긴 털이 있지만 떨어지고, 겨울눈은 적갈색이며 털이 없고 길이가 1cm 정도이다
생태 및 기타 정보 전국에서 쉽게 볼 수 있는 수종으로서 높이가 15m이며 지름이 1m에 달

하는 낙엽교목이다. 중용수로서 치수일 때 다소 빛을 요구하는 성질이 있으나 다른 나무 밑에서도 성장이 빠르다. 토양이 습하거나 적절한 수분이 있는 토심이 깊은 지역에서 잘 자란다. 경기도, 강원도 지역 중 30년 이상 된 자연림에서 흔히 볼 수 있는 수목이다. 남쪽으로 갈수록 개체수가 많고 지리산지역의 계곡이나 한라산 중턱에는 순림에 가까운 곳도 있다.

낙엽성 관목이면서 어긋나기하는 특징이 있는데 남쪽에 주로 분포하거나 서해안에 분포하는 종은 개서어나무와 소사나무가 있다. 암수한그루이다.

개서어나무 *C. tschonoskii* (Siebold & Zucc.) Maxim., yeddo hornbeam

중용수이지만 약간의 양수 성격이 있으며 습한 경사지, 계곡에 많이 자란다. 수피는 서어나무와 비슷하다.

잎 소사나무보다는 크지만 서어나무와 비슷하다. 잎자루는 털이 있고, 가장자리에 잘고 뾰족한 복거치가 있다. 잎 표면에 털이 매우 많다. **꽃 및 꽃차례** 과수는 길이 6-7cm이다. 포는 한쪽에 톱니가 발달한다.

소사나무 *C. turczaninowii* Hance, Korean hornbeam

잎 크기는 다른 서어나무속에 비해 작다(3-5cm x 2-3cm). **꽃 및 꽃차례** 과수는 길이 3-5cm, 포는 반달갈형, 10-18mm, 톱니가 있고 아랫부분이 열매를 약간 둘러싼다. 포는 비대칭이며 톱니가 양쪽에 발달한다.

식별 형질 개서어나무는 서어나무와 식별상 차이는 표면에 털이 많으면서 측맥 사이에 잔털이 있으며, 뒷면에는 맥상에 털이 있다.

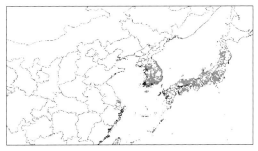

서어나무 분포도

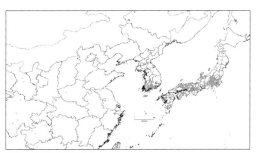

개서어나무 분포도

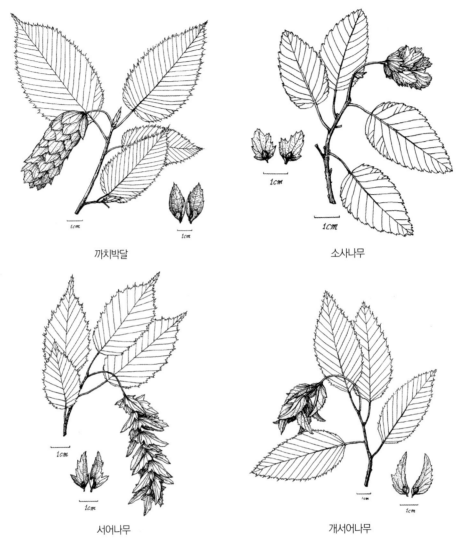

까치박달

소사나무

서어나무

개서어나무

그림 7-3. 서어나무속은 엽맥수, 포의 모양과 잎의 거치에 의해 식별된다.

개암나무속 *Corylus* L., hazel

북반구의 온대에서 14(-18)종이 자라고 있으며 관목으로서 한반도에는 3종이 있다. 먹을 수 있는 열매로 인하여 널리 알려진 종류이다.

잎 대개 난형으로서 가장자리에 톱니가 있으며 다소 털이 있고 겨울눈 안에서는 반으로 겹쳐진다. **꽃 및 꽃차례** 수꽃차례는 원주형으로서 밑으로 처지고 겨울 동안에 나출된다. 암꽃차례는 두상으로서 눈 안에서 적색 암술대만 노출된다. **열매 및 종자**거의 원형이거나 난형의 견과로서 잎같은 포 안에 들어 있고, 자엽은 육질이며 견과 안에 남는다. **소지 및 수피** 겨울눈은 둔두이지만 간혹 예두도 있고 여러 개의 눈껍질로 싸여 있다.

- *C. heterophylla* Fischer ex Turcz. 개암나무
- *C. sieboldiana* Blume var. *sieboldiana* 참개암나무
- *C. sieboldiana* var. *mandshurica* (Maxim.) C.K. Schneid. 물개암나무

종소명 설명 heterophylla 잎이 서로 다른; sieboldiana 일본 식물 채집자인 네덜란드 P. F. von Siebold의; mandshurica 만주의

식별특징 개암나무는 포가 비교적 짧게 발달한다. 참개암나무는 잎끝이 많이 갈라지지 않으면서 포의 끝이 모이는 반면 물개암나무는 잎이 깊게 많이 갈라지면서 포의 끝이 벌어지는 특징이 있다. 개암나무의 잎자루에는 붉은색의 선점(샘털)이 매우 뚜렷하게 발달하는 반면, 물개암나무와 참개암나무는 흰털이 발생해서 겨울철이나 이른 봄 잎이 없는 상태에서도 쉽게 식별이 된다. 개암나무는 겨울눈의 눈껍질이 많지만(5-8개), 참개암나무와 물개암나무는 모두 적다(3-5개).

물개암나무 *C. sieboldiana* var. *mandshurica* (Maxim.) C.K. Schneid., Manchurian hazel
잎 낙엽성 관목, 어긋나기, 넓은 순갈형, 윗부분에 결각이 매우 뚜렷하게 발달하며 끝이 급히 뾰족해진다(일부 개암나무 잎처럼 보임). 잎자루는 길이 1-3cm로서 흰색의 잔털이 있다. **꽃 및 꽃차례** 암수한그루, 수꽃차례는 2-5개씩 달린다. **열매 및 종자** 총포는 길이 4-5cm로서 끝 거치가 깊게 갈라지고 비교적 통이 넓다. **소지 및 수피** 순갈형, 4-5개 눈껍질, 헛정아와 측아는 크기가 비슷하다(길이 4-8mm). 잎자국은 작고 반달형 혹은 삼각형이다. 새 가지에 흰털이 있다. **개화기/결실기** 3월/10월

생태 및 기타 정보 참개암나무는 일본 전역과 한반도 남해안에 국한해서 분포하며 물개암나무는 주로 백두대간을 중심으로 분포한다. 이처럼 참개암나무와 물개암나무는 분포가 비교적 뚜렷하게 구분을 할 수 있지만, 전남지역의 일부 지역에서는 물개암나무와 참개암나무의 중간형이 발견돼서 다소 식별에 혼란이 있다(잡종의 가능성). 이런 중간형의 존재 때문에 중국과 러시아에서는 물개암나무를 종으로 인정하지만 개체내의 변이로 변종으로 처리하는 것이 더 적절하다고 본다. 열매의 포 모양에서는 참개암나무는 끝이 좁아지지만, 물개암나무는 끝의 포가 좁아지지 않아 구분된다. 또한, 참개암나무중 포의 길이가 짧은 제주도 일부개체를 병개암나무(var. *brevirostris* C. K. Schneid.)로 기재되었지만, 이는 참개암나무에서 나타나는 개체변이로 본다. 한편, 개암나무(*C. heterophylla* Fischer ex Turcz.)중 난티잎개암나무는 일부 잎의 모양에 의해 개암나무(var. *heterophylla*)와 난티잎개암나무(var. *thunbergii*)로 나누지만, 잎의 모양이 한 개체 내에서도 변이가 심해 동일종으로 본다. 참개암나무(*C. sieboldiana* Blume)는 주로 남부지방에 분포한다. 잎이 갈라지는 정도와 모양에 따라 물개암나무와 구별된다.

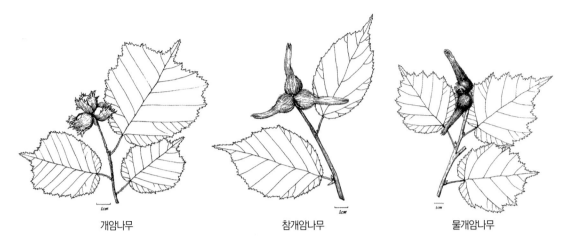

개암나무 참개암나무 물개암나무

그림 7-4. 개암나무속은 포의 길이, 잎의 결각에 의해 식별된다.
개암나무의 잎자루와 소지에는 붉은 색 선점이 발달되는 반면 물개암나무, 참개암나무는 흰털이 존재한다.

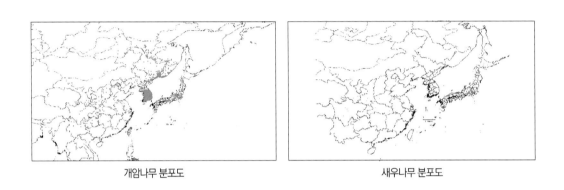

개암나무 분포도 새우나무 분포도

새우나무속 *Ostrya* Scop., hophornbean

새우나무 *O. japonica* Sarg., Japanese hop hornbeam

1종이 제주도와 완도에서 자라고 높이가 20m이며 지름이 70cm 정도로서 단단한 목재를 생산하므로 ironwood라고도 한다. 서어나무와 비슷하지만 포와 소지가 합쳐져 통으로 되어 윗부분으로 벌어지는 것이 다르다.

양수면서 어릴때 내음성이 강하다. 비교적 성장이 느리며 토양의 수분이 많은 비옥한 심층토에서 잘 자란다. 경사지보다는 완만한 지역에서 잘 자란다.

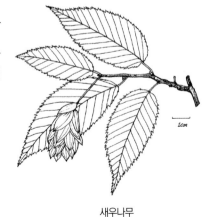

새우나무

참나무과 Fagaceae, The oak family

6속 600종이 양반구의 아열대에서 온대까지 자라며, 한반도에는 4속 15종이 있다. 너도밤나무(*Fagus*)는 울릉도에 국한되며 모밀잣밤나무속(*Castanopsis*)는 남부에서 자라지만 밤나무속(*Castanea*)와 참나무속(*Quercus*)은 전국적으로 퍼져 있다. 참나무속은 생태학적으로 중요하며 밤나무속은 밤 생산으로서 경제적인 중요성을 지니고 있다.

잎 상록 또는 낙엽교목, 관목, 어긋나기하며 잎자루가 있고 우상맥이며 가장자리가 밋밋하거나 톱니 또는 깃처럼 갈라진다. **꽃 및 꽃차례** 탁엽은 일찍 떨어지고 꽃은 암수한그루 또는 잡성화로서 어린 가지의 엽액에 달린다. 수꽃차례는 꼬리꽃차례이며 수꽃은 각 포액에 달리고 화피는 4-7개(보통 6개)로 갈라지며, 수술수는 화피수의 1-3배이고 수술대는 가늘며 길다. 암꽃은 1개 또는 3개가 수상꽃차례 · 총상꽃차례 또는 수꽃차례의 밑부분에 달리고, 씨방은 하위이며 3실이지만 간혹 6실인 것도 있다. 암술대는 3개이고 각 실에 2개의 배주가 들어 있지만 1개만 익는다. 1개 또는 2-3개의 열매가 일부 또는 전부 총포로 싸여 있다. **열매 및 종자** 견과의 일부는 딱딱한 포(총포, cup)로 덮여 있다. **소지 및 수피** 겨울눈은 눈껍질이 기왓장처럼 포개져서 싸고 있다.

식별 특징 속간식별에 있어 모밀잣밤나무속의 겨울눈은 편평(2각)한 반면에 참나무속은 5각으로 나누어지며 밤나무속의 겨울눈은 편형이면서 난형이어서 겨울눈의 모양으로 쉽게 식별이 가능하다. 참나무속은 겨울눈 껍질이 매우 많은 반면(20-35개), 밤나무는 뚜렷하게 적다(4-6개). 또한 참나무는 정아와 측아가 정단 부분에 모여 달리지만, 밤나무는 가정아이면서 측아가 발달하는 것이 다르다.

· 너도밤나무속(*Fagus*)	· 밤나무속(*Castanea*)
· 참나무속(*Quercus*)	· 모밀잣밤나무속(*Castanopsis*)

표 7-9. 참나무과 주요 속의 주요 형질

속명	수꽃 꽃차례	떡잎	열매(견과)	겨울눈	총포와 열매
너도밤나무속	두상꽃차례	땅 위로 나옴	삼각형	정아가 발달, 뾰족한 긴 타원형 모양	씨방은 3실, 목질의 가시 같은 총포
밤나무속	위로 향한 꼬리꽃차례	땅속에 남음	원형	정아가 없는 가정아	씨방은 6실, 열매는 가시가 있는 총포 안에 1-3 개씩

참나무속	밑으로 처진 꼬리꽃차례	땅속에 남음	원형	정아가 발달, 정아와 같은 크기의 측아가 발달. 달걀꼴, 넓은타원형	씨방은 3실, 총포는 컵 같은 각두, 아래 일부분 아래만 감쌈
모밀잣밤나무속	위로 향한 꼬리꽃차례	땅속에 남음	원형	각이 진 정아가 발달	씨방은 3실, 열매는 가시가 없는 총포 안에 1개씩

너도밤나무속 *Fagus* L., beech

유럽의 너도밤나무(*F. sylvatica* L.)는 중요한 조림수종이지만 우리나라 너도밤나무(*F. engleriana* Seem.)는 울릉도(중국내륙에도 분포하는 것으로 알려져 고유종으로 보지 않는다)에서만 자란다. 울릉도에서는 잡밤나무라 부른다.

너도밤나무 *F. engleriana* Seem., Engler beech

종소명 설명 engleriana 독일 식물학자 Engler의 이름

잎 낙엽교목, 어긋나기, 긴 난형으로서 끝이 뾰족하며 원저이고 길이가 6-12cm이다. 뒷면에는 주맥 밑부분에만 털이 있고 황록색이며 측맥은 9-13쌍이다. **꽃 및 꽃차례** 암수한그루, 수꽃차례는 두상(head)이고 대는 길이가 2.5cm로서 털이 있다. **열매 및 종자** 견과는 난상 원형이고 3각형, 1-2개가 목질의 총포로 싸여 있으며, 포린은 가시처럼 발달한다.

개화기/결실기 5월/10월

생태 및 기타 정보 육지에서도 잘 자라지만 열매가 쭉정이라서 증식이 되지 않는다.

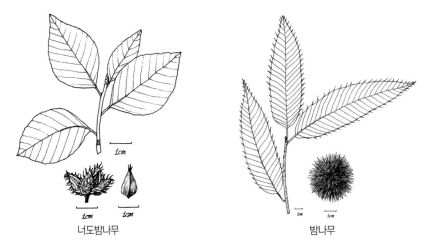

너도밤나무   밤나무

밤나무속 *Castanea* Mill., chestnut

유럽의 남부·아프리카의 북부·아시아의 서남부및 동부 그리고 미국 동부에 10여종이 자란다. 밤나무와 약밤나무는 중요한 식용자원임과 동시에 중요한 목재를 생산한다. 낙엽교목이지만 간혹 관목도 있다.

잎 가장자리에 침같은 톱니가 있다. 꽃 및 꽃차례 암수한그루이면서 단성화로서 수꽃차례는 위로 향하는 꼬리꽃차례이고 암꽃은 윗부분에 달리는 수꽃차례의 밑에 보통 3개씩 모여 달리며 가시 같은 총포로 싸인다. 열매 및 종자 견과는 1-3(또는 5-7)개가 가시로 덮인 총포 안에 달린다. 소지 및 수피 수피는 세로로 깊게 갈라지고, 겨울눈은 3-4개의 눈껍질로 싸여 있으며, 소지에는 정아가 없다.

생태 및 기타 정보 일본에서는 150-1,100m 고도에 순림을 형성하며 자생하는 양수로서 토심이 깊은 토양을 선호하는 심근성 수종이지만 건조와 산불에 비교적 강하다. 맹아력으로 복원력이 비교적 강하다. 국내에서는 주로 식재하며 숲에서 밤나무의 존재는 과거 산림 간섭의 흔적으로 판단한다.

> · *C. mollissima* Blume 약밤나무
> · *C. crenata* Siebold & Zucc. 밤나무(Japanese chestnut)

종소명 설명 crenata 둥근 톱니의; mollissima 연모가 많은

약밤나무는 내한성과 내건성이 강하지만 밤나무에 비해서 수량은 많지 않다.
식별 특징 약밤나무는 잎 뒷면에 선점이 없고 소지에 털이 많고 열매 및 내피가 녹색이면서 잘 벗겨지는데, 밤나무는 선점이 잎에 발달하면서 소지에 털이 없고 내피가 적갈색이면서 잘 안 벗겨지는 특징이 있다.

참나무속 *Quercus* L., oak

북반구의 온대에서 300종 정도가 자라며, 동양에 있어서는 남쪽으로 말레이군도까지 내려가고 미주에 있어서는 콜롬비아의 높은 지대까지 퍼져 있다. 중요한 활엽수용재를 생산함과 동시에 타닌 및 식용전분에 이용하기도 한다. 코르크참나무(*Quercus suber* L.)는 주요한 코르크자원이다. 참나무속은 *Quercus*아속(Subgenus *Quercus*)과 *Cerris*아속(Subgenus *Cerris*)으로 구분하는데 국내에 분포는 낙엽성 참나무인 신갈나무·졸참나무·갈참나무 및 떡갈나무는 *Quercus*아속에 속한다. 환경조건에 따라 상호간의 잡종이 잘 이루어지며 특히 강화도를 비롯하여 도서지대에서 뚜렷하게 나타난다. 상록수종은 주로 남부의 해안지대와 섬에서 자라고 있는데 *Cerris*아속 중 *Cyclobalanopsis*절에 속하며 국내에는 참가시나무, 가시나무, 종가시나무, 붉가시나무, 5종이 있다. 상수리나무와 굴참나무는 *Cerris*아속, *Cerris*절에 속한다.

잎 낙엽 또는 상록교목이지만 간혹 관목도 있다. 꽃 및 꽃차례 암수한그루, 수꽃은 꼬리꽃차례에 달리고 꽃받침은 4-7개로 갈라지며 수술은 4-12개(보통 6개)이고, 새 가지의 밑부분 엽액에서 나와 밑으로 처진다. 암꽃차례는 윗부분 엽액에서 곧게 서며 1-3개의 암꽃이

달린다. 수꽃은 5개로 갈라진 화피와 8개 정도의 수술로 구성되어 있고 암꽃은 총포로 싸여 있으며 3개의 암술대가 있다. 씨방은 3실인데 간혹 4-5실도 있다. 암술대는 윗부분이 넓어져 안쪽이 암술머리로 된다. **소지 및 수피** 겨울눈은 많은 눈껍질로 싸여 있다. **열매 및 종자** 견과는 둥글거나 타원형 또는 원주형으로서 컵같은 총포컵(殼斗總苞)로 밑부분이 싸인다. 포린은 기왓장처럼 포개지거나 동심원을 형성하면서 배열하며 길이가 일정하지 않다.

그림 7-5. 낙엽성 참나무류는 열매의 포린(각두)이 겹쳐지지만 상록성 참나무류는 원을 형성하며 고리처럼 달린다.

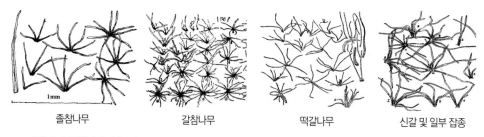

그림 7-6. 졸참나무는 복모와 성모가 발달하며, 떡갈나무와 갈참나무는 크기와 갈라지는 성모의 모양으로 구분된다. 신갈나무에서는 처음에 단모가 발달하나 차츰 탈락한다.

A. 도토리의 컵처럼 생긴 포(각두)는 서로 겹쳐짐. 열매 성숙 1년 혹은 2년; 잎은 낙엽성
(Subgenus *Quercus* 열매성숙 1년; 신갈나무, 졸참나무, 갈참나무, 떡갈나무)
(Subgenus *Cerris*, section *Cerris* 열매성숙 2년; 상수리나무, 굴참나무)

B. 도토리의 각두는 링처럼 동그란 원 모양을 형성. 열매 성숙 시기 2년; 잎은 상록성
(Subgenus *Cerris*, section *Cyclobalanopsis* 참가시나무, 종가시나무, 가시나무, 개가시나무, 붉가시나무)

- *Q. variabilis* Blume 굴참나무
- *Q. dentata* Thunb. 떡갈나무
- *Q. aliena* Blume 갈참나무
- *Q. acutissima* Carruth. 상수리나무
- *Q. mongolica* Fisch. ex Ledeb. 신갈나무
- *Q. serrata* Murray 졸참나무

표 7-10. 참나무속의 식물의 주요 형질

종명	잎 모양 및 털의 종류	열매 (컵의 포린)	잎 아래(엽저) 및 잎자루 길이
굴참나무	톱니는 침처럼 발달 단모와 별모양의 털(잎 뒷면 흰색)	포린이 길어 도토리의 2/3를 덮음	예저 길다(1~3cm)
상수리나무	톱니는 침처럼 발달 단모 또는 여러 세포로 된 단모(잎 뒷면 녹색)	포린은 도토리의 1/3을 덮음	예저 길다(1~3cm)
떡갈나무	둔거치(파상모양) 별모양 털, 크고 구불구불	털처럼 길게 발달	이저 짧다(1cm 이하)
신갈나무	예거치(둔거치-북부) 털이 없음	두들어짐	이저(귀 모양) 짧다(1cm 이하)
갈참나무	작은 예거치 성모는 흰색, 구불구불하지 않음	약간 두들어짐	예저 길다(1~3cm)
졸참나무	작은 예거치 뒷면 전체에 누운 단모(복모)와 성모	약간 두들어짐	예저 길다(1~3cm)

종소명 설명 acutissima는 다소 뾰족하다는 dentata는 거치가 둥글다는 의미이며 serrata는 거치가 있고 variabilis는 변이가 있다는 의미이다. mongolica는 몽고라는 지명(몽고에는 분포하지 않지만)에서 유래.

낙엽성 참나무

굴참나무 *Q. variabilis* Blume, oriental cork oak

식별 특징 잎 낙엽교목이며 긴 타원형이며 끝이 길게 뾰족하다. 측맥은 9~16쌍으로서 끝이 침처럼 뾰족한 톱니의 끝으로 된다. 표면은 짙은 녹색이지만 뒷면에는 연한 황갈색 또는 백색 성모가 밀생하여 백색으로 보인다. 견과는 구형이며 총포컵은 거의 대가 없고 긴 포린으로 덮인다. 수피는 코르크가 두껍게 발달하여 깊게 갈라지며 소지에는 약간 털이 있다. **생태 및 기타 정보** 강원도, 경기도 북부 등에 순림을 이루는 경우가 많다.

상수리나무 *Q. acutissima* Carruth, sawthooth oak

식별 특징: 잎 낙엽교목, 넓거나 또는 긴 피침형으로서 끝이 뾰족하거나 둔하고 넓은 예저 또는 원저이다. 가장자리에는 파상 톱니가 있으며 측맥은 12~16쌍으로서 끝이 침같이 뾰족한 톱니의 끝으로 된다. 잎자루는 길이가 1~3cm로서 털이 없다. 잎은 밤나무의 잎과 비슷하지만 톱니끝에 엽록체가 없으므로 구별할 수 있다. **열매 및 종자** 총포컵은 뒤로 젖혀진 긴 선형의 포린으로 싸여 있으며, 견과는 거의 구형으로서 지름이 2cm정도이다. **소지 및 수피** 수피는 흑회색으로 갈라지고, 소지에는 잔털이 있지만 없어진다.

떡갈나무 *Q. dentata* Thunb., daimo oak

잎 낙엽교목, 두껍고 도란형으로서 끝이 둔하며 밑이 보통 이저 가장자리에 3~17쌍의 큰

치아상 톱니가 있다. 표면에는 처음에 털이 있지만 주맥에만 잔털이 남아 있으며 뒷면에는 끝까지 큰 성모가 밀생한다. 잎자루는 길이 1-16mm, 지름 2-5mm로서 갈색성모가 있다. **열매 및 종자** 견과는 긴 타원형 또는 넓은 타원형이다. 총포컵에 달린 포린은 길이 2-23mm x 1-4mm로서 겉에 백색의 털이 있으며 뒤로 젖혀진다. **소지 및 수피** 굵은 가지가 사방으로 퍼지고 수피는 회갈색이며 깊게 갈라진다. 소지는 갈색이고 지름이 2-12mm로서 황갈색 털이 밀생하지만 늙은 가지에서는 떨어진다. 겨울눈은 각추상의 난형으로서 털이 있다.

신갈나무 *Q. mongolica* Fisch. ex Ledeb., Mongolian oak

식별 특징: 잎 낙엽교목, 어긋나기, 가지 끝에 모여 달린 것처럼 보이며 참나무 중에서 가장 일찍 피고 도란형 또는 도란상 긴 타원형으로서 끝이 둔두이며 밑이 갑자기 좁아지면서 이저로 끝나고, 끝이 둥근 치아상 톱니가 3-17쌍이다. 양면에는 털이 거의 없다. 잎자루는 길이 1-13mm, 지름 1-3mm이고 털이 없다. **열매 및 종자** 견과는 난상 타원형이다. 총포컵은 얕은 접시형이고 인편은 튀어나오면서 끝이 꼬부라져 붙어 있다.

개화기/결실기 5월/9-10월 (강원도 높은 고도의 경우 늦게 개화)

생태 및 기타 정보 각 산지의 중턱이상에서 흔히 자라고 있으며 산기슭에서 떨어지면 곧 싹이 튼다. 남한의 아고산 지대에 자라는 수목은 모두 신갈나무로 보지만 강원도 지역의 신갈나무는 대부분 물참나무에서 발견되는 털의 특성이 발견되서 모두 신갈나무와 졸참나무의 잡종으로 본다. 우리나라의 신갈나무는 북한의 고지대 고산지대에 국한해서 분포하는 것으로 추정한다. 물참나무는 잎의 뒷면에 긴 단모와 더불어 잔 성모가 있는 것으로서 신갈나무와 졸참나무의 잡종성에서 온 것으로 주로 한라산, 지리산, 가야산에 집단을 이루고 있다. 일본물참나무는 일본 북부에서 중부까지 비교적 넓게 분포하는 분류군으로서, *Q. mongolica*의 변종으로(*Q. mongolica* var. *crispula*) 인정하고 있다. 일본물참나무는 졸참나무 잡종이입(introgressive hybridization)에 의해 형태적으로 졸참나무에 가깝게 보이며 국내 집단을 이루는 물참나무와 비교할 때 잎의 거치가 보다 졸참나무에 가깝고 잎 뒷면에 졸참나무의 특징인 복모가 발달한다. 이런 형태적 특징 때문에 국내 발견되는 물참나무와 일본물참나무를 구분하고 일본물참나무를 신갈나무의 변종으로 구분해서 부르기도 한다. 남방계통인 졸참나무나 갈참나무와 잡종을 형성하면서 저지대까지 내려온다. 잎의 형태는 신갈나무지만 열매나 잎의 털 모양은 다른 낙엽성 참나무 특징의 혼합형을 보이는 경우가 더 많다.

갈참나무 *Q. aliena* Blume, oriental white oak

잎 낙엽교목, 두껍고 타원상 도란형으로서 크기는 졸참나무에 비해 매우 크다. 끝이 둔하거나 뾰족하며 밑이 예저인 것이 보통이다. 톱니는 치아상으로 끝이 둔하거나 뾰족하고 4-18쌍이다. 표면에는 털이 없으며 윤택이 있고 뒷면은 회백색이며 2-17개로 갈라진 성모가 밀생한다. 주맥에는 단모가 있지만 곧 떨어진다. 잎자루는 길이 1-36mm, 지름 1-3mm이다. **열매 및 종자** 총포컵은 3각형의 포린으로 덮인다. 견과는 타원형이며 끝 부근에 잔털이 있다.

졸참나무 *Q. serrata* Murray, konara oak

잎 낙엽 교목, 난상 피침형으로서 잎 크기는 작고 끝이 길게 뾰족하며 밑이 보통 예저이다. 톱니는 다소 안쪽으로 향하고 끝이 선점처럼 구형이다. 표면에는 털이 있으며 뒷면에는 누운 단모와 성모가 있다. 잎자루는 길이 1-23mm, 지름 1-3mm로서 대부분 털이 있다. **열매 및 종자** 총포컵은 얕은 접시형이고, 포린은 피침형으로서 각두와 더불어 참나무 중에서 가장 작다. 견과는 긴 타원형이며, 졸참나무가 관여된 잡종에서의 단모는 항시 우성으로 나타난다. **소지 및 수피** 어린 가지에는 긴 털이 밀생한다.

· 참나무속(*Quercus*) 낙엽성 참나무

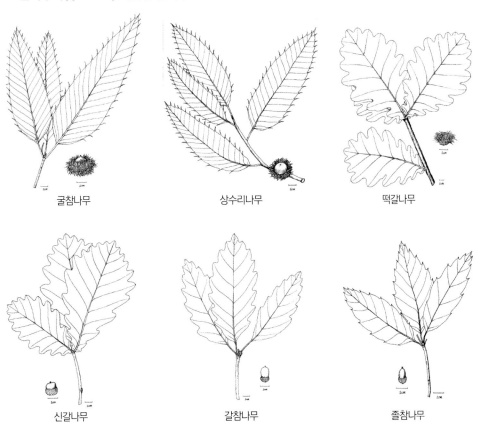

굴참나무   상수리나무   떡갈나무

신갈나무   갈참나무   졸참나무

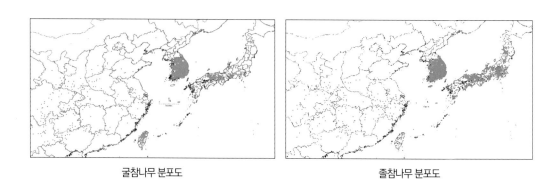

굴참나무 분포도   졸참나무 분포도

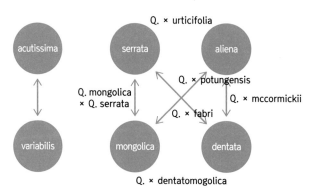

그림 7-7. 낙엽수 참나무 6종의 잡종에 대한 관계를 제시한 그림이다.

낙엽 참나무속의 종간 식별 특징

상수리나무와 밤나무는 잎의 형태가 유사해서 잎의 톱니의 색깔로 구분하지만 겨울눈의 모양이 전혀 달라(상수리-긴타원형, 여러 눈껍질; 밤나무-원형, 1개의 눈껍질) 식별이 가능하다. 대부분 낙엽성 참나무는 꽃의 특징은 유사하고 잎과 잎 뒷면에 발달하는 털의 유형으로 식별을 한다. 개화기와 결실기는 유사한 5월과 9~10월이지만 신갈나무의 경우에는 다소 늦다. 굴참나무와 상수리나무는 결실은 다음해에 성숙하는 2년이 걸리지만 신갈나무, 졸참나무, 갈참나무, 떡갈나무는 당년도에 성숙한다. 굴참나무만 수피의 콜크가 발달한다.

굴참나무와의 사이에서 생긴 잡종을 정릉참나무(*Q. acutissima*×*Q. variabilis*)라고 하며 상수리나무와 비슷하지만 잎의 뒷면에 성모가 있고 한반도에서는 서울의 정릉에서 발견된다. 일본에서도 이런 중간 형태가 가끔 순림을 이루는 지역에서 보고된다. 굴참나무는 주로 수피의 특징 때문에 상수리와 쉽게 경기도와 충청도 지역에서 구분되지만, 강원도 지역은 상수리나무는 눈이 많이 오는 지역에 유묘기에 견디기 어려워 대신 주로 굴참나무가 순림을 이룬다. 상수리나무와 굴참나무는 모두 양수성으로 다른 나무 아래에서는 잘 자라지 못하지만 두 종 모두 건조에 강하다. 참나무의 일반적 특징인 맹아력이 강해서 맹아갱신이 쉽지만 수령이 오래되면 맹아력이 떨어져 고사한다.

생태 및 기타 정보 양수로서 어릴 때에는 다른 나무아래에서도 성장이 가능하며 적당한 수분이나 약간 건조한 토양에서 생장이 매우 빠르다. 떡갈나무는 산불에 매우 강하며 염성이나 바람에 강해 일본에서는 주로 홋카이도 지역 같은 경우에는 해안지대나 화산지대에서 더 많이 확인된다. 대부분의 참나무는 고도 800m 이하에서 생육하지만, 신갈나무의 경우 1,500-1,700m까지도 분포하며 주로 침엽수 계통인 분비나무(구상나무), 주목과 혼효림을 이룬다.

최근에는 참나무시들음병의 매개충인 광릉긴나무좀에 의한 피해가 심하다. 참나무 가지를 자르는 해충은 도토리거위벌레로 일부 피해가 있다. 참나무는 숲에서 대부분 종자에 의한 어린 개체 갱신보다는 맹아발생율이 평균 80%가 넘는다고 알려져 있다.

· 참나무속(*Quercus*) 상록성 참나무

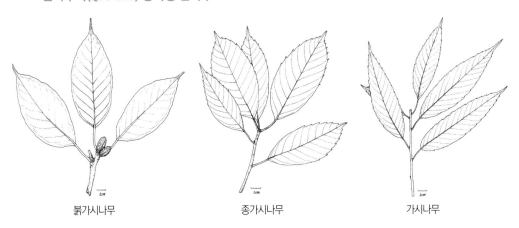

| 붉가시나무 | 종가시나무 | 가시나무 |

[상록성 참나무]

주로 열대 혹은 아열대 아시아 산림에 분포(100종)하며, 강수량이 많은 난대림의 우점종을 차지하는 상록성 수종이다. 도토리의 각두는 고리처럼 동그랗게 생긴 원 모양을 그리며 열매 성숙이 2년 걸린다. 통상 4-5월에 피며 다음해 10월에 익으며 암수한그루의 특징을 가진다.

생태 및 기타 정보 상록교목으로서 남쪽 섬에서 자라고 있다. 빛을 많이 요구하는 반양수성이지만 어릴 적에는 비교적 내음성이 강하다. 종가시나무는 맹아력이 강하며 건조한 곳에서도 잘 자라며 이식이 쉽다. 제주도에서 우점종으로 자주 확인되지만 남해안에서는 그리 빈도가 높지 않다. 가시나무는 진도 섬에서 자라고 있다. 음수로서 다른 나무 아래에서 성장하는 식물이지만 어릴 때에는 다소 빛을 선호한다. 토양이 적당히 수분이 있으면서 토심이 깊은 곳, 특히 계곡, 중복이하의 경사사면에서 매우 성장이 좋다. 직사 광선에는 매우 약하다. 붉가시나무의 경우 매우 맹아력이 강하여 맹아갱신이 가능하다. 자연집단에서 일부는 클론구조를 형성하기도 한다. 상록성 참나무류는 모밀잣밤나무, 구실잣밤나무 등과 같이 생육한다. 모밀잣밤나무, 구실잣밤나무는 중용수 혹은 양수에 가깝고 맹아력이 강해 맹아갱신이 가능하다. 남해안 상록수림에서 우점종을 차지하는 수종은 모밀잣밤나무와 붉가시나무이다.

- *Q. acuta* Thunb. 붉가시나무 · *Q. gilva* Blume 개가시나무
- *Q. glauca* Thunb. 종가시나무 · *Q. myrsinifolia* Blume 가시나무
- *Q. salicina* Blume 참가시나무

표 7-11. 상록성 참나무속 수종의 주요 형질

수종	잎의 털	거치(톱니)	엽맥수	잎의 폭	겨울눈
붉가시나무	어릴적 갈색털, 이후 탈락	거의 없거나 약간 발달	9-13	3-5cm (난형)	달걀꼴
개가시나무	황갈색털 매우 많음	여러개 발달	11-18	3-5cm (난형)	긴타원형
종가시나무	황갈색털 많음	여러개 발달	10-11	3-5cm (난형)	달걀꼴
가시나무	털 없음, 청색	여러개 발달, 이빨모양 (느티나무형)	16, 끝이 휘어져 잎 끝까지 발달하지 않음	2.5-4cm (세장)	달걀꼴
참가시나무	털 매우 많음, 흰색가루 모양	여러개 발달, 톱니상 (졸참나무형)	10, 엽맥이 끝까지 발달	2.5-4cm (세장)	달걀꼴

종소명 설명 acuta 세형의(뾰적한); gilva 붉은 빛이 도는, 황색의; glauca 회청색의; myrsinifolia *Myrsine*속의 잎처럼 생긴; salicina *Salix*속(버드나무속)의

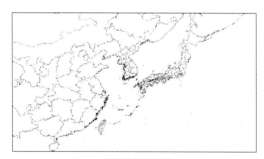

모밀잣밤나무 분포도

그림 7-8. A. 모밀잣밤나무 B. 구실잣밤나무; 구실잣밤나무는 수피가 갈라지는 특징이 있다.

상록 참나무 종간 식별 특징

붉가시나무는 가장자리가 밋밋하지만 윗부분에서는 얕은 톱니가 있는 것도 있어 거치가 많은 다른 상록성 참나무류와 비교가 된다. 종가시나무(많음)와 개가시나무(매우많음)는 뒷면에 황갈색털이 발달하며 개가시나무는 다소 도란형 모양을 이룬다. 반면 참가시나무와 가시나무는 잎 뒷면 털이 흰색으로 갈색털이 없고 거치모양에 의해 가시나무(느티나무형 거치)와 참가시나무(졸참나무형 거치)를 구분한다. 가시나무와 참가시나무는 엽맥수로 구분이 가능하지만 일부 제주도에서 채집되는 개체에는 거치 모양이나 엽맥이 중간 형태가 다수 있다.

모밀잣밤나무속 *Castanopsis* Spach, chikapin

　중국·인도 및 말레이군도 등 주로 동아시아 열대에 집중되며 120종이 자라는 상록교목이며, 한반도 남부에서는 2종이 자란다.

잎 어긋나기이며 밋밋하거나 톱니가 있고 두텁다. **꽃 및 꽃차례** 단성이며 수꽃은 위를 향하는 꼬리꽃차례이고 암꽃은 짧은 수상꽃차례에 달리지만 간혹 수꽃차례의 밑부분에 달리기도 한다. **열매 및 종자** 견과는 다음해의 가을에 익고 총포로 싸여 있다. 난형(구실잣밤나무) 또는 원형(모밀잣밤나무)로서 때로는 벌어지고 겉에는 가시 같은 돌기가 있다. **소지 및 수피** 겨울눈 중에서는 말려 있다(convolute). 용재 또는 관상용이다.

> · *C. cuspidata* (Thunb.) Schottky 모밀잣밤나무,
> · *C. sieboldii* (Makino) Hatus. ex T. Yamaz. & Mashiba 구실잣밤나무

표 7-12. 모밀잣밤나무속 수종의 주요 형질

수종	수피	잎 모양	열매 모양
모밀잣밤나무	매끈하다	넓은 피침형, 윗부분에 뚜렷하지 않은 톱니, 뒷면은 은백색, 붉은 선점이 없음	구형, 길이는 6-13mm, 대가 발달
구실잣밤나무	종으로 갈라진다	피침형, 파상의 잔톱니 발달, 뒷면이 대개 갈색, 뚜렷한 붉은 선점 발달	달걀상 타원형, 길이는 12-21mm, 대가 없음

종소명 설명 cuspidata는 凸頭(철두) 갑자기 뾰족해지는; sieboldii는 일본에서 많은 식물채집을 한 네덜란드 P. F. von Siebold에서 유래

식별 특징 모밀잣밤나무는 열매가 구형이면서 열매의 대가 발달하며 돌기가 발달한다. 구실잣밤나무는 열매가 긴타원형이면서 열매의 대가 발달하지 않는다. 수피는 구실잣밤나무가 종으로 깊게 갈라지는 형태를 가지지만 모밀잣밤나무는 상대적으로 매끈하다.

두 종간 잡종이 자주 일어나 순림을 이루는 일부 섬에서 수피와 열매의 특징에 대한 비교 연구를 통해 자가 수정의 비율이 높은 본 속의 두 종의 특징과 잡종현상에 대한 중간 형태에 대해 보다 자세한 연구가 필요하다.

모밀잣밤나무는 어린 나무일 때는 음성의 특성을 가지지만 성목이 되면서 빛을 상대적으로 필요로 하는 중용수로서 토양 깊이가 깊은 곳에 완만한 경사에 생육이 더 좋다. 맹아력과 성장이 좋아 이식이 쉽다.

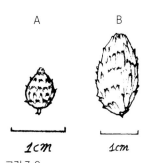

그림 7-9.
A. 모밀잣밤나무형: 열매의 대가 발달하면서 돌기가 발달(길이)폭, 0.8-1.3배)
B. 구실잣밤나무형: 열매의 대가 없으면서 돌기가 발달(길이)폭 1.4-2.2배)

느릅나무과 Ulmaceae, The elm family

교목 혹은 관목인 18속 150종이 주로 북반구에 분포하며, 한반도에서는 5속 19종이 자란다. 열매의 특징에 의해 느릅나무아과(Ulmoideae) 및 팽나무아과(Celtidoideae)로 나누거나 과로 분리하기도 한다. APG 분류체계에서는 느릅나무과와 기존 팽나무아과를 삼과(Cannabaceae)로 분리해서 본다.

잎 교목은 수액이 발달하는 관목, 어긋나기, 밑부분중 한쪽이 이그러진 비대칭성이다. 우상맥이며 가장자리에 톱니가 없는 것도 간혹 있다. 탁엽은 떨어진다. **꽃 및 꽃차례** 양성 혹은 단성, 암수한그루 또는 잡성암수한그루이다. 꽃받침은 4-8개의 합생이다. 화관이 없다. **열매 및 종자** 시과·견과 또는 핵과이며, 종자에는 보통 배유가 없다. **소지** 겨울눈은 눈껍질이 기왓장처럼 포개져 둘러싼다. 가정아가 발달하며 3개의 관속으로 구성된다.

> · 시무나무속(*Hemiptelea*)　　· 느릅나무속(*Ulmus*)　　· 팽나무속(*Celtis*)
> · 푸조나무속(*Aphananthe*)　　· 느티나무속(*Zelkova*)

표 7-13. 느릅나무과 속의 주요 형질

속명	열매	꽃	잎	가지 가시	겨울눈 비늘수
시무나무속	시과 (한쪽 날개)	잡성화	잎 3맥 미발달, 단거치	존재	4-5개
느릅나무속	시과 (양쪽 날개)	완전화	잎 3맥 미발달, 이중거치 발달	없음	4-8개
팽나무속	핵과	암수딴꽃, 잡성화	잎 아래 3맥 발달, 거치 일부 발달	없음	4-6개
푸조나무속	핵과	암수딴꽃, 잡성화	잎 아래 3맥 발달, 단거치	없음	8-10개
느티나무속	핵과	암수딴꽃, 잡성화	잎 3맥 미발달, 단거치	없음	8-10개

시무나무속 *Hemiptelea*

시무나무 *H. davidii* (Hance) Planch., David hemiptera

식별 특징 잎 낙엽성 교목으로 높이 20m까지 자란다. 어긋나기, 긴 타원형, 예저, 가장자리에 단거치가 있고 양면에 털이 없거나 뒷면 맥위에 털이 있고, 측맥은 8~15쌍이다. 잎자루는 길이는 1-3mm, 탁엽은 일찍 떨어지고 긴 타원형이다. **꽃 및 꽃차례** 암수한그루 또는 잡성화이다. **열매 및 종자** 한쪽에만 날개가 있는 시과이다. 종자는 구부러지고 종피가 얇다. **소지** 가지에 큰 가시같은 가지가 있으며 어릴 때는 잔털이 있다.

느티나무속 *Zelkova*

느티나무 *Z. serrata* Makino, zelkova

종소명 설명 serrata 톱니가 있는

식별 특징 잎 낙엽 교목으로 어긋나기하며 긴 타원형이며, 끝이 길게 뾰족하고 밑이 좌우의 너비가 다른 예저이다. 가장자리에 톱니가 있고 뒷면 맥상에는 어릴 때 약간 털이 있으며, 측맥은 8-18쌍이다. **꽃 및 꽃차례** 암수한그루로서 느릅나무속 수종들(양성화)과 달리 단성화와 양성화가 모두 존재하며 꽃은 잎과 같이 핀다. **열매 및 종자** 편평하고 거의 둥글며 뒷면에 능선이 있고 대가 없다. **소지 및 수피** 수피는 오랫동안 밋밋하지만 늙으면서 비늘처럼 떨어지며 피목은 옆으로 발달한다. 어린 가지는 가늘고 잔털이 있으며 정아가 없다.

개화기/결실기 5월/10월

생태 및 기타 정보 양수로서 다른 나무 밑에서는 잘 자라지 않는 특징이 있다. 계곡 중복 이하 사면에서 볼 수 있는데 빛이 많고, 토심이 깊고, 수분이 많은 지역에서 특히 잘 자란다. 주로 백두대간 중 충북 이남, 특히 남부지방에서 자생하는 수종이지만 내한성이나 내설성이 강한 수종이고, 뿌리 형성이 천근성이라 수분이 부족한 곳에서는 생장이 불량하다. 공원 등지에서 관리할 때 복토를 하는 경우가 많고 공해에 약해 늦은 여름부터 이상 낙엽 현상이 심하다. 통상 10년 어린 생장 기간이 지난 후 종자 결실이 된다.

느릅나무속 *Ulmus* L., elm

18-30종이 북반구의 온대와 산악지대에서 자라며 한반도에서는 6종이 자란다. 아시아에서는 남쪽으로 히말라야까지, 그리고 미주에서는 멕시코 북부까지 내려가며, 유럽에서도 자란다. 과거에는 건축, 기구 용도로 사용하였으나 수피도 약용으로 사용하였다. 이른 봄(가을에는 참느릅나무) 꽃가루 알러지를 일으키는 수종이다. 지금은 대부분 관상수로 활용하며 주로 참느릅나무가 공원 등지에 많이 식재한다.

잎 낙엽이지만 간혹 반상록 교목, 밑부분이 이그러진 비대칭성이며, 보통 복거치가 있다. **꽃 및 꽃차례** 양성으로서 봄에 잎이 피기 전 또는 가을에 엽액에 모여 달리거나 상꽃차례에 달린다. 꽃받침은 종처럼 생기고 4-9개로 갈라지며 같은 수의 수술이 있다. **열매 및 종자** 편평한 시과로서 꽃이 핀 다음 몇 주일 지나지 않아 익으며, 한반도에서 자라는 종류는 다음과 같다. **목재의 특징 및 이용** 질이 단단하고 수피에는 섬유가 발달하여 섬유자원으로 활용되며, 내피의 점질성은 약용 또는 식용으로 이용된다. 가로수 또는 관상수로서 중요시되는 종류도 많이 있다.

- *U. parvifolia* Jacquin 참느릅나무
- *U. pumila* L. 비술나무
- *U. laciniata* (Trautv.) Mayr 난티나무
- *U. davidiana* Planch. ex DC. var. *davidiana* 당느릅나무
- *U. davidiana* var. *japonica* (Rehder) Nakai 느릅나무
- *U. macrocarpa* Hance 왕느릅나무

표 7-14. 느릅나무속 수종의 주요 형질

종명	열매 성숙시기	잎의 톱니	잎의 크기 및 털 유무	겨울눈
참느릅나무	가을(9-10월)	단순	작다(2-5cm) 없음	달걀형
비술나무	봄(4-5월)	중거치	작다(2-7cm) 없음	원형
난티나무	봄(4-5월)	중거치	크다(8-18cm) 있음	긴 뾰족형
당느릅나무	봄(4-5월)	중거치	크다(8-18cm) 있음	긴 뾰족형
느릅나무	봄(4-5월)	중거치	크다(8-18cm) 있음	긴 뾰족형
왕느릅나무	봄(4-5월)	중거치	크다(8-18cm) 있음	원형

종소명 설명 davidiana는 중국 사천성 등지에서 채집활동을 한 A. David 신부이름에서 유래; laciniata는 가늘게 갈라지는; parvifolia는 작은 잎의; japonica 일본산의; pumila 털이 많은; macrocarpa 열매가 큰

느릅나무속 종간 식별 특징

느릅나무속 식물은 잎의 모양에 의해 쉽게 구분되는데 참느릅나무와 비술나무는 잎의 크기가 가장 작고, 난티나무는 잎 끝이 갈라져 구분된다. 당느릅나무와 느릅나무는 열매 가운데 털의 존재에 의해서만 구분된다. 난티나무와 왕느릅나무의 겨울눈이 크며 다른 종들은 이에 비해 작다. 참느릅나무는 다른 느릅나무속중 유일하게 가을에 꽃이 피는 종이다.

느릅나무 *U. davidiana* var. *japonica* (Rehder) Nakai, Japanese elm

잎 낙엽교목, 어긋나기하며 넓은 도란형으로서 끝이 3-9개로 갈라지며 결각의 끝과 더불어 길게 뾰족해지고 밑이 좌우가 같지 않은 예저이다. 가장자리에 뾰족한 복거치가 있고 양면에 짧은 털이 있어 거칠며, 측맥은 7-13쌍이다. 잎자루는 짧으면서(4-12mm) 털이 있다. 어린 가지에 적갈색 털이 밀생하면서 코르크가 발달하는 개체를 흑느릅나무 [*f. suberosa* (Turcz.) Nakai]라 하지만 개체변이로 본다. **꽃 및 꽃차례** 잎보다 먼저 피고 황녹색이다. 양성화로서 화피는 5-6개로 갈라지고 수술도 5-6개이며 자주빛이 도는 적

색이다. **열매 및 종자** 시과는 도란형으로서 털이 없고 종자는 위로 치우쳐 있고 암술대의 열편에 인접된다. 기본종은 열매의 중앙에 잔털이 있고 보다 북부에서 자란다. **개화기/결실기** 3월/4-5월 **수피** 회갈색으로서 불규칙하게 갈라지며 섬유가 발달한다. **목재의 특징 및 이용** 수피는 섬유자원으로 사용되며, 목질부는 단단하기 때문에 힘을 받는 부분에 사용된다.

생태 및 기타 정보 느릅나무속에 속하는 수종 대부분은 중용수-양수로서 토양이 다소 적절히 습한 곳에서 생장이 빠르다. 맹아력이 강하고 2-3년에 한번 다량의 열매 생산을 한다. 일본 중부지방의 물참나무, 까치박달, 일본왕단풍, 팥배나무, 일본피나무, 음나무, 벚나무, 황벽나무, 층층나무가 자리는 숲에서 느릅나무는 물참나무(신갈나무와 졸참의 잡종) 다음으로 우점으로 보이는 수종이지만, 간섭에 의한 상층목이 제거가 되는 지역에만 느릅나무가 우점종이 되지만 상당히 오랜 시간 숲에서 이런 우점을 보인다. 한반도 경기도 북부 일부 지역에서는 이런 느릅나무의 우점을 볼 수 있는데 일본과 유사한 과정으로 형성된 숲일 가능성이 높다. 난티나무는 느릅나무보다 고도가 다소 높은 곳에서 볼 수 있으며, 참느릅나무는 남부지방의 더 습한 토양 즉, 하천의 연안, 호수근처, 계곡 등지에서 볼 수 있다.

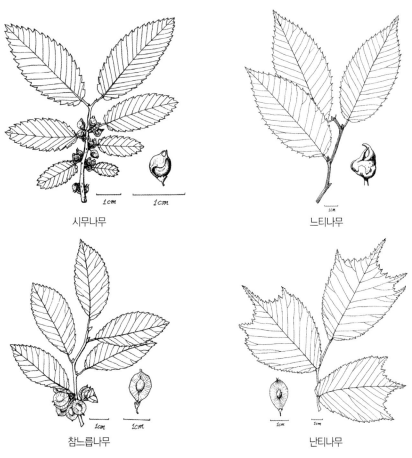

시무나무   느티나무

참느릅나무   난티나무

그림 7-10. 느릅나무속 식물은 잎의 크기와 모양에 의해 식별된다. 당느릅나무와 느릅나무의 열매 가운데 털의 존재에 의해서만 차이가 있다고 보고된다.

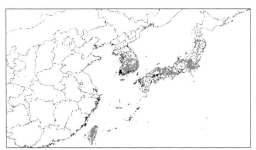

느티나무 분포도

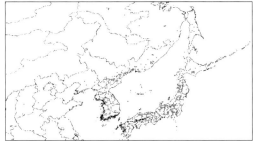

난티나무 분포도

팽나무속 *Celtis* L., hackberry

북반구의 온대와 열대에 걸쳐 60종이 널리 분포되어 있으며, 한반도에서는 5종이 자란다. 열매는 야생동물이 많이 이용하며 주로 관상용으로 식재하고 있다. 전 세계적으로 이 분류군에 대한 종에 대한 실체 연구가 부족하다. 주로 서해안을 중심으로 분포하며 순림을 이루는 경우는 없다.

잎 낙엽교목이며 어긋나기, 단엽이며 가장자리에 톱니가 있거나 없고 밑부분이 이그러지며 우상맥으로서 3개의 큰 맥이 있고 탁엽이 있다. **꽃 및 꽃차례** 잡성암수한그루로서 잎과 같이 핀다. 핵과는 원형이며 종자 겉에 그물 같은 무늬가 있고, 배유는 거의 없으며, 배는 굽었다. **소지 및 수피** 소지는 가늘고 구불구불하며, 수는 둥글고 차 있으며 마디에 얇은 막이 있다. 정아는 없고, 측아는 작으며 압착되어 있다. 엽흔은 두 줄로 배열하고 넓은 타원형에서 반달형이며, 관속흔은 3개이고, 탁엽흔은 희미하다.

> · *C. biondii* Pamp. 폭나무 · *C. sinensis* Pers. 팽나무
> · *C. koraiensis* Nakai 왕팽나무 · *C. jessoensis* Koidz. 풍게나무
> · *C. bungeana* Blume 좀풍게나무

표 7-15. 팽나무속 수종의 주요 형질

종명	열매자루	열매색깔	겨울눈	아린수
폭나무	짧음(5-10mm)	흑갈색 작다(6mm)	타원형(1-5mm) 노란 직모	2-5
팽나무	짧음(5-10mm)	적갈색 작다(6mm)	타원형(1-5mm) 흰털	2-5
왕팽나무	길다(10-25mm)	노란색/검은색 크다(10-13mm)	장타원형(3-7mm) 털이 없음	5-6
풍게나무	길다(10-25mm)	검은색 작다(2-3mm)	장타원형(3-7mm) 털이 없음	5-6
좀풍게나무	중간 (10-15mm)	검은색 작다(6mm)	장타원형(3-7mm) 털이 없음	5-6

종소명 설명 biondii Biondi의 이름에서 유래; heterophylla 잎의 모양이 다양한; bungeana 중국 식물의 연구한 Bunge의 이름; jessoensis 홋카이도에서 자라는; koraiensis 한국산의; sinensis 중국산의

식별 특징 팽나무는 잎 상단부에만 7-8개의 거치가 발달하지만, 풍게나무는 잎 전체에 뾰족한 거치가 발달한다. 팽나무 열매 색깔은 적갈색이지만 풍게나무는 검은색이며 과경은 풍게나무가 팽나무보다 길이가 길다(10-15mm vs 5-10mm). 단 팽나무의 어린잎에서는 2/3이상이 거치가 발달하기 때문에 가끔 풍게나무와 혼동할 수 있기 때문에 주의가 필요하다. 폭나무는 잎의 선단부분에 거치가 발달하지 않으며 소지에 노란색의 털이 발달해서(팽나무는 흰 털) 팽나무와 식별이 가능하다. 중부지방에 분포하는 왕팽나무는 잎이 얇으면서 잎 선단이 난티나무처럼 갈라져 다른 팽나무속 식물과 쉽게 식별이 가능하며 좀풍게나무는 한쪽면만 거치가 발달하고 주로 북한에 분포해서 남한에서는 DMZ 근방 집단에서만 확인이 된다.

팽나무 *C. sinensis* Pers., weeping Chinese hackberry

잎은 낙엽교목이며 어긋나기, 긴 타원형으로서 끝이 뾰족하고 윗부분에 잔톱니가 있고 밑에 3맥이 있으며 측맥은 3-4쌍이다. 5월에 개화하는 **꽃과 꽃차례** 꽃은 연한 황색이며. 수꽃은 새 가지 밑부분의 엽액에서 나오는 취산꽃차례에 달리며, 암꽃은 윗부분의 엽액에 1-3개씩 달린다. **열매** 핵과는 원형이면서 10월에 붉은 황색(적갈색)으로 익는다. 열매자루는 짧고 잔털이 있다. **수피** 회색이고 어린 가지에는 흰 잔털이 밀생한다.

생태 및 기타 정보 양수-중용수 특성을 가지며 평지나 구릉지 자라며 토양이 비옥하고 수분이 많은 곳에 자라는 천근성 수종이다.

팽나무 분포도

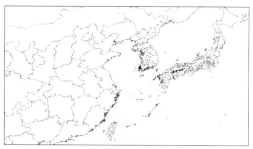

풍게나무 분포도

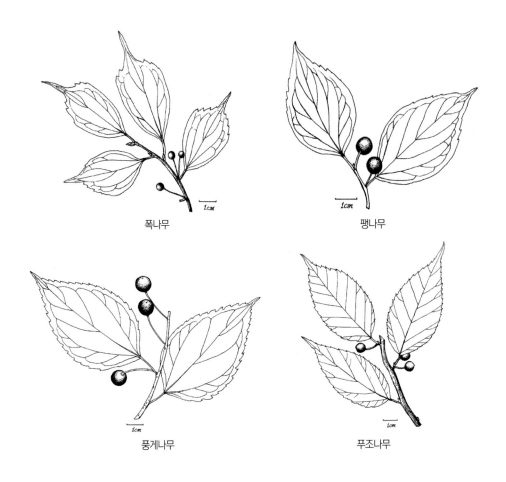

폭나무

팽나무

풍게나무

푸조나무

푸조나무속 *Aphananthe*, muku tree

동아시아지역, 마다가스카르, 멕시코와 태평양 섬에서 5종이 자라는데, 그중 푸조나무는 중국 동부에서 일본까지 분포한다.

푸조나무 *A. aspera* (Thunb.) Planch., muku tree

종소명 설명 aspera 까칠까칠한

잎 어긋나기하며 난형 또는 좁은 난형이며 끝이 뾰족하고 가장자리에 뾰족한 톱니가 있다. 양면은 거칠고 밑부분에서 3맥이 자라며 측맥은 7-12쌍으로서 톱니 끝까지 발달한다.

열매 핵과로서 팽나무와 유사하지만 열매자루가 7-8mm로 다소 길다. 잎의 맥과 거친 표면 때문에 팽나무와는 쉽게 구분된다.

생태 및 기타 정보 낙엽교목으로 양성과 중용수의 특징이 있으며 평지나 사면 등지 저지대에 다소 습하면서 비옥한 땅에 잘 자란다. 뿌리는 천근성이라 분지가 많이 난다. 종자발아율은 육질을 제거하고 보관하고 파종하면 75%정도로서 비교적 높다.

뽕나무과 Moraceae, The mulberry family

전 세계 40속 1,000종이 주로 열대에 분포하며, 한반도에서 자라는 5속 10종 중에서 4속 9종이 목본식물이다. 주로 국내는 관목성이 대부분이며 하얀 유액이 발달하며 잎은 어긋나기한다. 단엽이며 상록 혹은 낙엽성, 탁엽은 2개가 있다. 꽃은 단성이며 2개의 합생심피로서 1실1배주가 있다. 핵과로서 여러 개가 한군데 모여 달리는 다화과 형태를 가지거나 육질의 꽃받침에 쌓여있는 수과형태이기도 하다.

> · 무화과속(*Ficus*)   · 뽕나무속(*Morus*)
> · 닥나무속(*Broussonetia*)   · 꾸지뽕나무속(*Maclura*)

속내 종간 식별 특징

꾸지뽕나무속은 잎에 톱니가 없고 가지에 가시가 다른 속과 달리 발달한다. 닥나무와 뽕나무는 잎의 톱니가 발달하며 닥나무는 겨울눈이 눈껍질이 2-3개, 열매는 둥근 원형인 반면, 뽕나무는 겨울눈의 눈껍질이 3-6개이며 열매는 긴타원형이다. 산뽕나무는 뽕나무에 비해 잎의 끝부분이 약간 길게 발달하며 몽고뽕나무는 잎의 침같이 거치가 발달한다. 꾸지뽕나무는 거치가 없고 가시가 발달한다.

무화과속 *Ficus* L., figs

열대와 아열대에서 80종이 자라고 한반도에서는 외국에서 들어온 무화과 및 인도고무나무와 더불어 5종이 자라고 있다.

잎 어긋나기, 가장자리가 밋밋하거나 톱니가 있으며 흔히 갈라진다. 탁엽은 눈을 둘러싸고 일찍 떨어진다. **꽃 및 꽃차례** 열매가 달리는 과서는 구형으로서 육질이며 엽액이나 마디에 달리고 수꽃과 암꽃이 섞여 돋아 있으며 밑에는 흔히 3개의 포가 있고, 과서 기부에 달린 포는 여러 줄이며 화피는 2-6개로 갈라지고 수술은 1-6개이며 암술대는 짧다. 암꽃의 화피는 작고 수가 적거나 없다. 씨방은 곧추서며, 암술대는 다소 옆에 달리고 암술머리는 방패형 또는 실처럼 가늘고, 수과는 작다.

생태 및 기타 정보 상록 또는 낙엽관목, 덩굴성이다.

무화과는 줄기가 덩굴성이며 남쪽 섬과 울릉도에서 재배하며, 열매는 식용하고 잎은 약용으로 하며, 인도고무나무(*F. elastica* Roxb.)는 관상용으로 온실에서 가꾸고 있다. 천선과나무는 남쪽 섬에서 백양산까지 올라오는 낙엽성 소교목이다. 모람은 일본·류큐·대만 및 중국 남부에 분포하고, 왕모람은 일본에 분포한다.

> · *F. erecta* Thunb. 천선과나무
> · *F. sarmentosa* Buch. – Ham. ex Sm. var. *nipponica*
>   (Franch. & Sav.) Corner 모람
> · *F. sarmentosa* var. *thunbergii* (Maxim.) Corner 애기모람
> · *F. pumila* L. 왕모람

종소명 설명 erecta 곧은; nipponica 일본산의; pumila 키가 작은; sarmentosa 덩굴성의; thunbergii C. P. Thunberg의;

표 7-16. 무화과속 수종의 주요 형질

수종	성상	잎	엽맥	잎 모양/잎자루 털	열매 크기	열매자루
천선과나무	낙엽관목	종이처럼 얇다	9-10쌍	넓은달걀꼴/세장형, 털 없음	크다 (2cm)	길다 (1-2cm)
모람	덩굴 상록목본	두텁다	5-6쌍, 2차맥 발달	타원형, 길이 5-12cm/짧고 눕는 털	작다 (1cm)	짧다 (0.5-1cm)
애기모람	덩굴 상록목본	두텁다	5-6쌍, 2차맥 매우 뚜렷	타원형, 길이 5-12cm/갈색 긴 털	작다 (1cm)	짧다 (0.5-1cm)
왕모람	덩굴 상록목본	두텁다	5-6쌍	넓은달걀꼴, 길이 1-5cm/짧은 복모	크다 (1.5-1.7 cm)	길다 (1.5-1.7cm)

식별 특징 애기모람의 경우 잎 뒷면에 털이 발달하며, 잎자루에 갈색 긴 털이 발달하고, 잎에 이차맥이 매우 뚜렷하게 발달하며, 열매자루는 모람보다 다소 길다. 왕모람은 잎모양이 달걀형으로, 세장하거나 타원형인 모람이나 애기모람과 잎 모양이 다르다. 왕모람은 잎이 작지만 열매자루가 길다. 주로 양수로서 대부분 숲 주변에 자라는 상록성 덩굴이며 천선과만 낙엽성 관목류이다.

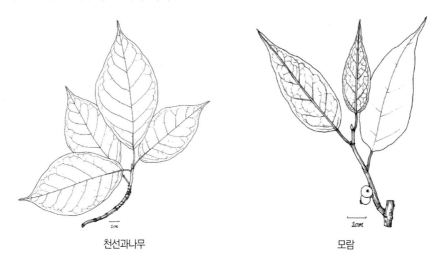

천선과나무   모람

뽕나무속 *Morus* L., mulberry

북반구의 온대에서 자라는 12종 중에서 4종이 자라고 있다. 관목 또는 교목으로서 암수한그루이거나 암수딴그루이고 유액이 있다.

잎 낙엽성으로서 3-5개로 갈라지고 톱니가 있다. **꽃 및 꽃차례** 암수딴그루, 수꽃은 꼬리꽃차례에 달리고, 암꽃화수는 다소 짧으며 성숙하면 다즙질화피가 밀착하여 다화과로 된다. **열매 및 종자** 종자는 다소 원형으로서 종피가 막질이고 배유는 육질이다.

> · *M. alba* L. 뽕나무(재배종)
> · *M. cathayana* Hemsley 돌뽕나무
> · *M. mongolica* (Bureau) C. K. Schnied. 몽고뽕나무
> · *M. indica* L. 산뽕나무

표 7-17. 뽕나무속 수종의 주요 형질

	암술대	잎의 거치 및 모양
뽕나무	매우 짧다(1mm)	둔함, 타원형 달걀
돌뽕나무	매우 짧다(1mm)	둔함, 넓은 달걀
몽고뽕나무	길다(2-3mm)	침모양, 잎끝은 완만하게 뾰족
산뽕나무	길다(2-3mm)	날카롭지만 침모양은 아님, 급하게 뾰족

종소명 설명 alba 백색의; cathayana 契丹(Qidan, Khitan)에서 유래한 중국(China)의 옛 이름; mongolica 몽고의; indica 인도의

뽕나무 *M. alba* L., white mulberry

주로 재배하고 있으며 많은 품종이 개발되었고, 중국에 분포한다. 잎이 두껍고 윤채가 있으며, 암술대가 깊이 갈라져 2개의 암술머리만 있는 것이 특이하다. 열매는 흑색으로 익지만 백색인 것도 있다.

돌뽕나무 *M. cathayana* Hemsley., Chinese mulberry

황해도 및 강원도 이남에서 자라는 작은 교목으로서 가지와 겨울눈에 털이 있다. 잎은 난형 또는 거의 난상 원형으로서 톱니가 거의 둔하고 흔히 3개로 갈라지며 양면에 털이 있고, 잎자루에 털이 밀생한다. 암꽃차례는 원주형으로서 암술대가 길며 털이 있다.

몽고뽕나무 *M. mongolica* (Bureau) C. K. Schneid., Mongolian mulberry

인천 앞바다에 있는 섬에서부터 몽고까지 분포하는 것으로서 높이가 3-8m 이다. 소지는 갈색이고 털이 없다. 잎은 넓은 난형으로서 끝이 꼬리처럼 길어지며 절저 또는 아심장저이고 양면에 털이 거의 없으며 톱니 끝이 길게 뾰족하다. 꽃은 암수딴그루이다.

산뽕나무 *M. indica* L. Korean mulberry

가장 넓게 흔하게 산에서 볼 수 있는 수종이며 소지는 흑갈색으로 변한다. 잎은 뒷면 주맥에 털이 약간 있으며, 탁엽은 일찍 떨어진다. 꽃은 암수딴그루 또는 잡성화이고 5월에 핀다.

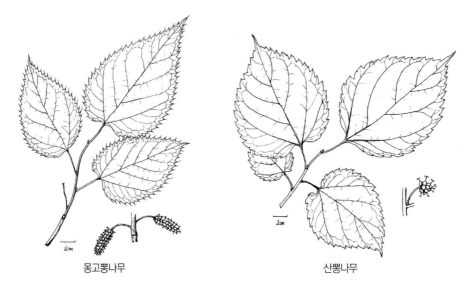

몽고뽕나무   산뽕나무

그림 7-11. 산뽕나무는 뽕나무에 비해 잎의 끝부분이 약간 길게 발달하며 몽고뽕나무는 잎의 거치가 침처럼 발달한다.

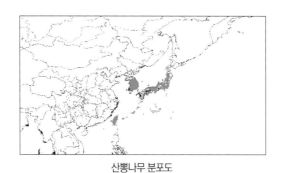

산뽕나무 분포도

닥나무속 *Broussonetia* Vent., paper mulberry

　동아시아와 동남아시아에 몇 종이 있으며, 2종을 제지원료로 하기 위하여 재배하고 있다. **잎** 교목 또는 관목, 어긋나기, 3-5개로 갈라지고 털과 톱니가 있다. 탁엽은 얇으며 떨어지고 일찍 떨어진다. **꽃 및 꽃차례** 암수한그루 또는 암수딴그루이며, 수꽃은 꼬리꽃차례에 달리고 암꽃은 구상으로 달린다. 수꽃의 화피열편과 수술은 4개씩이고, 암꽃의 화피는 난형 로는 통상으로서 끝에 3-4개의 돌기가 있고 씨방을 둘러싼다. 암술대는 실같고 밑에서부터 짧은 털이 있다. **열매 및 종자** 성숙하면 대가 자라 밖으로 나오고 육질과피 안에 딱딱한 내과피가 있다.

> ・ *B. kazinoki* Siebold ex Siebold & Zucc. 닥나무(재배종)
> ・ *B. papyrifera* (L.) L'Hér. ex Vent. 꾸지나무

종소명 설명 kazinoki 일본식물명 자지노기(꾸지나무)에서 유래, papyrifera 종이와 같은; 종소명 뜻과 국명은 기존 문헌에서 반대로 규정되어 있지만, 현재 이를 종소명 뜻에 맞춰 바꿀 경우 혼란이 야기되어 기존 이름을 그대로 사용하였다.

식별 특징 닥나무는 재배종이지만 꾸지나무는 자생종이다. 꾸지나무는 교목성으로 관목성인 닥나무보다 큰나무이며 암수딴그루로 암수한나무인 닥나무와 다르다. 꾸지나무는 수꽃과 암꽃차례의 모양이 서로 다른 반면, 닥나무는 암수꽃차례가 원형이다. 꾸지나무는 잎자루가 길고(2-8cm) 털이 많은 반면, 닥나무는 잎자루가 짧고(2-3cm) 털이 없어진다. 일본에서는 두 종을 교배해서 수백년간 재배종으로 활용하고 있다.

꾸지뽕나무속 *Maclura* Nutt.
꾸지뽕나무 *M. tricuspidata* Carrière., Chinese silkworm thorn
아시아의 동부와 남부에서 5종이 자라며 그중 1종이 황해도 이남에서 자라고 중국과 일본에 분포한다.
잎 낙엽소교목, 어긋나기, 3개로 갈라지는 것과 밋밋한 것이 있고 가장자리가 밋밋하며 표면에 잔털이 있고 뒷면에 융모가 있다. **꽃 및 꽃차례** 암수딴그루로서 5-6월에 피고 수꽃은 황색이며 3-5개의 화피열편과 4개의 수술이 있고 모여서 지름 1cm정도의 구형꽃차례를 만들며, 암꽃은 4개의 화피열편과 2개로 갈라진 암술대가 있고 모여서 지름 1cm정도의 구형꽃차례를 만든다. 화피가 육질화된 수과가 모여 다화과를 형성하며 먹을 수 있다. **소지 및 수피** 가지에 가시가 있고 소지에 털이 있다. **목재의 특징 및 이용** 뿌리는 황색이고 염료로 사용하며, 수피는 제지에 사용하고, 근피는 약용으로 사용한다.
일반인들은 꾸지나무와 꾸지뽕나무를 혼동하여 사용하는데 꾸지뽕나무는 거치가 발달하지 않으며 과경이 길어 꾸지나무와 구분된다.

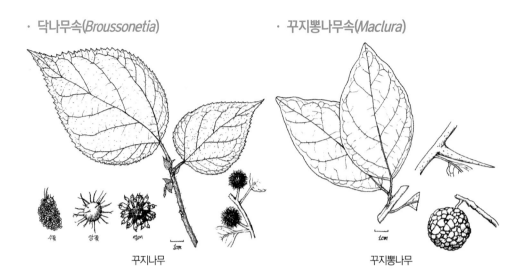

· 닥나무속(*Broussonetia*)   · 꾸지뽕나무속(*Maclura*)

꾸지나무   꾸지뽕나무

그림 7-12. 톱니는 꾸지나무에만 있고 꾸지뽕나무는 가지에 가시가 발달한다.

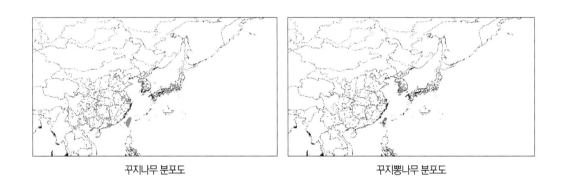

꾸지나무 분포도   꾸지뽕나무 분포도

붓순나무과 Illiciaceae

최근에는 오미자과로 보는 견해도 있다.

붓순나무 *Illicium anisatum* L., aniseed tree

열대와 온대에 분포하며 한반도에는 1종 붓순나무가 남부 섬지역에 자란다.

잎 상록성이며 어긋나기하며 표면은 광택이 난다. 잎을 자르면 향기가 난다. 잎 뒷면에 측맥이 거의 없어 다른 상록성과 구분된다. **꽃 및 꽃차례** 황백색이며 양성, 화피열편은 육질이고 12개로 별모양처럼 생겼다. **개화기/결실기** 3-4월/9-10월이다. **소지 및 수피** 겨울눈은 꽃눈(원형)과 잎눈(긴난형)이 다르다. **열매 및 종자** 복봉선을 따라 터지는 삭과이며, 종자에는 다량의 배유와 작은 배가 있다. **생태적 특징** 습하며 비옥한 토양을 좋아하며 다른 상록성 수목과 혼생을 한다. 내음성이 강하며 종자 발아는 좀 건조하지 않은 지역에 잘 자란다.

상록성 숲에 대한 생태

구실잣밤나무와 후박나무는 난대성 온대림의 주요 우점종으로서 생달나무·개가시나무·붉가시 등이 함께 자라지만, 때로 섬이 아닌 한반도 내에서는 종가시나무·참가시나무·가시나무가 대체종으로 우점을 이루는 경우가 많으며, 이 밖에 개비자나무·동백나무·식나무·사스레피나무·참식나무·마삭덩굴·남오미자·송악 등이 관련 식생으로 자란다. 구실잣밤나무와 후박나무의 극상에서 주로 후박나무는 새에 의해 종자가 전파되는 반면 구실잣밤나무는 다람쥐와 같은 설치류에 의해 종자가 산포되어 지역 간 차이가 확인된다. 실제 숲에서는 이러한 상록성 식물 이외에도 활엽수종인 졸참나무·느티나무·푸조나무·개서어나무·벚나무·때죽나무·층층나무나 또는 자귀나무·머귀나무·단풍나무·붉나무·말오줌때나무·이나무 등이 함께 자란다. 일본에서는 이러한 식생의 근원을 주로 히말라야-중국 식물상의 영향으로 본다. 남부지방 일부에서는 졸참나무·갈참나무와 함께 개서어나무·자귀나무·가막살나무·때죽나무·예덕나무 등의 활엽수림이 확인되는데 주로 인간의 간섭에 의한 식생 변화로서 하부식생은 후박나무·식나무·동백나무·가시나무의 개체수가 차츰 늘어난다. 초기식생은 소나무류(소나무·곰솔), 개서어나무와 졸참나무가 상층목을 차지하고 있지만, 천이가 진행되면서 모밀잣밤나무·붉가시나무·종가시나무가 우점으로 되며 극상은 강한 음수인 황칠나무·참식나무·생달나무·육박나무가 우점이 된다. 양수로 비목나무·이나무·때죽나무와 중용수로 종가시나무·후박나무·산딸나무·개서어나무가 있다. 난대상록 수종은 최소한 어린나무 시기에는 대부분 음수에 해당된다.

녹나무과 Lauraceae, The laurel family

열대 및 아열대에 분포하며 특히 동남아시아가 분포 중심지역이다. 5속이 한반도에 분포하며 상록교목과 관목이 대부분이지만 낙엽교목도 있다. 녹나무의 정유 주성분으로 향료로 사용되는 장뇌(camphor)는 *Cinnamomum camphora* (L.) J. Presl에서 생산되고, 전통적으로 사용되는 계피(cassia bark)는 동남아시아 식물인 *C. cassia* (L.) J. Presl를 사용하지만 시나몬으로 알려진 서양의 향신료(ceylon cinnamon)는 *C. verum* J. Presl에서 생산된다. **잎** 보통 어긋나기, 단엽으로서 거치가 거의 발달하지 않으며 탁엽이 없고 대부분 특이한 향이 있다. 때로 선점이 발달한다. **꽃 및 꽃차례** 양성이거나 단성으로 방사상칭하며 매우 작다. 꽃잎과 꽃받침 구분없이 6개로 구성되며 씨방은 상위 1실이며 1개의 배주가 들어있다. **열매 및 종자** 1개의 종자로 구성되는 핵과 또는 장과로서 흔히 굵어진 열매자루 끝이 발달한다. 종자에 배유가 없다. **기타 정보** 향이 강하다.

식별 특징 녹나무과중 녹나무속과 참식나무속이 잎의 맥이 아래에서부터 3개로 갈라져서 다른 속식별특징과 쉽게 구분이 되지만 이런 특징 때문에 두 속을 식별하는데 혼란이 있다. 녹나무속의 잎은 뒷면에 녹색인 반면, 참식나무는 황갈색 털이 발달해서 흰색이나 약간 갈색이 나서 구분된다. 또한, 꽃이 달려있는 경우 원추꽃차례(양성화)를 가지는 녹나무속과 꽃자루가 없는 산형꽃차례(단성화)를 가지는 참식나무속을 구분할 수 있다. 소지를 잘라서 냄새를 맡아 보면 진한 향이 나오는 식물은 녹나무속이지만 가을이나 혹은 마른 잎에서는 이 특징으로 식별하기는 어렵다.

· 참식나무속(*Neolitsea*)	· 까마귀쪽나무속(*Litsea*)	
· 생강나무속(*Lindera*)	· 녹나무속(*Cinnamomum*)	
· 후박나무속(*Machilus*)		

표 7-18. 녹나무과 속의 주요 형질

속명	꽃과 꽃잎	꽃차례	포	잎	수술(꽃밥)
참식나무속	암수딴꽃, 4장	총상꽃차례/산형꽃차례, 꽃자루가 없다	크다	밑에서 3개의 맥이 발달	6개
까마귀나무속	암수딴꽃, 6장	총상꽃차례/산형꽃차례, 꽃자루가 있다	크다	잎맥은 중앙에서 평행하게 발달, 상록성	9개 (4개)
생강나무속	암수딴꽃, 6장	총상꽃차례/산형꽃차례, 꽃자루가 있다	크다	잎맥은 중앙에서 평행하게 발달, 낙엽성	9개(2개)
녹나무속	암수한꽃(양성화)	원추꽃차례	작다	3출맥이 발달	(2개)
후박나무속	암수한꽃(양성화)	원추꽃차례	작다	깃털형 맥이 발달	(2개)

녹나무속 *Cinnamomum* Blume, cinnamon

잎 상록성이고 두꺼우며 어긋나기하고 밑에서 3맥이 발달한다. **꽃차례** 엽액과 끝에 달리며 원추상·총상 또는 산형으로서 대가 있다. **개화기/ 결실기** 5월/10월. 열매 장과이며 흑자색으로 익는다.

한반도에는 2종이 남쪽 섬에서 자란다.

> · *C. camphora* (L.) J. Presl 녹나무
> · *C. chekiangense* Nakai H. Ohba 생달나무

표 7-19. 녹나무속 수종의 주요 형질

종명	잎 뒷면 부속샘털 (axillary glands)	꽃차례	잎	겨울눈	수피	분포
녹나무	존재	원추	달걀꼴-타원형 (5-12×-6cm)	가늘고 긴 모양	길면서 잘고 깊게 갈라짐	제주도
생달나무	없음	산형상 취산	긴 타원형 (7-10×2-5cm)	짧은 원형	매끈함	남부지방 및 제주도

종소명 설명 camphora 장뇌의 아랍 이름; yabunikkei 생달나무 일본 이름

식별 특징 잎 뒷면 부속샘털이 발달하는 특징이 있어 생달나무와 쉽게 구분된다. 생달나무는 잎이 긴타원형으로 맥액에 부속샘털이 없고 제주도 이외에 한반도 남부 해안지역과 섬에 자란다.
생태적 특징 녹나무는 내음성이 있지만 빛이 많은 곳에서 잘 자란다. 습기가 많은 계곡의 완만한 경사지에 자란다. 수령은 800년 이상이 된다.

과거 학명인 *C. japonicum* Siebold은 다른 종(현재 대만에 분포하는 *C. psedupedunculatum* Hayata, *C. insularimontanum* Hayata 등 여러 종)까지 포함한 기재문 때문에, 서명 (*Nom. superfl.*)으로 폐기된 이름이다. 현재는 *C. chekiangense*라는 이름을 사용한다.

후박나무속 *Machilus* Nees, avocado, butter pear

잎 상록성이며 어긋나기이며 두텁고 윤기가 난다. **꽃** 양성화 **열매** 타원형 혹은 원형의 장과이면서 밑부분에 화피가 붙어 있으며 검은색으로 익는다. **개화기/결실기** 5-6월 황록색/ 열매는 다음해 여름 혹은 가을에 성숙한다. 국내에는 2종이 보고된다.

표 7-20. 후박나무속 수종의 주요 형질

종명	잎	열매	원추꽃차례 줄기
센달나무	긴타원형, 피침형(8-15 × -3.5cm), 뒷면에 잔털, 점점 좁아져 뾰족함	이듬해 9-10월	매우 길다
후박나무	넓은 거꿀피침형(8-15 × -7cm), 털이 없고, 끝이 갑자기 돌출되고, 둔함	이듬해 7-8월	비교적 짧다

종소명 설명 japonica 일본산의; thunbergii C. P. Thunberg의

식별 특징 후박나무는 센달나무에 비해 도란상 타원형 또는 도란상 긴 타원형으로서 7-15cm x 3-7cm이며 끝이 갑자기 뾰족하다가 둔하게 끝나고 밑이 예저이다. 울릉도와 남쪽 섬에서 자란다. 상록교목으로 양수지만 어릴 때는 내음성이 강하며 초기 성장이 매우 빠르다. 방풍, 방사 등의 기능이 있어 해안가에 군생하면서 잘 자란다. 센달나무는 잎이 세장하며(8-20cm x 2-4cm) 끝이 좁아져 꼬리처럼 길어 전체적으로 세장한다. 후박나무의 어린 개체중 잎이 세장하는 경우도 있어 오동정하는 경우가 빈번하다. 남해에서는 후박나무가 센달나무에 비해 훨씬 높은 빈도로 확인된다.

생태적 특징 양수로서 어린 개체일때는 내음성이 강하며 성장이 빠르다. 대부분 상록성 수목은 이식이 잘 되지 않는다.

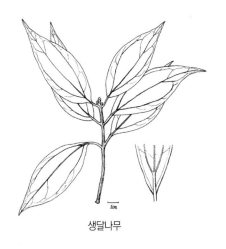

생달나무

후박나무

참식나무속 *Neolitsea* Merr.

주로 관목이나 작은교목성이며, 한반도에는 2종이 있다.

잎 상록관목이며 어긋나기하고 가장자리가 밋밋하며 엽맥은 녹나무속과 같이 밑에 큰 3맥이 발달하지만 간혹 우상맥도 있다. **꽃** 산형꽃차례는 거의 대가 없고 처음에는 총포로 싸여 있다. 암수딴그루로서 화피열편은 4개이고 떨어지며 통부는 매우 짧다. **열매** 장과이고 적색 또는 흑색으로 익는다.

· *N. aciculata* (Blume) Koidz. 새덕이
· *N. sericea* (Blume) Koidz. 참식나무

표 7-21. 참식나무속 수종의 주요 형질

종명	잎 길이	잎자루 길이	개화기	꽃 색깔	열매자루	열매 색깔
새덕이	5-12cm	0.8-1.5cm	봄	붉은색	짧다(ca. 0.7cm)	검은색
참식나무	8-18cm	2-3.5cm	가을	노란색	길다(ca. 1cm)	붉은색

종소명 설명 aciculata 침상의; sericea 비단 털과 같은

식별 특징 참식나무는 잎자루는 길이가 2-3.5cm로 새덕이(0.8-1.5cm)에 비해 다소 길며 꽃이 가을인 10-11월에 황백색으로 피며 열매는 붉은색이다. 새덕이는 잎자루가 다소 짧으며 잎이 작은 특징이 있지만 개화기가 봄철(3-4월)이며 꽃은 붉은색, 열매는 검은색으로 익는다. 즉, 열매와 꽃이 피는 시기에는 쉽게 구분되지만 잎이 있을 경우에는 잎의 크기와 너비로 구분을 한다.

생태적 특징 참식나무는 울릉도 및 남쪽 섬에서 자라는 상록교목으로서 습하고 비옥한 토양을 선호하며 어릴 때 내음성이 강하며 성목이 돼서는 빛을 선호한다. 내염성, 내연 그리고 공해에 모두 강하다.

까마귀쪽나무속 *Litsea* Lam.

한반도에서는 울릉도와 남쪽 섬에서 2종이 자라고 있다. 암수딴그루이며 산형꽃차례를 가진다.

· *L. coreana* H. Lév. 육박나무
· *L. japonica* (Thunb.) Juss. 까마귀쪽나무

표 7-22. 까마귀쪽나무속 수종의 주요 형질

종명	잎	겨울눈(잎눈)	꽃차례	개화기	결실기	열매	수피
육박나무	얇고 약간의 털, 뒷면은 흰색, 긴 타원형	타원형 끝이 뾰족	꽃자루(열매자루)가 없거나 매우 짧음	7월	이듬해 7-8월	붉은색 원형	얇은 조각으로 벗겨짐
까마귀쪽나무	두텁고 갈색 털이 발달, 넓은 타원형	긴 타원형 끝이 둥글음	꽃자루(열매자루)가 발달	9-10월	이듬해 5-6월	갈색 타원형	벗겨지지 않음

종소명 설명 coreana 한국산의; japonica 일본산의

육박나무는 실제 해안가에 자라면서 햇빛이 많은 곳에 자라는 까마귀쪽나무와 달리 내음성이 강해 다른 나무 아래에서 잎의 형태 및 털의 유무, 열매의 모양과 색깔, 눈의 모양, 개화기와 결실기 등에 매우 차이가 뚜렷해서 식별의 어려움은 없다. 단지 육박나무가 다른 상록성 식물과 식별하는 것이 다소 어렵다.

육박나무는 수피가 미끈하며 노각나무나 혹은 모과나무처럼 비늘처럼 벗겨져서 성목이 되었을 때에는 숲에서 쉽게 구분되지만 어린 경우에는 잎 뒷면은 백색이고 붉은색 둥근 열매에 열매자루는 길이가 1cm 정도로서 털이 밀생하는 특징이 있다. 까마귀쪽나무는 두껍고 타원형으로서 표면이 짙은 녹색이며 뒷면에는 황갈색 털이 밀생하며 열매는 타원형으로 짙은 갈색이다.

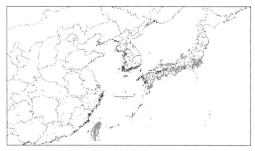

후박나무 분포도

비목나무 분포도

생강나무속 *Lindera* Thunb., spicewood, spicebush, Benjamin bush
관목이거나 작은 교목성이다. 5종이 한반도에서 자란다.
잎 주로 낙엽 또는 상록성이다. **꽃** 암수딴그루로서 산형꽃차례에 달린다. **열매** 핵과
소지 꽃눈과 잎눈의 종류가 달라 소지로 다른 속 식물과 쉽게 구별된다(감태나무 예외).

- *L. obtusiloba* Blume 생강나무
- *L. glauca* (Siebold & Zucc.) Blume 감태나무
- *L. sericea* (Siebold & Zucc.) Blume 털조장나무
- *L. angustifolia* Cheng 뇌성목
- *L. erythrocarpa* Makino 비목나무

표 7-23. 생강나무속 수종의 주요 형질

종명	잎	잎자루	열매	열매자루
생강나무	3개로 갈라짐. 넓은 달걀형, 3출맥	10-20mm	검은색, 7-8mm	10mm
뇌성목	갈라지지 않음. 긴타원형, 측맥은 평행, 털 없음	3-4mm	검은색, 6-7mm	5-6mm
감태나무	갈라지지 않음. 긴타원형, 측맥은 평행, 털 없음	5mm	검은색, 6-7mm	10-15mm
비목나무	갈라지지 않음. 긴타원형, 측맥은 평행, 털 없음	7-20mm	붉은색, 5-6mm	12mm
털조장나무	갈라지지 않음. 긴타원형, 측맥은 평행, 털 매우 많음	5-10(15)mm	검은색, 8 mm	15-18mm

종소명 설명 angustifolia 좁은 잎의; erythrocarpa 붉은 열매의; glauca 청회색의 녹색의; obtusiloba 열편 끝이 둔한; sericea 비단 같은 털 모양의

식별 형질 열매는 비목나무가 붉은색인 반면, 다른 4종은 검은 색으로 성숙한다. 소지에 꽃눈아병이 비목나무가 제일 길게 발달하며(생강나무, 털조장나무에 비해; 꽃눈과 잎눈이 분리), 감태나무는 꽃과 잎이 동일 눈에 달려 쉽게 구분된다. 수피는 비목나무가 어린 나무일 때 피목이 발달하지만 성목이 되면 수피가 섬유조직처럼 벗겨지는 특징이 있다. 뇌성목은 잎자루와 열매자루 모두 길이가 다른 종에 비해 짧다.

분포 측면에서 보면 서해안에 분포하는 뇌성목과 남부지방 전남 조계산과 무등산에 자라는 털조장나무가 특징적이다. 비목나무와 감태나무는 백두대간 이외 지역에서 확인되는 반면, 생강나무는 전국적으로 분포한다.

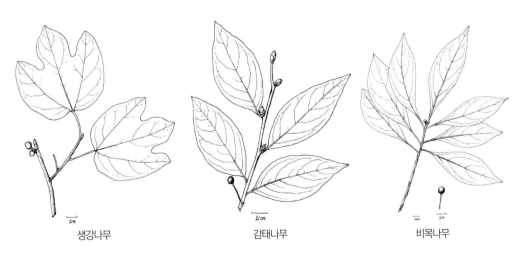

생강나무　　　　　　　　감태나무　　　　　　　　비목나무

쥐방울덩굴과 Aristolochiaceae

4속 400종으로 구성되며 한반도에서 자라고 있는 2속 5종 중에서 *Aristolochia*(500)
의 1종이 목본식물이다.
잎 초본 혹은 관목(대부분 덩굴성), 어긋나기, 통상 심장형이면서 손바닥모양의 옆맥이
발달. **열매 및 종자** 많은 종자가 있는 삭과

등칡속 *Aristolochia* L., birthwort, pipevine, Dutchman's pipe
등칡 *A. manshuriensis* Kom., Chinese aristolochia, guan mu tong
중국동북3성과 극동 러시아 우수리에 지역에 분포하며 한반도에서는 백두대간에 분포
하는 낙엽덩굴성 식물이다.
잎 길이가 10m 정도로 자란다. 원형으로서 가장자리가 밋밋하고 뒷면에 털이 있는 것도
있다. **꽃** 암수딴그루이며 5월에 피며 엽액에 1개씩 달리고 U자형으로 꼬부라진다.
열매 삭과이다.

목련과 Magnoliaceae, The magnolia family

목련과의 식물은 관상자원으로서 흥미를 끌고 있을 뿐만 아니라 활엽수 중에서 가장
원시적인 식물로 인하여 시선을 끌고 있다. 12속 230종이며 미주 및 아시아의 온대와 아
열대에서 자라고, 한반도에서는 튤립나무를 합쳐 3속 8종이 자란다.
잎 교목 또는 관목, 낙엽 또는 상록성이며 단엽이고 어긋나며 가장자리가 밋밋하거나 갈라
지고, 탁엽이 없는 것도 있다. **꽃 및 꽃차례** 양성으로서 방사대칭이며, 씨방이 상위이며 꽃잎
은 6개 또는 그 이상이거나 없는 것도 있다. 수술과 심피수는 매우 많으며 나선상으로 배열
된다. **열매 및 종자** 골돌, 시과 또는 장과 **소지 및 수피** 소지에 탁엽흔이 고리처럼 발달한다.
목련속(*Magnolia*)이 자생하고 튤립나무속(*Liriodendron*)은 도입해서 식재하는데 열매
가 튤립나무의 경우 시과인 반면, 목련속은 골돌이다.

목련속 *Magnolia* L., magnolia
80종이 동아시아에서 히말라야까지, 그리고 미주에서도 북아메리카와 중앙아메리카
까지 분포하며, 한반도에서 자라는 함박꽃나무는 한반도에 널리 분포하는 유일한 자생
목련속 식물이지만, 제주도 한라산에는 목련이 가끔 채집이 되는 자생종이다.

꽃 및 꽃차례 낙엽 또는 상록교목이거나 관목, 정생하고 1개씩 달리며 어릴 때에는 탁엽으로 싸인다. 꽃받침은 3개로서 흔히 대가 있고 꽃잎은 6-15개이며 수술이 많다. 심피는 많고 자라는 화탁에 달리며 1-2개의 종자가 들어 있는데, 종자가 익으면 실로 매달린다. **소지 및 수피** 겨울눈은 탁엽이 변한 1개의 눈껍질로 둘러싸여 있고 정아는 특히 크다. 탁엽은 잎자루에 유착되어 어린잎을 감싸며 떨어진 자리는 원대를 둘러싼다.

> · *M. kobus* A. P. DC. 목련
> · *M. sieboldii* K. Koch 함박꽃나무

표 7-24. 목련속 수종의 주요 형질

	꽃피는 시기	꽃	개화시기	분포
목련	꽃이 먼저 핌	위를 향해 개화	4월	제주도 한라산
함박꽃나무	잎이 먼저 나옴	아래를 향해 개화	5-6월	백두대간

종소명 설명 kobus 일본이름 '고부시(Kobushi, 拳 주먹이라는 의미)'에서 유래; sieboldii 네덜란드 P. F. von Siebold 식물학자 에서 유래

함박꽃나무 *M. siboldii* K. Koch, oyama magnolia

잎 낙엽성 작은 교목, 어긋나기. 두터운 잎, 넓은 타원형, 거꿀달걀형이다. 표면에 털이 없으며 뒷면은 회녹색으로서 맥을 따라 털이 있다. 잎자루는 길이 1-2cm, 털이 있으나 점차 없어진다. **꽃 및 꽃차례** 양성, 잎이 핀 다음 나와서 밑을 향해 피고 지름 7-10cm로서 흰색이며 향기가 있다. **열매 및 종자** 종자는 타원형, 길이 8-9mm, 붉은색이다. **소지 및 수피** 가지는 잿빛이 도는 황갈색, 골속은 흰색, 어린 가지 및 겨울눈에 복모가 있다. 겨울눈은 원추형, 끝은 뾰족, 2개 아린, 정아는 곁눈보다 크다(30-50mm x 8-10mm), 탁엽이 가지를 한바퀴 둘러싼다. **개화기/결실기** 5월-6월/ 9월

생태 및 기타 정보 함박꽃나무는 다른 목련속 식물과는 달리 꽃이 아래를 향해 핀다. 수목의 수명이 60년 이하이다. 중국동북, 중부(내륙과 동쪽)등에 분포, 일본 혼슈 중부 이남에도 분포하지만 분포 중심 지역은 한반도이다. 최근 연구에서는 일본의 집단에는 유전다양성이 떨어지며 집단간 분화가 커서 한반도에서 분화해서 유전자 부동현상이 심화된 것으로 보고 있다. 국내 집단에 대한 유전다양성에 대한 연구 결과는 없으며 일본에 비해 다양성이 높을 것으로 예측한다.

일본목련 *M. obovata* Thunb., Japanese bigleaf magnolia (재배종)

일본산 낙엽교목으로서 높이가 20m이고 지름이 1m에 달한다. 잎은 어긋나기하며 도
란형으로서 가장자리가 밋밋하고 털이 없다. **꽃**은 가지 끝에 달리며 백색이고 5월에 피
며 향기가 매우 강하다. 꽃받침은 3개이고, 꽃잎은 6-9개이며 육질이다. **열매**는 길이가
20cm 정도로서 가을에 홍자색으로 익는다. 조경수 혹은 조림수종으로 일부 식재한다.
내음성이 강한 중용수로 알려져 있으면 초기 생장이 매우 빠르다. 숲에서 맹아력도 높아
벌채 이후에도 빠르게 회복한다.

목련 *M. kobus* A. P. DC., northern Japanese magnolia

높이가 10m이고 지름이 1m에 달하는 낙엽교목이며 한라산의 1,000m 이하 숲속에서 자란다.
잎 넓은 난형 또는 도란형으로서 털이 없으며 가장자리가 밋밋하다. **꽃** 4월 중순부터 잎
이 피기 전에 피고 꽃잎은 백색 바탕에 밑부분에 붉은빛이 돌며 6-9장이 달린다. **소지** 엽
아에는 털이 없지만 꽃눈에는 털이 밀생한다.

초령목 *M. compressa* Maxim.

과거 대흑산도에도 보고된 적이 있지만 지금은 고사해서 없으며, 제주도의 돈내코 계곡
자생하는 것으로 알려져 있다. 높이가 16m에 달하는 상록교목으로서 어린 가지와 어린
잎의 뒷면에는 짧은 갈색 털이 있지만 떨어진다.
잎 어긋나기하고 도피침형으로서 윤채가 나며 목련같이 보인다. **꽃** 가지 끝 부근의 엽액
에 꽃이 달린다. 꽃은 백색 바탕의 밑부분에 홍자색이 돌며, 화피편은 12개이고 심피는
처음에 짧은 털이 있다. **열매 및 종자** 2-3개의 종자가 나와 실에 매달린다.
과거에는 독립된 속 학명을 사용하였지만[*Michelia compressa* (Maxim.) Sarg.] 지금은
목련속 식물 학명을 사용한다.

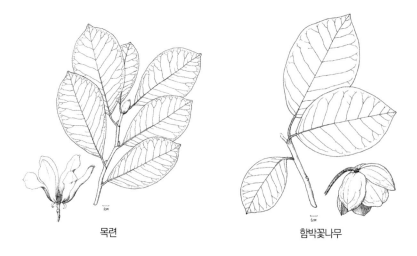

목련　　　　　　　　　　　함박꽃나무

튤립나무속 *Liriodendron* L.

튤립나무 *L. tulipifera* L., yellow popular tulip tree, tulip poplar, whitewood, fiddle-tree

북아메리카산 낙엽교목으로서 높이가 50m에 달한다. 이 속은 북아메리카에 1종, 중국에 1종 등 2종이 있다. 꽃이 튤립같이 생겨 튤립나무라 하지만 백합목이라고도 한다.

잎 어긋나기하며 끝이 잘린 버즘나무와 비슷하고 털이 없으며 탁엽이 새눈을 둘러싼다.

꽃 녹황색이며 가지 끝에 튤립같은 꽃이 1개씩 달린다. 꽃받침잎은 3개이고 꽃잎은 6개이며, 수술과 암술은 많다. 조림수종으로 최근 많이 식재한다.

생태적 특징 양수로서 초기 천이시 중요한 수종이지만 500년 이후 자연집단에서는 극히 일부 개체만이 존재한다. 애팔레치아산맥에 자생하는 밤나무에 동고병 피해로 우점종인 밤나무의 급격한 감소로 초기 식생인 튤립나무는 이런 숲틈(gap)에 중요한 역할을 하였다.

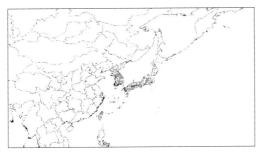

함박꽃나무 분포도

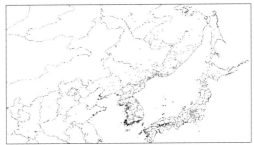

오미자 분포도

오미자과 Schisandraceae

덩굴성식물로서 2속 15종으로 구성되며 대부분 열대아시아와 말레이군도에서 자라고, 한반도에는 2속 3종이 있다.

꽃 및 꽃차례 암수딴그루 또는 암수한그루. 화피열편은 9-30개가 나선상으로 배열하고 바깥쪽 것은 포엽같지만 안쪽 것은 꽃잎같다. 수술은 5-8개이며 수술대가 붙어서 흔히 원형으로 되고, 많은 암술은 나선상으로 배열하며 화탁은 꽃이 진 다음 길어지거나 굵어진다. **열매 및 종자** 장과이며 종자에는 다량의 배유와 작은 배가 있다.

표 7-25. 오미자나무과 속의 주요 형질

속명		열매	꽃
오미자속	낙엽성	꼬리처럼 달림	개화후 꽃받침이 길어짐
남오미자속	상록성	두상으로 달림	개화후 꽃받침이 길어지지 않음

오미자속 *Schisandra* Michx.

*Schisandra*는 오미자와 흑오미자가 있다. 오미자는 전국 각지에서 자라고 흑오미자는 제주도에서 자란다. *Kadsura*(남오미자속)는 한반도에 1종이 있으며 남쪽 섬에서 자란다.

· *S. chinensis* (Turcz.) Baill. 오미자
· *S. repanda* (Siebold & Zucc.) Radlk. 흑오미자

종소명 설명 chinensis 중국산의; repanda 잎의 파상무늬가 있는

식별 형질

오미자는 백두대간에 분포하며 잎은 좁은 달걀형이며 5-10개 톱니가 발달하고 잎자루가 짧다. 열매는 붉은색이다. 반면, 흑오미자는 제주도에 자라며 넓은 달걀형(3.5-5cm), 3-5개 톱니가 있고 잎자루는 길며 열매는 검은색이다. 남부지방에는 남오미자 [*Kadsura japonica* (L.) Dunal]가 분포한다.

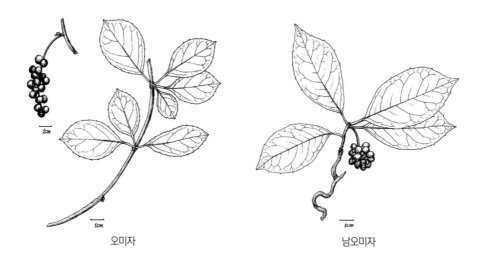

오미자　　　　　　　　　　　　　　　남오미자

으름덩굴과 Lardizabalaceae

7속 15종으로 구성되며 대부분이 덩굴식물이다. 히말라야에서 일본을 지나 남미의 칠레까지 분포하며, 2속 2종이 한반도에 있다.

으름속 *Akebia*, 멀꿀속 *Stauntonia*

으름속(*Akebia*)은 중국-일본에 분포하며 한반도에서는 으름[*A. quinata* (Houtt.) Decne., chocolate vine]이 자란다. 으름은 5개의 소엽으로 구성되며 붉은 자색의 꽃이며 암꽃과 수꽃이 한그루에 달린다. 멀꿀속(*Stauntonia*)은 열대- 난대에 자라는 덩굴식물로 한반도에서는 멀꿀[*S. hexaphylla* (Thunb.) Decne.]이 남부에서 자란다.

종소명 설명 hexaphylla 6개의 잎의; quinata 5개의 잎의

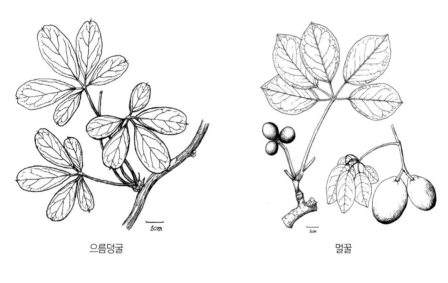

으름덩굴   멀꿀

으름덩굴 분포도

매자나무과 Berberidaceae, The barberry family

    13속 650종으로 구성되고 북반구의 온대와 남아메리카에 분포하며, 한반도에서 자라는 8속 11종 중에서 3속 6종이 목본식물이지만 자생종은 1속 2종이다.

잎 낙엽 또는 상록관목, 혹은 초본이다. 어긋나기, 단엽 또는 복엽, 때로 가시가 발달하지만 탁엽은 없다. **꽃 및 꽃차례** 양성이며, 방사대칭이다. 꽃잎, 꽃받침잎, 수술은 수가 같고 6개(3+3)이며 꽃밥은 2실이고 들창문처럼 터진다. 취산, 총상 혹은 한개의 꽃이 달린다. **열매 및 종자** 씨방은 상위, 심피는 1개이다. 열매는 장과 또는 골돌이고 종자에 배유가 있다. 남천(*Nandina domestica* Thunb.)은 중국과 일본 남부에서 자라고 적색 열매와 자색 단풍이 아름다워 남부지방에서 조경용으로 식재한다. 상록관목이면서 3회우상복엽, 총잎자루에 관절이 있다. 원추꽃차례에 달린다. 구형의 장과로서 붉게 익는다.

· 매자나무속(*Berberis*)	· 중국남천속(*Mahonia*)	· 남천속(*Nandina*)

매자나무속 *Berberis* L., barberry

    상록 또는 낙엽관목으로서 450종이 중앙아시아 · 동아시아 및 남아메리카에서 많이 자라고 북아메리카 · 유럽 및 아프리카, 한반도에서는 2종이 자란다.

잎 단엽이며 밋밋하거나 까락같은 톱니가 있고 우상맥이며 때로 가시로 퇴화된다.
꽃 및 꽃차례 황색이고 총상으로 달리거나 속생 또는 1개씩 달린다. 꽃받침 잎은 6개이고 밑에 2-3개의 소포가 달리며, 꽃잎은 6개가 두 줄로 달리고 대개 밑에 선이 있으며 수술은 떨어져 있다.

· *B. amurensis* Rupr. 매발톱나무	
· *B. koreana* Palib. 매자나무	

표 7-26. 매자나무속 수종의 주요 형질

종명	소지의 가시	잎의 거치	열매	분포
매발톱나무	가시는 길다 [(0.7)1.0-1.7(2.3)cm]	까락 같은 거치 간격이 짧고 거치 수가 많음	타원형 (9-10mm)	강원도 및 백두대간
매자나무	가시는 짧다 [(0.6)0.7-1.0(1.2)cm]	거치의 간격은 길며 거치 수가 적음	구형(7mm)	경기도/강원도

종소명 설명 amurensis 아무르산의; koreana 한국산의

매발톱나무는 백두대간에 분포하며 만주·시베리아·아무르·우수리 및 다후리아까지 퍼져 있다. 매자나무는 고유종으로 주로 평안북도에서 경기도까지 주로 자생하지만, 강원도 북부에도 분포한다.

식별 특징 매발톱나무는 열매가 타원형이면 거치가 간격이 좁고 많으며, 가시가 3개로 갈라지거나 길다. 잎은 까락 같은 거치 간격이 짧고 [(1.0)1.5-2.3(3.4)mm], 거치 수가 많음 [(7)9.5-12(14)개이다. 반면 매자나무는 고유종으로 열매가 원형이며 거치가 드문드문 달리며 가시는 짧다. 잎의 거치의 간격은 길며[(1.5)2.7- 3.8(7.1)mm], 거치 수가 적음[(4)6-8(11)개]이다.

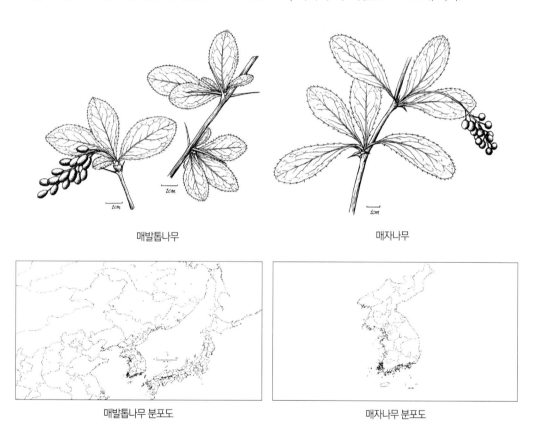

매발톱나무   매자나무

매발톱나무 분포도   매자나무 분포도

미나리아재비과 Ranunculaceae, The buttercup family

50속 1,900여종이 주로 북반구 온대에 자라며 동북아시아 및 북미대륙에 집중되어 있다. 으아리속(*Clematis*; 230)만이 목본식물이며 한반도에서는 15종이 자라고 있다. 통상 관상, 약용과 독성이 있는 식물로 잘 알려져 있다.

병조희풀

자주조희풀

그림 7-13. 병조희풀과 자주조희풀의 화관통부

외대으아리 분포도

으아리속 *Clematis* L., clematis

최근 으아리속내 신종 기재가 국내에서 활발하게 발표되는데 덩굴성, 성의 차이 (양성 vs 웅성이가화)등이 언급되지만 집단에 많은 개체의 변이를 고려한 연구가 아니라 유보적이다.

- *C. fusca Turcz.* 검종덩굴
- *C. patens* Morren & Decne. 큰꽃으아리
- *C. hexapetala* Pall. 좁은잎사위질빵
- *C. brachyura* Maxim. 외대으아리
- *C. terniflora* DC. 참으아리
- *C. terniflora* var. *mandshurica* (Rupr.) Ohwi 으아리
- *C. koreana* Kom. 세잎종덩굴
- *C. alpina* var. *ochotensis* (Pall.) S. Watson 자주종덩굴
- *C. heracleifolia* DC. var. *heracleifolia* 병조희풀
- *C. heracleifolia* var. *tubulosa* (Turcz.) Kuntze 자주조희풀
- *C. serratifolia* Rehder 개버무리
- *C. trichotoma* Nakai 할미밀망
- *C. apiifolia* DC. 사위질빵
- *C. brevicaudata* DC. 좀사위질빵

종소명 설명 apiifolia 파슬리 잎처럼 생긴; brachyura 짧은; brevicaudata 꼬리가 짧은; florida 꽃이 피는; fusca 암적갈색의; heracleifolia 어수리속(*Heracleum*)의 잎과 유사한; hexapetala 꽃잎이 6개가 달리는; koreana 한국산의; ochotensis 오호츠크해의; patens 개출(開出)한; subtriternata 다소 3회 3출엽(3x 3=9) 잎의; serratifolia 톱니가 있는 잎의; terniflora 3개의 꽃이 달리는; mandshurica 만주산의; trichotoma 3분지의

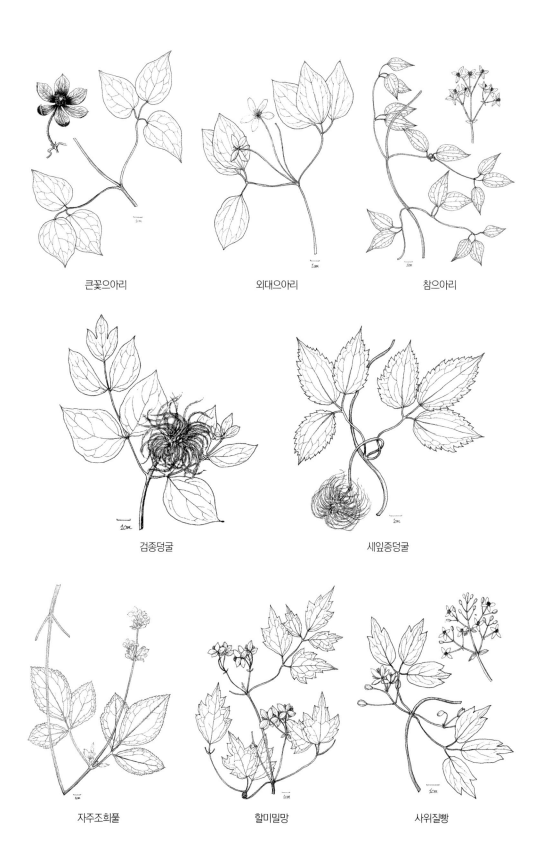

큰꽃으아리

외대으아리

참으아리

검종덩굴

세잎종덩굴

자주조희풀

할미밀망

사위질빵

표 7-27. 으아리속 수종의 주요 형질

종명	소엽의 톱니	잎의 특징	꽃색깔 및 꽃 모양
검종덩굴	거의 없거나 1-2개	5-9개의 소엽, 2-3개가 갈라짐	자주색
큰꽃으아리	거의 없거나 1-2개	3출엽, 3-5개의 소엽	흰색 혹은 노란색, 크기는 매우 크고(5-15cm), 꽃자루에 포 없음, 꽃받침은 8개, 꽃자루와 꽃받침에 털 없음
좁은잎사위질빵	거의 없거나 1-2개	3출엽	흰색 혹은 노란색, 크기는 작으며(1-3cm), 꽃받침은 6-8개
외대으아리	거의 없거나 1-2개	3-5개의 소엽	흰색, 꽃받침은 4-5개
참으아리	거의 없거나 1-2개	3-7개의 소엽, 털 매우 많음	흰색, 1.5cm
으아리	거의 없거나 1-2개	5-7개의 소엽, 털 없음	흰색, 2-3cm
세잎종덩굴	발달	3출 소엽은 심장형, 뒷면과 잎자루에 털 매우 많음	노란색, 꽃잎이 있고, 밑을 향한다
자주종덩굴	발달	2회3출 소엽은 달걀 피침형, 뒷면과 잎자루에 털 없음,	자주색, 꽃잎이 있고, 밑을 향한다
병조희풀	발달	3개의 소엽	보라색, 꽃잎은 없고, 퇴화한 수술이 없으며, 아래로 향함. 꽃받침은 윗부분만 일부 말림. 화피 길이 20mm, 암수한몸
자주조희풀	발달	3개의 소엽	보라색, 꽃잎은 없고, 퇴화한 수술이 없으며, 위로 향함. 꽃받침은 반 이상이 말림, 화피 길이 28 mm, 암수딴그루
개버무리	발달	2회 3출엽, 치밀한 톱니	노란색, 꽃잎은 없고, 퇴화한 수술이 없으며, 아래로 향함
할미밀망	발달	3-5개 소엽	흰색, 꽃받침은 옆으로 퍼지며 환상
사위질빵	발달	3출엽, 혹은 2회 3출엽 소엽은 3-7개	흰색, 꽃받침은 옆으로 퍼지며 환상
좀사위질빵	발달	2회 3출엽, 소엽은 3-7개	흰색, 꽃받침은 옆으로 퍼지며 환상

수술 대털	꽃차례	열매	개화 시기
매우 많음	1개, 꽃자루에 털 매우 많음, 꽃받침은 짙은 갈색털		6-8월
없음	꽃차례 없음(산생)		5-6월
없음	취산, 원추	날개 없음	6-8월
없음	1-3개	꼬리가 매우 짧음 (0.7 mm), 날개가 발달	6-9월
없음	원추 혹은 취산, 30-50개, 줄기 및 꽃자루에 털 매우 많음	6×6 mm, 꼬리 길이 20mm	7-9월
없음	잎겨드랑이는 5-10개, 가지 끝은 10-30개 정도, 줄기 및 꽃자루에 털 없음	4-6×4-6mm, 꼬리 길이 10mm	7-9월
매우 많음 퇴화 수술	꽃차례 없음 (꽃이 한개씩 달림)		5-6월
매우 많음 퇴화 수술	꽃차례 없음 (꽃이 한개씩 달림)		5-6월
매우 많음 수술대 길이 > 수술밥길이	꽃은 여러개 잎겨드랑이에서 모여 달림		8-9월
매우 많음 수술대 길이 < 수술밥길이	꽃은 여러개 잎겨드랑이에서 모여 달림		8-9월
없음	4-5개 꽃		8-9월
없음	3개씩(액상꽃차례) 열매 15-16개		6-8월
없음	5-10개, 열매	전체 털	7-9월
없음	5-10개, 열매 5-10개씩	가장자리에만 털	7-9월

꼬리겨우살이과 Loranthaceae

· 꼬리겨우살이속(*Loranthus*)	· 참나무겨우살이속(*Taxillus*)

표 7-28. 꼬리겨우살이과 속의 주요 형질

속명	꽃받침	꽃의 크기 및 꽃차례	잎	분포
꼬리겨우살이속	각가 떨어져 있음	작고 꼬리꽃차례	털 없음	북부 및 중부 지방
참나무겨우살이속	붙어서 통모양	크며 취산꽃차례	적갈색 털 매우 많음	제주도

종소명 설명 yadoriki '寄'라는 한자어의 일본 발음. 착생 혹은 기생한다는 의미; tanakae '田中' 다나카라는 일본성을 딴 이름

*Loranthus*는 기생식물속으로 제일 큰 속으로서 구대륙산이며, 한반도에서는 참나무겨우살이가 남부에서 자라고, 꼬리겨우살이(*L. tanakae* Franch. & Sav.)가 주로 백두대간에 주로 자라는 반면, 참나무겨우살이[*Taxillus sutchuenensis* var. *duclouxii* (Lecomte) H.S.Kiu]는 제주도에만 자란다.

겨우살이과 Viscaceae, The mistletoe family

열대에 분포하는 식물로서 30속 1,100종으로 구성되고 주로 지상부기생식물이며 한반도에서는 3속 4종이 자란다. **잎** 마주나기, 두꺼우며 톱니가 없다. **꽃 및 꽃차례** 화피열편은 3-6개이며 떨어져 있거나 붙어서 통처럼 되고, 수술도 화피열편과 같은 수로서 마주나기한다. 주심과 주피는 퇴화되며 배낭은 태좌에 묻혀서 태좌와 배주의 구별이 희미하다. **열매 및 종자** 핵과 비슷하며 육질의 외과피는 화탁이 변화된 것이다.

동백나무겨우살이[*Korthalsella japonica* (Thunb.) Engler], 겨우살이[*Viscum coloratum* (Kom.) Nakai] 두 종이 한반도에 분포한다.

· 동백나무겨우살이속(*Korthalsella*)　　　　· 겨우살이속(*Viscum*)

종소명 설명 album 흰색의; coloratum 색깔이 있는; japonica 일본산의

식별 형질 겨우살이는 잎이 발달하며 꽃받침이 끝까지 남는 반면, 동백나무겨우살이는 줄기가 인엽상으로 발달하고 꽃받침은 탈락한다. 겨우살이는 전국적 분포지만 동백나무 겨우살이는 제주도에 분포한다.

· 동백나무겨우살이속(*Korthalsella*)　　　　· 겨우살이속(*Viscum*)

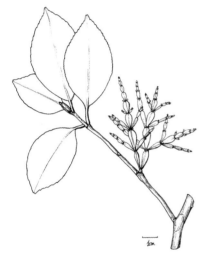

동백나무겨우살이

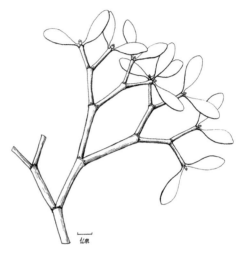

겨우살이

돈나무과 Pittosporaceae, The cheesewood family

9속 200종으로 구성되며 구대륙의 열대 및 아열대에서 자라고 주로 오스트레일리아에 집중되어 있다. *Pittosporum*(160)의 돈나무[*Pittosporum tobira* (Thunb.) Aiton, Japanese cheesewood, mock orange]가 남부의 바닷가에서 자라며 암수딴그루이며 잎이 뒤로 말린다. 꽃은 완성화로서 5개씩의 꽃받침·꽃잎 및 수술과 2-다수의 심피로 구성된다.

종소명 설명 tobira 일본 돈나무 이름(토비라)

수국과 Hydrangeaceae, The mock-orange family

17속 1,200종으로 구성되며 전 세계에 분포하지만 주로 북반구의 온대에서 자라고 극지방 및 고산지대와 건조지대에서도 많이 자라고 있다. 관상적 가치가 높으며 15속 60종이 자라고 5속 24종이 목본식물이다. **잎** 마주나기면서 낙엽성 관목, 탁엽이 없다.
꽃 및 꽃차례 양성화, 4장의 꽃잎과 꽃받침으로 구성된다. **열매 및 종자** 삭과 혹은 장과

> · 수국속(*Hydrangea*)　　　· 고광나무속(*Philadelphus*)
> · 말발도리속(*Deutzia*)

표 7-29. 수국과 속의 주요 형질

속명	무성화 존재	암술대/ 수술수	겨울눈	잎	성상	꽃잎
수국속	존재	2-3개 서로 분리 /5, 10, 15-20개	2개	단모 존재	덩굴성 관목	4-5장
고광나무속	없음	합생/25-30개	은아	단모가 존재, 엽맥은 3-5출맥	관목	4장
말발도리속	없음	합생/ 10개	9-10개	성모가 존재, 엽맥은 깃털형맥	관목	5장

수국속 *Hydrangea* L., hortensia, hydrangea

동아시아·인도의 난대와 온대 및 북아메리카에 80종이 분포하고 한반도에는 다음과 같은 4종이 있다. **잎** 낙엽관목 또는 덩굴성 식물, 마주나기하고 탁엽이 없다. **꽃 및 꽃차례** 산방꽃차례 또는 원추꽃차례에 달리며 중성화가 있다. 씨방은 중위 또는 하위이다.
열매 및 종자 삭과는 2-5실이다.

> · *H. anomala* subsp. *petiolaris* (Siebold & Zucc.) E. M. McClint. 등수국
> · *H. macrophylla* (Thunb.) Seringe subsp. *macrophylla* 수국 (재배종)
> · *H. macrophylla* subsp. *serrata* (Thunb.) Makino 산수국(mountain hydrangea)
> · *H. hybrangeoides* (Seibold & Zucc.) Bernd Schulz 바위수국

종소명의 설명 anomala 비정상의; petiolaris 잎자루와 관련된, 혹은 잎자루가 긴; macrophylla 큰 잎의; serrata 결각의

수국과 나무수국은 일본산으로서 흔히 심고 있다. 등수국은 울릉도와 남쪽 섬에서 자라고 길이 20m정도 벋어가며 산수국은 경기도 및 강원도 이남에서 자라는 낙엽관목이다.

바위수국은 울릉도와 남쪽 섬에서 자라고 일본에도 분포한다. 중성화에 1개의 큰 꽃받침이 있고 등수국과 비슷하지만 등수국은 4개로(바위수국은 5장) 갈라진다. 현재 바위수국은 *Schizophragma*속 보다 수국속으로 *Hydrangea hydrangeoides* (Siebold & Zucc.) Bernd Schulz라는 학명을 사용한다.

식별 특징 바위수국의 경우 무성화의 꽃받침이 갈라지지 않아 등수국과 산수국과 구분되며 잎은 잎의 거치가 10-20개인 반면, 등수국은 잎의 거치가 30-40개로 많다. 산수국은 바위수국처럼 잎의 거치가 10-20개로 등수국과 구분되며 관목으로 덩굴성인 등수국과 야외에서 쉽게 구분된다. 등수국은 덩굴성이면서 잎의 거치가 많아 다른 종들과 구분된다. 바위수국의 포는 갈라지지 않아 쉽게 구분되며 잎 모양도 거치가 다소 커서 차이가 존재한다.

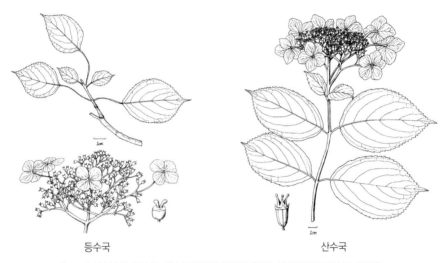

등수국   산수국

그림 7-14. 바위수국, 등수국, 산수국의 잎과 열매에 달리는 중성화의 포 모습이 다르다.

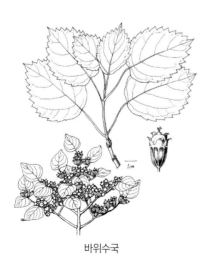

산수국 분포도

바위수국

고광나무속 *Philadelphus* L., mock-orange

동아시아에서 히말라야까지와 북아메리카·유럽 남부 및 코카서스에 55종이 분포하고 한반도에는 3종이 있으며 관상적 가치가 높다.

잎 낙엽관목, 마주나기, 3-5 맥이 있다. 잎의 거치가 독특해서 속의 특징으로 인지하기 쉽다. **꽃 및 꽃차례** 측지 끝에 총상 또는 2-3개가 취산상으로 달리며 백색이다. 꽃잎과 꽃받침 잎은 4개씩이고 수술은 많으며, 암술대는 4개가 다소 합쳐지며, 씨방은 4실이며 하위 또는 중위이다. **열매 및 종자** 삭과는 4개로 갈라진다.

- *P. pekinensis* Rupr. 애기고광나무
- *P. tenuifolius* Rupr & Maxim. var. *tenuifolius* 얇은잎고광나무
- *P. tenuifolius* var. *schrenkii* (Rupr.) J. J. Vassil 고광나무(Schrenk's mock-orange)

표 7-30. 고광나무속의 주요 형질

종명	꽃차례의 꽃수	식물 전체 털	꽃받침통 크기	암술대	분포
애기고광나무	(5)7-9(11)개	없음	작다	얕게 갈라짐	전라도 및 경남
얇은잎고광나무	3-7개	존재	크다	깊게 갈라짐	전국
고광나무	3-7개	존재	크다	더 깊게 갈라짐	북부

종소명 설명 schrenkii A.V. Schrenk 식물학자의 이름에서 유래; pekinensis 중국 北京(Beijing)의; tenuifolius 얇은 잎의

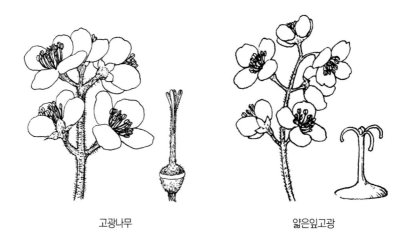

고광나무   얇은잎고광

그림 7-15. 고광나무(암술대가 깊게 갈라지고 털은 암술대와 꽃받침까지 털이 발달한다)
얇은잎고광(암술대는 얇게 갈라지고 털은 꽃받침에만 발달한다)

식별형질 고광나무는 아무르 지방에서 채집한 표본을 근거로 기재한 식물로서 암술대가 갈라지는 지점에 있어서는 얇은잎고광과 유사하나 암술대에 털이 있는 점에서 차이가 나며 현재는 종 보다는 변종으로 본다. 고광나무는 얇은잎고광에 비해 털이 많은데, 이런 털이 화반에 얼마만큼 있고 꽃잎의 모양이 조금 다르다는 특징을 근간으로 과거 여러 변종이 언급되었다. 즉, var. *schrenkii*는 화반의 털이 없으며 꽃잎은 긴타원상 도란형이라 하며, var. *jackii* Koehne(털고광나무)은 화반에 다소 털이 있거나 없으며 꽃잎이 긴타원상 도란형, var. *mandshuricus* (Maxim.) Kitagawa(왕고광나무)의 경우는 화반에 다소 털이 있거나 없으며 꽃잎은 거의 원형으로 세분하지만 모두 동일종 내에서 볼 수 있는 연속변이로 본다. 북한 양덕에서 채집되어 기재된 흰털고광나무(*P. lasiogynus* Nakai)도 고광나무의 이명으로 본다. 남한에서는 대부분 얇은잎고광이 흔하게 관찰된다. 애기고광나무는 꽃의 크기가 작고 꽃차례에 달리는 꽃의 수가 더 많고 [(5)7-9(11), 고광나무나 얇은잎고광은 3-7개] 식물 전체에 털이 거의 없다.

말발도리속 *Deutzia* Thunb., pride-of-rochester

40종이 동아시아, 히말라야 및 중앙아메리카 산악지대에 분포하며 한반도에는 5종이 자라며 일본으로부터 관상용 들여온 둥근잎말발도리(*D. scabra* Thunb.)와 애기말발도리(*D. gracilis* Siebold & Zucc.)를 널리 식재하고 있는데 중간형이 많아 이 두 관상용 식물의 식별은 다소 어렵다.

잎 낙엽관목으로 마주나기, 톱니가 있으며 전체적으로 별모양이 털(성상모)이 많다. 1-2년생 가지 속은 비어 있다. **꽃 및 꽃차례** 백색이며 1개 또는 여러 개가 총상, 원추상 또는 취산꽃차례에 달린다. 꽃받침잎과 꽃잎은 5개, 수술은 10개이며 수술대에 날개가 있다. 씨방은 하위이고, 암술대는 3-5개가 갈라진다. **열매** 삭과이며 성숙하면 3-5개로 갈라진다. 과거 매화말발도리는 남한지역에만 분포하는 고유종으로 판단하였으나 최근 연구에서 일본 혼슈에 분포하는 *D. uniflora*와 동일 종으로 본다. 바위말발도리와 매화말발도리는 식별에 혼란이 있는데 바위말발도리는 산방꽃차례인 반면, 매화말발도리는 꽃차례가 거의 발달하지 않아 쉽게 식별이 가능하며 분포 측면에서도 바위말발도리는 남한 한탄강 주위 에서만 발견된다.

물참대와 말발도리는 강원도 및 백두대간의 계곡에서 흔히 보는 식물로 물참대는 잎 뒷면에 털이 거의 없으면서 소지가 붉은 갈색이고 종이처럼 벗겨지면서 말발도리에 비해 다소 열매가 크다. 꼬리말발도리는 경상남북도(함경남도 원산에서도 채집)에 분포하는 멸종위기 종이며 주로 계곡에서 뿌리로 클론이 형성되어 비교적 집단내에서 개체수는 많지만 유전다양성은 낮다.

말발도리속내에서 수술의 모양과 털의 모양을 근간으로 세분화한 종 처리는 기본종의 개체변이로 판단하여 모두 이명으로 본다. 말발도리의 식별은 꽃차례와 잎의 털의 유무가 주요 식별 형질이 된다. 주로 계곡에 자라지만, 매화말발도리는 계곡 암석이나 돌 사이에서만 자란다.

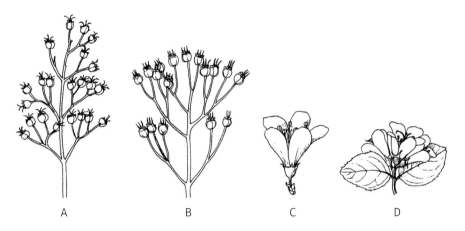

그림 7-16. 꼬리말발도리(A),는 원추꽃차례 말발도리와 물참대(B)는 산방꽃차례, 매화말발도리(C)는 꽃차례가 없이 1개의 꽃이 달리며 바위말발도리(D)는 짧은 산방꽃차례를 형성한다.

- *D. glabrata* Kom. 물참대
- *D. parviflora* Bunge 말발도리
- *D. paniculata* Nakai 꼬리말발도리
- *D. uniflora* Shirai 매화말발도리
- *D. grandiflora* Bunge 바위말발도리

표 7-31. 말발도리속의 주요 형질

종명	꽃차례	잎의 털	소지	열매 크기	꽃잎
물참대	산방 꽃 15-20개	없음	벗겨짐	크다	원형
말발도리	산방 꽃 15-20개	매우 많음	안 벗겨짐	작다	원형
꼬리말발도리	원추 15-20개	매우많음	안 벗겨짐	작다	삼각형
매화말발도리	단일 꽃 1개	많음	안 벗겨짐	작다	삼각형
바위말발도리	산방 꽃 2-4개	많음	벗겨짐	크다	길게 발달

종소명 설명 glabrata 털이없는; grandiflora 꽃이 큰; parviflora 꽃이 밀집한; paniculata 원추꽃차례의; uniflora 꽃이 하나만 달리는

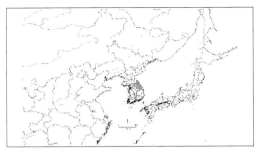
물참대 분포도

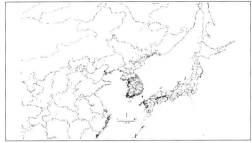
말발도리 분포도

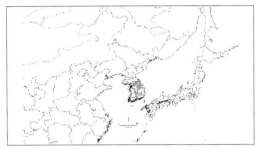
매화말발도리 분포도

까마귀밥나무과 Grossulaceae, The gooseberry family

까마귀밥나무속 *Ribes* L., gooseberry, currant

　북반구의 온대와 남아메리카의 안데스에서 150종이 자라며, 한반도에서는 10종이 자란다. 남한에는 꼬리까치밥나무, 까치밥나무, 명자순, 까마귀밥나무 4종만 볼 수 있다. **잎** 낙엽관목, 어긋나기, 대가 있으며 장상으로 갈라진다. **꽃 및 꽃차례** 양성 또는 암수딴그루이고 총상으로 달리거나 엽액에 1개 또는 여러 개가 속생하며 5(4)수 이다. 꽃받침은 통상이거나 복상이고 열편의 밑부분은 다소 붙으며 꽃잎은 작다. 씨방은 1실이고 하위이며 2개의 암술대는 다소 붙어 있다. **열매 및 종자** 장과로서 많은 종자가 들어 있다. **소지 및 수피** 가시가 많이 발달한다.

- *R. horridum* Rupr. ex Maxim. 까막바늘까치밥나무
- *R. burejense* Fr. Schm. 바늘까치밥나무
- *R. fasciculatum* Siebold & Zucc. 까마귀밥나무
- *R. diacanthum* Pall. 가시까치밥나무
- *R. triste* Pall. 눈까치밥나무
- *R. procumbens* Pall. 둥근잎눈까치밥나무
- *R. mandshuricum* (Maxim.) Kom. 까치밥나무
- *R. latifolium* Jancz. 넓은잎까치밥나무
- *R. maximoviczianum* Kom. 명자순
- *R. komarovii* Pojark. 꼬리까치밥나무

종소명 설명 horridum 공포스러운(가시의 모양); burejense 부레야지역의; fasciculatum 속생의; diacanthum 가시가 2개가 있는; triste 슬픈; procumbens 옆으로 기는; mandshuricum 만주의; latifolium 넓은 잎의; maximowiczianum 러시아 식물학자 C. Maximoricz의; komarovii 러시아 분류학자 V. L. Komarov의

식별 특징 까마귀밥나무속의 주요 특징은 꽃이 암수한꽃이거나 딴꽃 등의 특징도 중요하지만 꽃차례와 가시의 발달 정도에 의해 구분이 된다.

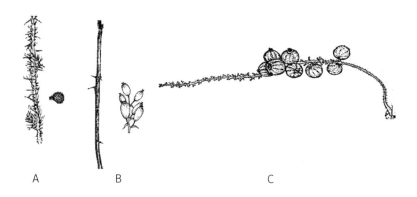

A   B   C

그림 7-17. 까마귀밥나무속의 주요 특징은 꽃이 암수한꽃이거나 딴꽃 등의 특징도 중요하지만 가지에 가시가 많이 발달하 면서 꽃차례가 발달하지 않는 종류바늘까치밥나무, 까막바늘까치밥나무(A), 가지에 가시가 2-3개가 발달하 면서 꽃차례가 다소 발달하는 종류가시까치밥나무, 꼬리까치밥나무, 명자순(B), 가지에 가시가 거의 발달하 지 않으면서 꽃차례가 길게 발달하는 종류 까막까치밥나무, 눈까치밥나무(C) 등 꽃차례와 가시의 발달 정도에 의해 구분이 된다.

표 7-32. 남한에 분포하는 까마귀밥나무속의 주요 형질

종명	꽃차례 및 꽃의 수	잎 자루 길이(mm)	단성/양성	잎 길이 (cm)
까마귀밥나무	산형, 2-9개	10-30	암수딴꽃	3-8
까치밥나무	총상, 40-50개	50-60	암수한꽃	5-10
명자순	총상, 5-10개	5-6	암수딴꽃	4

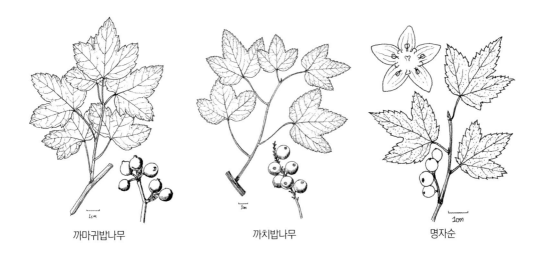

까마귀밥나무   까치밥나무   명자순

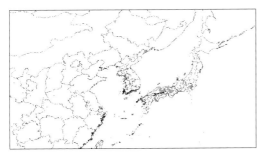

까마귀밥나무 분포도

까치밥나무 분포도

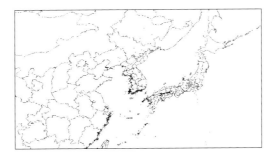

명자순 분포도

장미과 Rosaceae, The rose family

115속 3,200종으로 구성되며 지구상에 널리 분포하지만, 특히 동아시아·북아메리카 및 유럽에 많이 집중되며, 35속 207종이 한반도에서 자란다. 17속이 북반구에서 자라고 한반도에서는 낙엽관목 7속 22종과 초본류 1속 2종이 자라고 있다. 장미과는 농업에 있어서는 주요한 수종이 많으며, 사과나무·배나무·자두나무·벚나무·살구나무·딸기·복숭아 등 주요한 과수의 종류와 일부 관상용 수종이 있다.

잎 대부분 어긋나기, 탁엽이 있다. **꽃 및 꽃차례** 5수의 꽃부분과 대부분의 속에 꽃받침통 (androperianth tube)이 있으며 배유가 거의 없는 것이 특색이다. 화탁은 얕은 접시같이 생겼고 심피는 보통 5개로서 떨어진다. **열매** 골돌이고 2개-∞의 종자가 들어 있다. 꽃받침과 꽃잎은 5수이며 수술은 10-∞개이다.

· 조팝나무속(*Spiraea*)	· 쉬땅나무속(*Sorbaria*)
· 홍가시속(*Photinia*)	· 사과나무속(*Malus*)
· 배나무속(*Pyrus*)	· 마가목속(*Sorbus*)
· 산딸기속(*Rubus*)	· 장미속(*Rosa*)
· 벚나무속(*Prunus*)	· 나도국수나무속(*Neillia*)
· 가침박달속(*Exochorda*)	· 섬개야광나무(*Cotoneaster*)
· 산사나무속(*Crataegus*)	· 병아리꽃나무속(*Rhodotypos*)
· 황매화속(*Kerria*)	· 담자리꽃속(*Dryas*)
· 명자속(*Chaenomeles*)	· 다정큼나무속(*Rhaphiolepis*)
· 비파나무속(*Eriobotrya*)	· 국수나무속(Stephanandra)
· 산국수나무속(Physocarpus)	· 빈추나무속(Prinsepia)

국수나무속 *Stephanandra* Siebold & Zucc.
국수나무 *S. incisa* (Thunb.) Zabel, cutleaf stephanandra
잎 낙엽관목, 어긋나기, 두 줄로 배열하며 결각상으로 갈라지고 잎같은 탁엽이 있다. **꽃 및 꽃차례** 양성이며 산방상 원추꽃차례에 달리고, 소꽃자루 밑에 포가 있으며 꽃받침통은 술잔같이 얕다. **열매 및 종자** 골돌은 꽃받침에 싸여 털이 있으며 1-2개의 윤채가 나는 종자가 들어 있다.

조팝나무속 *Spiraea* L., spiraea
80종 정도가 북반구의 온대와 한대에서 자라고 관상용으로 많이 심고 있으며 한반도에서는 15종이 자라고 있다.

잎 낙엽관목, 어긋나기, 톱니가 있거나 밋밋하다. **꽃 및 꽃차례** 양성이며 산형상 총상꽃차례·산방꽃차례 또는 원추꽃차례에 달리고 백색 또는 홍색이다. 꽃받침통은 얕은 술잔 같으며 꽃받침잎과 꽃잎 및 씨방은 각 5개씩이고 수술은 15-60개이다. **열매 및 종자** 골돌은 복봉선에서 갈라지며, 종자는 매달리고 배유가 없다.

- *S. salicifolia* L. 꼬리조팝나무
- *S. trichocarpa* Nakai 갈기조팝나무
- *S. miyabei* Koidz. 덤불조팝나무
- *S. media* Schimidt 긴잎조팝나무
- *S. fritschiana* C. K. Schneid. 참조팝나무
- *S. prunifolia* f. *simpliciflora* Nakai 조팝나무
- *S. chamaedryfolia* var. *ulmifolia* (Scop.) Maxim. 인가목조팝
- *S. prunifolia* Siebold & Zucc. f. *prunifolia* 만첩조팝나무 (겹꽃)
- *S. chinensis* Maxim. 당조팝나무
- *S. betulifolia* Pall. 둥근잎조팝나무
- *S. blumei* G. Don 산조팝나무
- *S. ouensanensis* H.Lév. 아구장나무

종소명설명 blumei 네덜란드의 식물학자인 K. L. Blume의 이름; chamaedryfolia 토양의 겉을 덮거나 잎의 모양에 근거한; ulmifolia 느릅나무속(*Ulmus*)의 잎처럼 생긴; chinensis 중국산의; fritschiana 오스트리아 K.F. Fritsch의 이름; japonica 일본산의; media 중간의; miyabei 일본 북해도 식물학자 K. Miyabe의 이름; prunifolia 벚나무속(*Prunus*)의 잎처럼 생긴; pubescens 잔연모가 있는; salicifolia 버드나무속(*Salix*) 잎처럼 생긴

표 7-33. 조팝나무속의 주요 형질

종명	꽃차례	꽃피는 시기	꽃색깔	수술의 길이 (꽃잎길이 대비)	열매 털
꼬리조팝나무	원추꽃차례	6-8월	분홍 붉은색	길다	존재
당조팝나무	산형상산방	4-5월	흰색	같다	존재
갈기조팝나무	복산방상	4-5월	흰색	같다	존재
둥근잎조팝나무	복산방상	6-7월	흰색	길다	없음
덤불조팝나무	복산방상	7-8월	흰색	길다	존재
산조팝나무	산형상산방	4-5월	흰색	같다	없음
긴잎조팝나무	산형상산방	5-6월	흰색	같다	존재
아구장나무	산형상산방	4-5월	흰색	같다	가끔 털 존재
참조팝나무	복산방상	6-7월	흰색	길다	없음
조팝나무	산형(집단)	4-5월	흰색	짧다	없음
인가목조팝	산형상산방	5-6월	흰색	길다	존재

식별 특징 우선 꽃차례를 관찰한 후 잎의 털의 유무와 모양이 중요하며 열매나 꽃차례의 털의 존재를 확인할 필요가 있다. 꽃이 있을 경우에는 꽃의 색과 수술의 길이가 동정의 주요 특징이 된다. 식물에 털이 많은 종부터 적은 순서는 당조팝나무-아구장나무-산조 팝나무 이다. 잎의 형태에 따라 종을 세분화하는 경향이 러시아와 중국에서 확인된다.

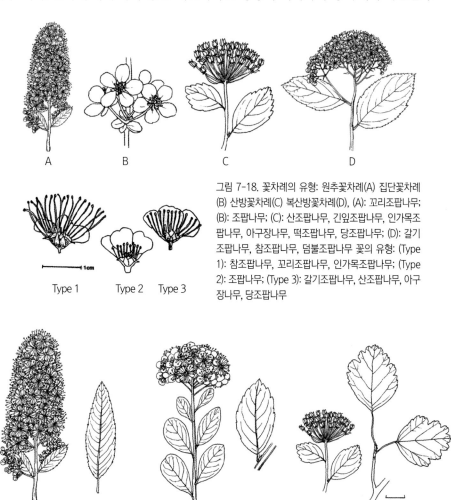

그림 7-18. 꽃차례의 유형: 원추꽃차례(A) 집단꽃차례 (B) 산방꽃차례(C) 복산방꽃차례(D), (A): 꼬리조팝나무; (B): 조팝나무; (C): 산조팝나무, 긴잎조팝나무, 인가목조 팝나무, 아구장나무, 떡조팝나무, 당조팝나무; (D): 갈기 조팝나무, 참조팝나무, 덤불조팝나무 꽃의 유형: (Type 1): 참조팝나무, 꼬리조팝나무, 인가목조팝나무; (Type 2): 조팝나무; (Type 3): 갈기조팝나무, 산조팝나무, 아구 장나무, 당조팝나무

꼬리조팝나무

갈기조팝나무

산조팝나무

아구장나무

참조팝나무

조팝나무

쉬땅나무속 *Sorbaria* A. Br., false spiraea

구세계의 온대에서 9종이 자라며 국내에는 2종이 분포한다.

잎 낙엽관목, 어긋나기, 우상복엽이고 탁엽이 있으며 소엽에 톱니가 있다. **꽃 및 꽃차례** 양성이고 백색이며 원추꽃차례에 달리고, 꽃받침통은 컵같이 생겼으며 뒤로 젖혀지는 꽃받침잎과 꽃잎은 5개이고 수술은 25-50개로서 꽃잎의 길이와 같거나 길다. 심피는 5개이며 꽃받침잎과 마주나기하고 밑부분이 붙어 있다. **열매 및 종자** 골돌은 복봉선으로 터지며, 종자에 배유가 없다. **생태** 계곡이나 습지 근처에서 잘 자라고 불에 잘 타지 않는 특색이 있다.

> · *S. sorbifolia* (L.) A. Braun 쉬땅나무
> · *S. kirilowii* (Regel) Maxim. 좀쉬땅나무

표 7-34. 쉬땅나무속의 주요 형질

종명	꽃받침	수술 수 및 길이	열매(골돌)	꽃차례
쉬땅나무	다소 가늘고 길다. 주위에 샘털 발달	30개 이상, 수술 길이가 모두 비슷, 길다 (7-8mm)	털이 많으며 큼 (4-8.5mm)	위로 곧추섬
좀쉬땅나무	끝은 완만하고 넓음, 털이 없음	20개, 바깥 수술의 길이 짧고 안 수술은 2-3배의 길이, 비교적 짧음 (5mm)	털이 없으며 작음 (2.5-5.5mm)	아래로 쳐짐

종소명설명 sorbifolia 마가목속(*Sorbus*)의 잎과 같은; kirilowii 채집자 I. P. Kirilov의

쉬땅나무는 작은 관목이지만 좀쉬땅나무는 다소 큰 관목이다. 쉬땅나무는 백두대간에 분포하지만, 좀쉬땅나무는 경기도와 서울에서 가끔 확인된다.

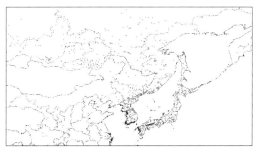
쉬땅나무 분포도

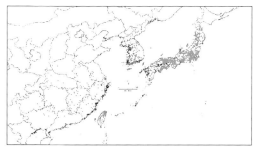
윤노리나무 분포도

홍가시나무속 *Photinia* Lindl.

상록교목인 홍가시나무와 낙엽성인 윤노리나무속은 암술대와 씨방의 수 및 수술의 수가 다르지만 동일 속으로 취급한다. 동아시아의 아열대와 난대에서 40종이 자라고, 일본산 홍가시나무[*P. glabra* (Thunb.) Maxim.]를 남쪽에서 식재한다.

잎 낙엽관목 또는 소교목, 단엽이고 어긋나기하며 톱니가 있고 탁엽은 일찍 떨어지기도

한다. **꽃 및 꽃차례** 백색이고 복산방상 또는 취산상으로서 가지 끝에 달리며, 꽃받침은 열매에 남아 있고 열편과 꽃잎은 5개씩이며 수술은 많다. 씨방은 2-4실이고, 같은 수의 암술대는 밑부분이 붙어 있으며. 배주는 2개씩이다. **열매 및 종자** 구형이거나 난형으로서 붉게 익는다.

생태 및 기타 정보 동아시아의 난대와 온대에 몇 종이 자라고, 윤노리나무[*Photonia villosa* (Thunb.) DC., oriental photinia]는 한반도에서 순교한 Jean-Antoine Pourthie 부주교를 기념하여 만든 속명(*Pourthiaea*)을 사용한다. 잎이 보다 두껍고 도란형으로서 열매의 지름이 12mm인 것을 떡윤노리(var. *brunnea*)라고 하며 제주도의 바닷가에서 자라고, 잎자루의 길이가 1cm 이상인 것을 긴꼭지윤노리(var. *longipes*), 어린 잎의 뒷면에 백색 털이 밀생하며 꽃자루·잎자루 및 어린 가지에 털이 많은 것, 잎이 얇고 꽃자루와 가지가 가는 것, 잎과 꽃차례의 털이 곧 떨어지는 것 등 여러 변이가 있지만 모두 이명 처리한다. 백색 꽃과 적색 열매가 시선을 끌어 관상용으로 활용된다.

사과나무속 *Malus* Mill., apple

북반구의 온대에 25종이 분포하고 있으며, 아시아에서는 동아시아에서 히말라야까지 자라고, 한반도에는 7종이 있으며 중요한 과수와 관상수이다.

잎 낙엽교목 또는 관목으로서 때로 소지는 가시로 된다. 어긋나기하고 톱니가 있으며 탁엽이 있다. **꽃 및 꽃차례** 산형상 총상꽃차례로서 꽃은 백색 또는 연한 홍색이다. 꽃받침잎과 꽃잎은 5개씩이며 수술은 15-50개이고, 하위씨방은 3-5실이며 같은 수의 암술대 밑부분이 붙어 있다. **열매 및 종자** 석세포가 없고 꽃받침 잎은 남아 있는 것도 있으며 과피에 잔점이 있다.

생태 및 기타 정보 사과(*M. pumila* Mill.)는 식재하며 잎은 갈라지지 않으며 열매에 꽃받침잎이 끝까지 남는 점이 다르다. 정원에 꽃사과 혹은 서부해당화 등 여러 국명으로 사용되는 원예 교잡종으로는 *M. × arnoldiana* (Rehder) Sargent, *M. brevipes* (Rehder) Rehder, *M. floribunda* Van Houtte, *M. × zumi* (Mastum.) Rehder 등 매우 다양하며 이중 야광나무와 아그배의 잡종인 *M. × zumi* 역시 널리 식재한다. 대부분 교잡한 종을 다시 다른 야생종과 교배를 통해 양산해서 형태적 변이가 매우 다양하며, 이 교잡종에 대한 기원을 찾기가 매우 어려운 것으로 알려져 있다.

> · *M. baccata* (L.) Borkh. 야광나무
> · *M. toringo* (Siebold) Siebold ex de Vriese 아그배나무
> · *M. komarovii* (Sarg.) Rehder 이노리나무

표 7-35. 사과나무속의 주요 형질

종명	잎	꽃자루 길이	열매 크기 및 모양	암술대 털	암술 수	수술 수
야광나무	갈라지지 않음	길다(4-7cm)	크다 (6-9mm)	존재	4-5	15-20개
아그배나무	2-3개로 갈라짐	짧다(1.5-4cm)	구형, 작다(4-6mm)	존재	3-5	20개
이노리나무	2-3개로 갈라짐	짧다(1.5-4cm)	긴 타원형, 작다(4-6mm)	없음	4-5	20-30개

종소명설명 baccata 열매가 장과상의; komarovii 러시아 식물학자 V. L. Komarov의 이름; toringo ringo(林檎)라는 일본어로 사과이며 산에서 자라는 사과라는 의미

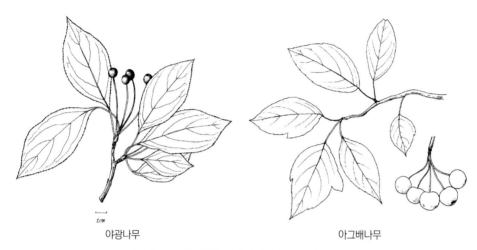

야광나무   아그배나무

그림 7-19. 야광나무는 꽃차례(혹은 과경)의 길이가 아그배나무에 비해 매우 길다.

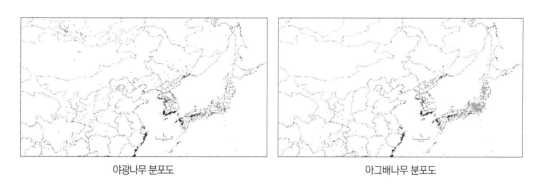

야광나무 분포도   아그배나무 분포도

배나무속 *Pyrus* L., pear

아시아에서 유럽까지 22종이 분포하고, 남쪽으로는 아프리카 북부·페르시아 및 히말라야까지 자라며 한반도에는 9종이 알려져 있다.

잎 낙엽 또는 반상록 교목이지만 관목성도 있고 간혹 가시가 있다. 톱니가 있지만 밋밋하거나 갈라지는 것도 있으며 잎자루과 탁엽이 있다. 겨울눈은 많은 눈껍질로 덮인다.

꽃 및 꽃차례 잎과 같이 피거나 또는 먼저 피고, 산형상 총상꽃차례에 달리며 백색이거나 적색이다. 꽃받침은 뒤로 젖혀지거나 옆으로 퍼지고, 꽃잎은 밑에 뾰족한 돌기가 있으며 둥글거나 넓고 긴 타원형이다. 수술은 20-30개이며 꽃밥은 적색이고, 암술대는 2-5개이며 떨어지지만 밑에서는 화반으로 인하여 밀접하게 된다. 배주는 각 실에 2개씩 들어 있다. **열매 및 종자** 이과는 과육에 석세포가 있으며 씨방벽은 연골질이다. 종자는 흑색이거나 거의 흑색이다. 산돌배나무는 백두대간에 분포하는 북방계 식물이지만 돌배나무는 경기도에서 남해까지 산발적으로 확인되는 수종인데 국내 재배되는 배나무의 원종으로 유전자원 가치가 높음에도 불구하고 생태나 종의 분포에 대한 연구는 미흡하다.

- *P. ussuriensis* Maxim. 산돌배나무
- *P. pyrifolia* (N.L. Burman) Nakai 돌배나무
- *P. calleryana* Decne. 콩배나무

표 7-36. 배나무속의 주요 형질

종명	잎 톱니	암술대	열매	열매자루	개화기	꽃의 크기
산돌배나무	바늘처럼 길게 뾰족	5개	꽃받침이 끝까지 달림	짧다(1-2cm)	5월	크다(2.5-3.5cm)
돌배나무	날카롭다	(4)5개	개화후 탈락	길다(3.5-5.5cm)	4월	크다(2.5-3.5cm)
콩배나무	둔한 파상	2-3개	개화후 탈락	짧다(1.5-3cm)	4월	작다(2-2.5cm)

종소명 설명 calleryana J. M. M. Callery의 채집자 이름; pyrifolia 배나무속(*Pyrus*)의 잎과 같은; ussuriensis 러시아 우스리지방의 이름;

산돌배 *P. ussuriensis* Maxim., Ussurian pear

잎 낙엽교목, 어긋나기, 원형 또는 난상 원형, 끝이 점첨두이고 양면에 털이 없고 가장자리에 침같이 길며 뾰족한 톱니가 있다. 잎자루는 길이가 2-5cm이고 털이 없다. **꽃 및 꽃차례** 산방꽃차례는 짧은 가지에 달리며 암술대의 밑 부분에는 털이 있다. **열매 및 종자** 구형이며 대가 짧고 지름이 3-4cm로서 향기가 있으며 황색으로 익는다. **소지 및 수피** 갈색이고 털이 없다. 수피는 가로로 뚜렷하게 피목이 발달한다.

식별 특징 배나무속에서는 잎의 거치가 서로 종간에 달라 주요한 형질이 된다. 산돌배는 잎의 거치가 안으로 휘는 반면, 돌배나무는 뾰족하기만 하다. 콩배나무는 거치가 뚜렷하게 발달하지 않으며 잎의 크기가 작다.

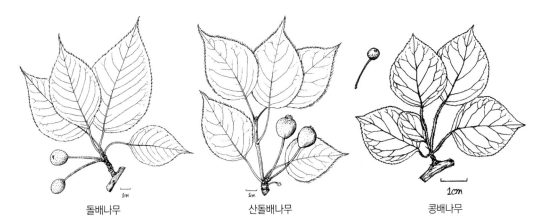

돌배나무 산돌배나무 콩배나무

그림 7-20. 돌배나무와 산돌배나무는 잎의 거치가 다른데 산돌배 거치가 약간 안으로 휘 면서 두드러지게 뾰족하다.
배나무속에서는 잎의 거치가 서로 종간에 달라 주요한 형질이 된다. 산돌배는 잎의 거치가 안으로 휘는 반면,
돌배나무는 뾰족하기만하다. 콩배나무는 거치가 뚜렷하게 발달하지 않으며 잎의 크기가 작다.

돌배나무 분포도

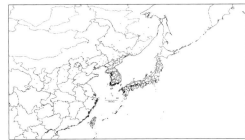

산돌배나무 분포도

마가목속 *Sorbus* L., mountain Ash(마가목류), white bean(팥배나무류)

북반구에 80종이 분포하고, 아시아에서는 동아시아에서 히말라야까지 그리고 미주에서는 남쪽으로 멕시코까지 분포하며, 한반도에는 4종이 자라고, 관상용 또는 열매와 수피를 약용으로 한다.

잎 낙엽교목 또는 관목, 어긋나기, 단엽 또는 우상복엽이며 톱니가 있고 탁엽이 있다. **꽃 및 꽃차례** 양성으로서 백색이며 큰 산방꽃차례에 달리고 포는 일찍 떨어지며, 열편과 꽃잎은 5개씩이고 수술은 15–20개이다. **열매 및 종자** 2–5실이며 1–2개씩의 종자가 들어 있다.

- *S. alnifolia* (Siebold & Zucc.) K. Koch 팥배나무
- *S. pohuashanensis* (Hance) Hedl. 당마가목
- *S. commixta* Hedl. 마가목
- *S. sambucifolia* (Cham. & Schltdl.) M. Roem. 산마가목
- *S. amabilis* Cheng ex T.T.Yu & K.C.Kuan. 참마가목
- *S. ulleungensis* Chin S. Chang 우산마가목

표 7-37. 마가목속의 주요 형질

종명	잎	암술대	소엽수	겨울눈	잎의 두께
팥배나무	단엽	2개	없음	털 없음	두텁다
당마가목	복엽	3-4개	9-15개	털 매우 많음(흰털)	얇다
마가목	복엽	3-4개	9-15개	털 없음, 갈색털	얇다
산마가마목	복엽	5개	7-11(13)개	털 +(갈색)	두텁다
참마가목	복엽	3-4개	9-15개	갈색	얇다

종소명설명 alnifolia는 오리나무속(*Alnus*)의 잎과 유사한; commixta라는 학명은 혼합하였다는 의미; pohuashanensis 중국 베이징 서쪽의 산 이름; sambucifolia 딱총나무속(*Sambucus*)의 잎과 유사; wilsoniana E. H. Wilson의 마가목속에는 복엽인 마가목류와 단엽인 팥배나무류로 크게 양분한다.

팥배나무 *S. alnifolia* (Siebold & Zucc.) K. Koch, Korean mountain ash
잎 단엽이며, 타원상달걀꼴, 표면과 뒷면 맥 위에 털이 있으나 점차 없어지며, 가장자리에 불규칙한 이중거치가 있다. **꽃 및 꽃차례** 산방꽃차례, 6-10개의 꽃이 달린다. **소지 및 수피** 수피는 회갈색이며 매끈하다. **개화기/결실기** 5-6월/ 10월

마가목 *S. commixta* Hedl., Chinese scaelet rowan, Japanese moutain ash
잎 어긋나기(기수후상복엽), 소엽수는 9-13장이다. **꽃 및 꽃차례** 복산방꽃차례. **소지 및 수피** 수피는 회갈색, 겨울눈에 점성이다. **개화기/결실기** 7월/ 10월
생태 및 기타 정보 음성과 양성 중간인 중용수지만 양수의 성격을 지닌다. 내한성이 매우 강하며, 토층이 깊은 사질토양의 비옥지에 잘 자란다. 또한, 생장이 다소 느리고, 맹아력이 있다. 발아력은 40%로 다소 낮고, 건조된 종자는 2-3년간 발아가 안 될 수 있어 습도가 있는 저온 냉장이 필요하다.
당마가목과 마가목의 차이는 잎이나 열매, 꽃의 특징은 존재하지 않고 겨울눈에 털의 유무인데 한라산, 지리산, 덕유산, 가야산 등지의 개체는 털이 없어 일본에 분포하는 마가목과 동일종으로 본다. 반면 백두산, 중국의 동북3성에 분포하는 개체들만이 흰털이 다수 있는 당마가목 특징을 가지고 있다. 이외의 한반도 전체에 백두대간과 강원도에서 채집된 개체에서 비교적 갈색 털이 발달하는데 중국 내륙의 *S. amabilis*와 동일 종(참마가목)으로 본다. 따라서 한반도에는 백두산의 당가마목, 한반도 남부의 마가목, 한반도에 넓게 분포하는 참마가목 3종과 함께 울릉도에 최근 열매와 꽃의 크기 등을 중심으로 고유종으로 기재한 우산마가목(*S. ulleungensis* Chin S. Chang) 4종이 확인된다.

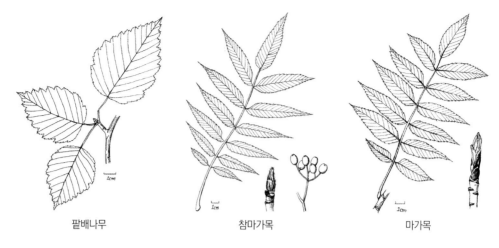

팥배나무   참마가목   마가목

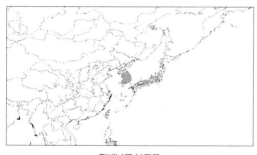
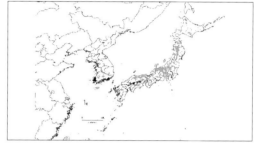

팥배나무 분포도   마가목 분포도

산딸기속 *Rubus* L., raspberry, blackberry

    북반구의 온대와 한대에서 600~1,200종이 자라고, 한반도에 17종이 있으며, 취과를 식용 또는 약용으로 한다.

잎 관목이지만 간혹 풀이 있고 대개 가시가 있다. 어긋나기하고 단엽 또는 복엽이며 탁엽은 잎자루에 붙는다. **꽃 및 꽃차례** 단지 끝에 달리고 1~다수가 산방상 또는 원추상으로 달리며 간혹 단성인 것도 있고. 꽃받침은 통부가 짧으며 열편과 꽃잎은 5개이고 백색 또는 연한 홍색이며 수술은 많다. **열매 및 종자** 분과가 모여 즙액이 많은 취합과로 된다.

> - *R. buergeri* Miq. 겨울딸기
> - *R. palmatus* Thunb. 단풍딸기
> - *R. phoenicolasius* Maxim. 곰딸기
> - *R. idaeus* L. 멍덕딸기
> - *R. coreanus* Miq. 복분자딸기
> - *R. hirsutus* Thunb. 장딸기
> - *R. pungens* Cambess. var. *pungens* 가시딸기
> - *R. pungens* var. *oldhamii* (Miq.) Maxim. 줄딸기
> - *R. corchorifolius* L. f. 수리딸기
> - *R. crataegifolius* Bunge 산딸기
> - *R. parvifolius* L. 멍석딸기
> - *R. sumatranus* Miq. 거지딸기
> - *R. arcticus* L. 함경딸기
> - *R. croceacanthus* H. Lév. 검은딸기

표 7-38. 산딸기속의 주요 형질

종명	잎	꽃차례	줄기	잎자루 길이/샘털	열매	분포
겨울딸기	단엽, 둥근 원형, 노란털 발달	총상, 원추	노란털이 발달, 가시 없음		구형(10-12mm) 적색	남부
수리딸기	단엽, 긴 달걀형, 결각 없음, 털 없음	1개씩 달림	털 없음, 가시존재	1cm	꽃받침과 꽃자루가 붙어있음	남부
단풍딸기	단엽 결각이 3-5개	1개씩 달림	털 없음, 가시존재	2-3cm	꽃받침과 꽃자루가 떨어짐	남부
산딸기	단엽 결각이 3-5(7)개	산방, 혹은 총상	털 없음, 가시존재	2-5cm	구형, 노란적색	전국
곰딸기	복엽(깃털형겹잎) 소엽수 3-5(7)개	총상	털매우 많음		구형, 적색	전국
멍석딸기	복엽(깃털형겹잎) 소엽수 3-5(7)개	산방, 원추	샘털 없음, 가시는 바늘모양	샘털 없음	구형, 적색	전국
멍덕딸기	복엽(깃털형겹잎), 긴타원형, 소엽수 3(5)개 잎 뒷면 흰털 밀생	산방, 원추	샘털 존재, 가시는 바늘모양	샘털 존재	구형(7-9mm) 적색	백두대간
거지딸기	복엽(깃털형겹잎), 긴타원형, 소엽수 5(7)개 털 없음 혹은 맥상에만 존재	산방, 원추	샘털 존재, 가시는 바늘모양	샘털 존재	긴타원(13-15mm) 노란색	경기도 충남
복분자딸기	복엽(깃털형겹잎), 소엽수 5(7)	산방, 원추	털 없음, 가시는 갈고리모양		구형, 적색	경기이남
함경딸기	복엽(깃털형겹잎), 3출엽, 가운데 소잎자루(2mm) 없음	1개씩 달림	샘털 없음		구형, 자주색	북쪽
장딸기	복엽(깃털형겹잎), 소엽수 (3)5(7)개, 가운데 소잎자루 (10mm) 발달	1개씩 달림	샘털 존재		구형, 적색	전국
검은딸기	복엽(깃털형겹잎), 가늘고 긴 소엽	1개씩 달림	샘털 존재 (밀생)		난상구형, 적색	제주도
가시딸기	복엽(깃털형겹잎), 달걀형	1개씩 달림	샘털 없음		구형, 황적색	남해
줄딸기	복엽(깃털형겹잎)	1개씩 달림	샘털 없음		구형, 적색	전국

종소명설명 arcticus 북극의, buergeri 일본식물채집가 Buerger의 이름, corchorifolius *Corchorus*속의 잎의, coreanus 한국산의, crataegifolius 산사나무속(*Crataegus*)의 잎과 비슷한, croceacanthus *Crocus*속의 꽃과 같은, hirsutus 거친 털이 있는, 많은 털이 있는, idaeus 지중해 구레나섬의 Ida山의 이름, microphyllus 작은 잎의, oldhamii 식물채집가 R. Oldham의 이름, sorbifolis 마가목속(*Sorbus*)의 잎과 같은, palmatus 손바닥 모양의, parvifolius 잎이 작은 모양의, phoenicolasius 훼니기아에서 자라는 식물이라는 뜻, ribesoideus 까마귀밥나무속(*Ribes*)과 유사한

식별 특성 산방이나 총상꽃차례를 가지는 분류군과 꽃이 1개만 달리는 유형 2가지가 있으며, 잎은 단엽과 복엽, 가시의 종류에 따라 식별이 가능하며, 전국적으로 분포하는 종과 남해안에 국한해서 분포하는 수종, 북쪽에만 분포하는 수종 등 지역별로 구분되기도 한다.

수리딸기   산딸기   곰딸기

멍석딸기   복분자딸기   줄딸기

장미속 *Rosa* L., rose

북반구의 온대와 열대의 고산지대에 150종이 분포하고, 한반도에서는 17종이 자라며 관상식물에 속한다.

잎 곧추 자라거나 덩굴성인 관목으로서 대개 가시가 있다. 어긋나기하고 우상복엽이며 톱니가 있고 탁엽은 일부가 잎자루에 붙는다. **꽃 및 꽃차례** 1개씩 또는 산방상 및 원추상으로 달리며 백색·홍색·황색 등이고 부악이 없으며, 꽃받침 통은 원형으로서 열매가 익어갈 때 육질로 되고 열편은 5개이며, 꽃잎은 5개이고 수술과 암술은 많다. 암술대는 심피의 복부에 달리며 떨어지거나 윗부분이 붙다. **열매 및 종자** 수과는 딱딱하다.

> · *R. multiflora* 찔레꽃　　　　 · *R. luciae* 제주찔레
> · *R. maximowicziana* 용가시나무　 · *R. acicularis* 민둥인가목
> · *R. koreana* 흰인가목　　　　 · *R. rugosa* 해당화
> · *R. davurica* Pall. var. *davurica* 생열귀나무
> · *R. davurica* var. *alpestris* 붉은인가목

표 7-39. 장미속의 주요 형질

종명	꽃차례	꽃의 크기	꽃 색깔	암술및 암술대	소엽수 및 소엽	열매의 꽃받침 잎	잎선점
찔레꽃	원추 혹은 산방	2cm	흰색	밖으로 길게 나와 통모양으로 합쳐짐, 털 없음	7개, 털 +	없음	
제주찔레	원추 혹은 산방	3-3.5cm	흰색	밖으로 길게 통모양으로 합쳐짐, 털 있음	5개, 털 없음	없음	
용가시나무	1-2개 꽃		흰색	약간 밖에 나오며 원형, 갈라짐	(7)9개	존재	
민둥인가목	1-2개 꽃		붉은보라	약간 밖에 나오며 원형, 갈라짐	3-7개 1.5-6cm	열매 긴타원형, 존재	없음
흰인가목	1-2개 꽃		흰색	약간 밖에 나오며 원형, 갈라짐	11-13(15)개 길이 2 cm	존재	
해당화	1-2개 꽃	6cm	연한 분홍색	약간 밖에 나오며 원형, 갈라짐	5-9개 길이 2-3cm	존재	
생열귀나무	1-2개 꽃	4-5cm	연한 분홍색	약간 밖에 나오며 원형, 갈라짐	7-9개 길이 2-3cm	열매 구형, 존재	존재
붉은인가목	1-2개 꽃		붉은보라	약간 밖에 나오며 원형, 갈라짐	5-7개 길이 2-3cm	열매 구형, 존재	없음

종소명의 설명 acicularis 바늘모양의; 지방의 alpestris 아고산의 초본대의; davurica 러시아 다후리아; koreana 한국산의; luciae Lucia Dufour 부인의; maximowicziana C. J. Maximowicz 식물학자의; multiflora 꽃이 많은; rugosa 주름이 있는;

식별 특징 장미속의 열매와 꽃차례가 주요 식별형질이 된다. 용가시와 찔레나무는 꽃차례가 산방꽃차례인 반면 다른 식물들은 모두 한개씩 달리며 각 열매의 모양과 꽃받침이 달리는 모양이 다르다.

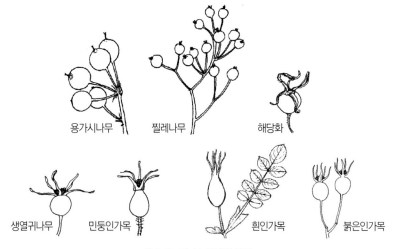

그림 7-21. 장미속 열매의 특징

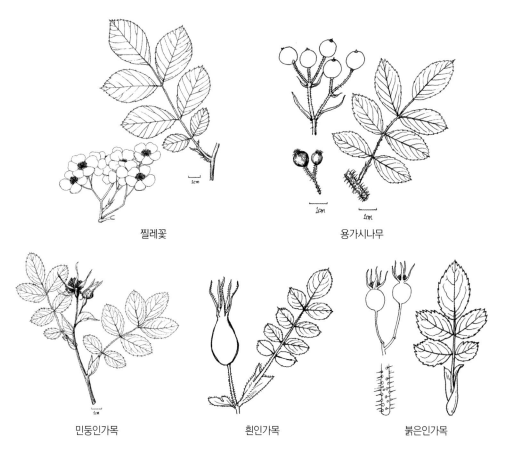

벚나무속 *Prunus* L., almond, cherry, peach, plum

　전세계에 430종 정도로 구성되고, 북반구의 온대에서 대부분이 자라지만 일부 종은 남아메리카의 안데스까지 분포한다.

잎 낙엽 및 상록교목 또는 관목, 어긋나기하고 톱니가 있지만 간혹 밋밋한 것도 있으며 탁엽이 있다. **꽃 및 꽃차례** 양성으로서 1개 또는 여러 개의 꽃이 총상꽃차례, 산방꽃차례, 산형꽃차례 등에 달리고, 꽃잎과 꽃받침잎은 5개씩이며 꽃은 보통 백색이지만 분홍색 또는 적색이고, 수술은 많으며 꽃받침통 위에 달리고, 암술은 1개로서 암술대가 길며 2개의 배주가 들어 있다. **열매 및 종자** 핵과 **소지 및 수피** 겨울눈에는 많은 눈껍질이 있다.

꽃차례가 존재하지 않는 종

- *P. salicina* Lindl. 자두나무
- *P. sibirica* L. 시베리아살구
- *P. persica* (L.) Batsch. 복사나무
- *P. glandulosa* Thunb. 산옥매
- *P. tomentosa* Thunb. 앵도
- *P. mandshurica* (Maxim) Koehne 개살구
- *P. japonica* Thunb. var. *japonica* 산이스라지
- *P. japonica* var. *nakaii* (H. Lév.) Rehder 이스라지
- *P. mume* Siebold & Zucc. 매실나무
- *P. armeniaca* L. 살구
- *P. triloba* Lindl. 풀또기
- *P. choreiana* Nakai ex H.T. Im 복사앵도
- *P. davidiana* (Carrière) Franch. 산복사

총상화서의 종

- *P. buergeriana* Miq. 섬개벚나무
- *P. padus* L. 귀룽나무
- *P. maackii* Rupr. 개벚지나무
- *P. maximowiczii* Rupr. 산개벚지나무

산방 혹은 산형화서 종

- *P.* x *yedoense* Matsum. 왕벚나무
- *P. spachiana* f. *ascendens* (Makino) Kitam. 올벚나무
- *P. serrulata* Lindley var. *serrulata* f. *serrulata* 꽃벚나무 (겹꽃)
- *P. serrulata* var. *serrulata* f. *spontanea* (E. H. Wilson) Chin S. Chang 벚나무
- *P. serrulata* var. *serrulata* var. *pubescens* (Makino) Nakai 잔털벚나무
- *P. takesimensis* Nakai 섬벚나무
- *P. sargentii* Rehder var. *sargentii* 산벚나무
- *P. sargentii* var. *verecunda* (Koidz.) Chin S. Chang 분홍벚나무

종소명 설명 armeniaca 흑해연약에 잇는 아르메니아의; buergeriana 일본 식물을 채집한 W. C. Buerger의 이름; davidiana 중국 식물을 채집한 선교사 A. David의 이름; glandulosa 선(腺)이 있는; japonica 일본산의; maackii 러시아 식물학자 R. Maack의 이름; mandshurica 만주산의; maximowiczii 러시아 식물학자 C. J. Maximowicz의 이름; mume 일본명 '우메'(우메보시라는 이름에서 유래); padus 강 혹은 계곡이라는 의미; ascendens 비스듬이 아래로 가지가 처지는 모양을 지칭; persica 페르샤의 이름; salicina 버드나무속(*Salix*)와 유사한; sargentii 미국의 식물학자 C. S. Sargent의 이름; serrulata 잔톱니가 있는; sibirica 시베리아산의; tomentosa 가는 선모가 밀생하는; yedoense 일본 Yedo(江戶=지금의 도쿄)의 이름

[화서가 형성 안되는 벚나무류]
개살구 *P. mandshurica* (Maxim.) Koehne, bitter apricot
잎 어긋나기, 넓은 타원형으로서 끝이 점첨두이며 밑이 넓은 예저 및 원저이다. 가장자리에는 뾰족하며 불규칙한 복거치가 있는데, 톱니가 좁고 길며 끝이 둔하거나 날카롭고 양면에는 털이 없으며 뒷면은 녹색이고 맥액에 잔털이 있다. **꽃 및 꽃차례** 연한 분홍색이며 꽃받침잎은 타원형으로서 털이 없고 선상 톱니가 있다. 암술은 수술보다 길지 않고, 암술머리는 술잔 같으며 암술대의 밑부분과 씨방에 털이 있다. **열매 및 종자** 핵과는 난구형으로서 털이 많다. 과육은 잘 떨어지지만 맛이 떫어서 먹을 수 없다. **소지 및 수피** 수피는 코르크가 발달하고 소지는 밤색이며 털이 없다.
개화기/결실기 4-5월에 잎보다 먼저 1개씩 피고 7-8월에 황색으로 익는다.
생태 및 기타 정보 중부 이북의 산지에서 자라고 높이가 10m 정도에 달하며 가지가 퍼진다. 잎 가장자리의 톱니는 단거치이고 핵과의 능선 일부에 날개같은 돌기가 있는 것을 시베리아살구(*P. sibirica* L.), 날개같은 돌기가 없고 재배하는 것을 살구(*P. armeniaca* L., apricot)라고 하며, 열매는 식용, 핵과는 약용으로 하고 모두 좋은 관상자원이다.

[총상꽃차례형 벚나무류]
개벚지나무 *P. maackii* Rupr., Manchurian cherry
잎 어긋나기, 긴 타원형이며 끝이 점첨두이며 밑이 원저이다. 표면에 털이 없지만 뒷면에 선점이 많다. **꽃 및 꽃차례** 총상꽃차례이며, 백색, 지름이 1 cm이며, 꽃받침통은 원통형이고 꽃받침잎은 넓은 피침형으로서 털이 많으며 선점이 있다.
생태 및 기타 정보 강원도 이북의 산지에서 자라는 낙엽교목으로서 높이가 15m에 달한다. 수피는 황갈색이고 윤택이 나며 옆으로 벗겨지기 쉽고, 어린 가지에 털이 있지만 점차 없어지며 갈색으로 된다. 특히, 태백산 지역의 개벚지나무는 개체수가 매우 많아 800-1,200m의 계곡 식생의 중요 요소로 포함된다.

표 7-40. 총상꽃차례형 벚나무류의 주요 형질

종명	성상	꽃차례	잎	수피
섬개벚나무	작은교목	총상/15-30개	없음	
개벚지나무	작은교목	총상/15-30개	잎 뒷면 매우 많음	반짝이나 윤이 남
귀룽나무	큰교목	총상/15-30개	없음	갈라짐
산개벚지나무	교목	산방성 총상 (포가 발달)/ 5-6개	없음	

개벚지나무 분포도

귀룽나무 분포도

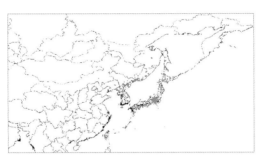

산개벚지나무 분포도

귀룽나무 *P. padus* L., bird cherry

잎 어긋나기, 거꿀 타원형으로서 끝이 점첨두이며 밑이 원저이다. 표면은 털이 없으며 녹색이고 뒷면은 선점이 없고 가장자리에 잔톱니가 있다. **꽃 및 꽃차례** 총상꽃차례는 길이가 10-15cm로서 약간 밑으로 처지고 털이 없으며 밑부분에 잎이 달린다. 꽃은 백색이다.

생태 및 기타 정보 산골짜기에서 자라지만 북쪽으로 갈수록 더욱 많아지고, 높이가 15m에 달하는 낙엽교목이다. 어린 가지에는 털이 있기도 하고 잘라 보면 고약한 냄새가 난다. 수피는 옆으로 발달하는 피목이 뚜렷하다. 벚나무나 산벚나무, 왕벚나무에 비해 다소 짙은 갈색이며 피목의 양도 많아 쉽게 구분된다. 총상꽃차례를 가지는 벚나무 종류는 강원도 및 백두대간 지역에 자생하는 개벚나무, 귀룽나무, 산개벚지나무는 산개벚지나무가 거치가 느릅나무 잎처럼 깊게 갈라지는 반면, 개벚나무는 잎 뒷면에 선점이 있어 여름

철에는 햇빛에 잎 뒷면을 비쳐 보면 반짝이는 점이 보이며 가을에는 낙엽 지기 전에 매우 뚜렷한 반점처럼 보여 쉽게 식별이 된다.

식별 형질 귀룽나무는 선점이 없지만 가지나 잎에서 살리신 냄새가 나서 쉽게 인식된다. 꽃차례가 달리는 경우에는 꽃차례 맨 아래 잎이 달리는 것은 귀룽나무의 특징이며 산개 벚지나무는 포가 뚜렷하게 발생한다. 열매나 꽃의 크기는 귀룽나무가 개벚지나무보다 크지만 그 차이는 직접 비교하기 전에는 인식하기가 쉽지 않다.

A. 산형화서 B. 산방화서. 산벚나무와 올벚나무는 산형꽃차례를 벚나무는 산방꽃차례를 가진다. 단 초기 개화시에 벚나무는 겨울눈에서 산형꽃차례처럼 피지만 시간이 흐르면서 총꽃자루가 길어지면 비로서 산방꽃차례로 보인다. 개화시 이에 대한 자세한 관찰이 필요하다.

C. 이스라지 D. 매화. 이스라지나 자두나무는 산형화서가 형성되지만 매화, 앵도, 살구나무의 경우 꽃차례가 형성되지 않고 매우 짧은 꽃자루가 바로 꽃눈에서 자란다.

그림 7-22. 벚나무속의 산형화서와 산방화서의 비교 그리고 이스라지와 매화의 꽃차례 비교

산형꽃차례/산방꽃차례형 벚나무

벚나무 *P. serrulata* Lindl. var. *serrulata* f. *spontanea* (E. H. Wilson) Chin S. Chang, Japanese hill cherry, blackberry

잎 낙엽교목, 어긋나기, 난형 또는 난상 피침형이며, 끝이 급첨두이고 밑이 원저 또는 넓은 예저이다. 가장자리의 잔톱니 또는 겹으로 된 잔톱니의 끝은 침같이 뾰족하다. 양면에 털이 없으며 잎이 필 때에는 녹갈색이고 뒷면이 회청색이다. 잎자루는 길이가 2-3cm로서 적색이며, 윗부분에 2-3개의 선이 있다. **꽃 및 꽃차례** 산방꽃차례 또는 산형꽃차례에 3-4(5)개씩 달리며 연한 홍색이다. **소지 및 수피** 수피는 윤택이 나고 옆으로 벗겨지며 흑자갈색이고, 소지에 털이 없다. **개화기/결실기** 꽃은 4월 초-중순에 피고 열편은 난형이고 예두이며, 암술대에 털이 없다. 열매는 둥글고 6-7월에 적색에서 흑색으로 익는다.

생태 및 기타 정보 주로 양수로서 충분한 광이 있는 지역에서 잘 자란다. 생장은 매우 빠

르며 수명은 약 60-80년생 정도이다. 벚나무의 병충해는 비짜루병감염, 천공갈반병(갈색반점), 진딧물이외 풍뎅이, 나방등의 피해가 매우 심하다. 새들에 의해 종자 산포가 되며 숲에서 순림을 이루는 경우는 극히 드물고 주로 사면에 자란다. 종자는 주로 6월에 채집해서 과육을 없애고 저온 노천 매장을 하면 70-80% 이상의 높은 발아율을 보인다.

중국 식물을 중심으로 Lindley (1828)가 *Prunus serrulata*를 가장 먼저 기재하였으나 이는 겹꽃을 근간으로 기재한 것으로 Wilson은 홑꽃을 중심으로 한 개체의 학명을 1916년에 *Prunus serrulata* var. *spontanea* E. H. Wilson으로 보고하였다. 그러나, 일본의 Koidzumi(1911)는 Siebold의 발표된 나명(裸名)을 정리하여 *Prunus jamasakura* Siebold ex Koidz.를 발표하였다. 현재 중국과 일본, 한국에 분포하는 이 종은 모두 동일종으로 간주하고 있어 Wilson의 학명을 사용하느냐 혹은 Koidzumi의 학명을 사용하느냐 하는 학자간 이견이 존재하지만 동일종으로 보는 견해가 더 많다.

벚나무는 잎의 모양과 털의 변이가 심하여 많은 변종 혹은 품종이 기재되었으나 뚜렷한 지리적인 특징 없이 개체간에 심하다. 몇 가지 예를 들면 잎이 피침형인 것을 가는잎벚나무[var. *densiflora* (Koehne) Uyeki], 꽃자루·소꽃자루 및 잎의 뒷면과 잎자루에 잔털이 있는 것을 잔털벚나무(var. *pubescens* Nakai), 잎자루과 잎 뒷면의 주맥에 융모가 밀생하고 꽃자루에 털이 많은 것을 털벚나무(var. *tomentella* Nakai), 꽃잎이 난원형이며 암술이 수술보다 긴 것을 꽃벚나무라 한다. 잔털벚나무를 제외하고는 모두 연속변이로 판단해서 벚나무의 이명으로 처리한다.

일부에서는 벚나무와 산벚나무의 종간식별에도 혼란을 겪는데 겨울눈에서 꽃이 필 때 화축(총꽃자루)이 발달하여 피는 것이 벚나무이며, 화축이 발달하지 않는 것을 산벚나무라 한다. 가로수로 식재된 대부분의 벚나무는 일본에서 들여와서 심고 있는 왕벚나무이며 일부 벚나무가 혼생해서 식재한다. 산형꽃차례에 잎과 잎자루, 화축 등에 털이 많아 분홍벚나무[*P. sargentii* var. *verecudata* (Koidz.) Chin S. Chang]라 해서 산벚나무중 털이 많은 것을 지칭하며 백두대간 일부 지역과 일본 홋카이도 등 지역에서 볼 수 있다.

개벚나무(*P. leveilleana* Koehne)는 동일지역에 다른 산벚나무 혹은 벚나무에 비해 개화기가 2주 정도 늦으면서 잎자루과 화병에 털이 많은 것을 지칭한다. 이외에 잎은 뒷면에 털이 있고 화축은 발달하거나 짧으며 잎은 대개 난형으로서 꽃은 잎보다 먼저 피고 꽃잎은 난원형이며 암술은 수술 위에 나오고 소지는 윤택이 나는 자색이라 하였다. 이는 벚나무의 개체변이에 속하며 개화기 역시 잔털벚나무의 경우 약 7-10일간에 개체간 차이가 존재해서 잔털벚나무의 이명으로 판단된다.

왕벚나무 *P.* × *yedoensis* Matsum., Japanese cherry
식별 특징 잎 피기 전에 꽃이 피는 낙엽교목으로서 암술대에 털이 있다.

생태 및 기타 정보 일본에서는 올벚나무와 *P. speciosa* (Koidz.) Nakai(오시마사꾸라)와의 잡종으로 보고 있다. 한라산과 대둔산에서 자라는 왕벚나무는 빙하기에 육지와 섬의 연결에 의한 여러 차례 벚나무와 올벚나무의 잡종교잡의 산물로 본다. 잎자루과 꽃자루에 잔털이 있고 꽃자루의 길이가 2-3cm인 것을 사옥[var. *quelpaertensis* (Nakai) Uyeki]이라 하지만 이 역시 교잡의 중간 형태로 본다. 거리에 조경용으로 식재한 왕벚나무는 일본에서 종자나 삽수 등 여러 형태로 도입된 개체들이다.

표 7-41. 산방, 산형꽃차례형 벚나무류의 주요 형질

종명	꽃받침 통/피는 상태	꽃차례	잎의 선점
왕벚나무	원통모양 암술대 털 o, 꽃)잎	산방/산형 2-4개 꽃	잎 아래/잎자루
올벚나무	항아리 모양 암술대 털 o, 꽃)잎	산형 2-4개 꽃	잎 아래/잎자루
벚나무	원통모양 암술대 털 없음, 꽃=잎 동시에 핌	산방 2-4개 꽃	잎자루
섬벚나무	원통모양 암술대 털 없음, 꽃=잎 동시에 핌 꽃의 크기 비교적 작다	산형 (2)3-4(5)개 꽃	잎자루
산벚나무	원통모양 암술대 털 없음, 꽃=잎 동시에 핌, 꽃이 크다	산형 (1)2-3개 꽃	잎자루

나도국수나무속 *Neillia* D. Don, neillia

동아시아에서 히말라야에 걸쳐 10종이 자라며, 한반도에서 자라는 나도국수나무(*N. uekii* Nakai)는 중부에 주로 자라며, 중국 랴오닝에 1-2개 집단이 보고된다.

잎 낙엽관목이며, 잎은 어긋나기, 두 줄로 배열, 결각상으로 갈라지고 이중 거치가 뾰족하며 탁엽은 일찍 떨어진다. **꽃 및 꽃차례** 꽃은 양성이고 정생 총상꽃차례에 달리며, 꽃차례에 성모가 있고 소꽃자루에는 털이 밀생한 것과 꽃받침통과 더불어 선모가 있는 것이 있다. 씨방은 1개이다. **열매 및 종자** 열매는 선모가 밀생하고 끝에 암술대가 남아 있다. 주로 지하경으로 형성되고 클론의 면적이 상당히 크다. 양수로서 도로 근처에서 자라는데 등산로나 도로변에서 자라 집단이 급격하게 감소한다.

가침박달속 *Exochorda* Lindl., pearlbush

한반도에서 아시아 중부까지 4종이 분포한다. 한반도에는 가침박달(*E. serratifolia* S. Moore)이 자란다.

잎 낙엽관목, 어긋나기하고 가장자리가 밋밋하거나 톱니가 있으며 대가 있다. **꽃 및 꽃차례** 양성이고 백색이며 총상꽃차례에 달리고, 꽃받침 통은 넓은 팽이같이 생겼으며 꽃받침잎과

꽃잎은 각 5개씩이고 수술은 15-30개이며, 심피는 5개가 합생한다. **열매 및 종자** 삭과는 5개의 날개가 있고 갈라져서 각 1-2개의 날개가 달린 종자가 나온다.

섬개야광나무속 *Cotoneaster* Ehrh.

아시아·북아프리카 및 유럽의 온대에서 50종이 자라며 대부분이 관상용으로 활용되고 있지만 울릉도에서 자라는 섬개야광나무(*C. multiflorus* Bunge., many flowered cotoneaster)와 무산에서 자라는 둥근잎개야광(*C. integerrima* Medik)이 있다. 울릉도의 섬개야광나무는 한국 특산종으로 인식해서 과거 *C. wilsonii* Nakai로 학명을 사용하나 최근 연구에 의하면 중국내륙에 분포하는 종과 동일한 것으로 확인된다.

· *C. multiflorus* Bunge 섬개야광나무 · *C. integerrimus* Medik 둥근잎개야광

종소명 설명 multiflorus 꽃이 많이 달리는; integerrimus 매우 완전한, 거치가 없는 전연의

낙엽 또는 상록관목이고 간혹 소교목, 어긋나기하며 잎의 가장자리가 밋밋하고 작은 탁엽이 있다. 꽃은 양성이며 연분홍색이고 산방상 원추꽃차례에 달린다.

표 7-42. 개야광나무속 수종의 주요 형태

종명	열매 크기	총화경
섬개야광나무	7–8mm	1–1.5cm
둥근잎개야광	4(7)mm	3cm

산사나무속 *Crataegus* L., hawthorn

북반구의 온대에 300-1,000종이 널리 분포하고, 2종이 자라고 있다.

잎 낙엽관목 또는 교목으로서 가지는 흔히 가시로 변한다. 어긋나기하고 갈라지지 않거나 3개 또는 우상으로 갈라지며 톱니가 있다. **꽃 및 꽃차례** 양성이고 백색이며 산방꽃차례에 달리고, 꽃받침잎과 꽃잎은 5개씩이며 수술은 5-25개이고, 심피는 1-5개가 합생하지만 윗부분과 복부에서 떨어진다. **열매 및 종자** 이과성 핵과는 적색·흑색 또는 황색으로 익고, 핵은 뼈와 같이 딱딱하며 1-5실에 각 1개씩의 종자가 들어 있다.

· *C. pinnatifida* Bunge 산사나무 · *C. maximowiczii* C.K. Schneid. 아광나무

표 7-43. 산사나무속 수종의 주요 형태

종명	잎	잎자루	꽃차례	소지 가시
산사나무	깊게 갈라짐, 거치가 거의 없음, 잎 뒷면 털 없음	길게 발달 (1.5-2.5cm)	털 없음 크다 (2.5-3.5 x5-6cm)	없음

아광나무	결각상 얕게 갈라짐, 이중거치 발달, 털 매우 많음	짧고 날개처럼 발달	털 매우 많음 작다 (1.5-2.5 x 2.5cm)	존재

종소명설명 maximowiczii 러시아 식물학자 C. J. Maximowicz의 이름; pinnatifida 빗처럼 갈라진

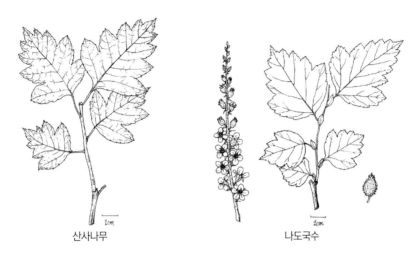

산사나무   나도국수

병아리꽃나무속 *Rhodotypos* Siebold & Zucc., black jetbead, jetberry bush

동아시아에 1종이 자라고, 중부 이남에서 자라며 주로 해안가에 자라는 병아리꽃나무[*Rhodotypos scandens* (Thunb.) Makino, jetberry bush]는 일본과 중국에 분포하며 관상용으로 가꾸기도 한다. 낙엽관목이면서 장미과에서 유일하게 마주나기하면서 단엽이며 복거치가 있고 탁엽은 선형이며 털이 있다. 꽃은 단지에 1개씩 달리고 백색이다. 열매는 흑색 수과로 된다.

황매화속 *Kerria* DC.

중국에서 일본까지에 1종이 자라고, 황매화(*Kerria japonica* DC., Japanese rose)가 황해도의 이남에서 자란다(f. *japonica*). 꽃잎이 많은 것을 죽단화(f. *plena* C. K. Schneid.)라고 하며 원예품종이 많다. 낙엽관목으로서 줄기가 초록색, 어긋나기하며 결각상의 복거치가 있고, 탁엽은 선형이며 연한 갈색이다.

담자리꽃속 *Dryas* L., asian mountain avens

북극과 고산지대에서 3종이 자라고, 담자리꽃나무[*Dryas octopetala* var. *asiatica* (Nakai) Nakai, Asian mountain avens]가 평북 및 함경도에서 자란다. 작은 상록소관목으로서 총생하거나 옆으로 벋는다. 단엽이며 가장자리가 밋밋하거나 깃같이 얕게 갈라지고 뒷면에 백색 털이 밀생한다.

명자속 *Chaenomeles* Lindl., flowering quince

　낙엽관목 또는 교목, 어긋나기하고 톱니가 있으며 탁엽이 있다. 1개 또는 여러 개 꽃이 모여 달리고, 대개 일부는 수꽃으로 된다. 꽃받침잎과 꽃잎은 5개씩이며 수술은 20개 또는 그 이상이고, 5개의 암술대는 밑에 붙어 있다. 열매는 크고 종자는 갈색이다. 동아시아에 3종이 자라며, 관상용 또는 과수로서 가꾸고 있다. 소지는 가시가 있다.

> ・ *C. sinensis* (Thouin) Koehne 모과나무
> ・ *C. speciosa* (Sweet) Nakai 명자꽃
> ・ *C. japonica* (Thunb.) Lindl. ex Spach 풀명자

표 7-44. 명자속 수종의 주요 형태

종명	꽃의 수 (잎이 없는 가지)	꽃받침/탁엽	잎의 톱니	가지
모과나무	1개	잔톱니가 뒤로 젖혀짐/작다	잔 톱니 발달	어린 가지 털 존재
명자꽃	2-3개	곧추서며 밋밋/크다	날카롭다	털 없음
풀명자	2-3개	곧추서며 밋밋/크다	뾰족하며 둔함	털 매우 많음 오래된 가지는 거칠다

종소명 설명 japonica 일본산의; sinensis 중국산의; speciosa 눈에 잘 보이는, 화려한

다정큼나무속 *Rhaphiolepis* Lindl., teddy hawthorn

　중국에서부터 일본까지 3-4종이 분포하며, 다정큼나무[*Rhaphiolepis umbellata* (Thunb.) Makino, yeddo hawthorn]가 남쪽 해안과 섬에서 자라는데, 내음성이 강하고 해안의 바람이 심한 곳에서도 잘 자란다.

잎 상록관목, 가죽처럼 딱딱하고 어긋나기하며 톱니가 있거나 없다. 뒷면에 맥이 매우 촘촘하게 발달해서 상록성중 쉽게 구분된다. **꽃 및 꽃차례** 양성이고 총상꽃차례 또는 원추꽃차례에 달린다. **열매 및 종자** 둥글며 흑자색이고 꽃받침잎은 떨어지며 1-2개의 종자가 들어 있다.
종소명 설명 indica 인도산의

나도국수 분포도

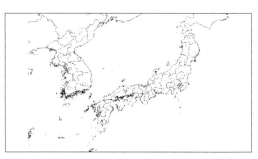

병아리꽃 분포도

콩과 Fabaceae[Leguminosae *sensu lato* (광의)], The bean family, The pea family

전 세계 550속 13,000종(7,000-15,000종)으로서 벼과식물 다음으로 큰 과이며 경제적으로 중요한 과이다. 공중질소를 고정하는 뿌리혹박테리아가 있어 토양을 비옥하게 하는 역할을 맡고 있다.

잎 낙엽 또는 상록, 어긋나기 하지만 간혹 마주나기도 하며 복엽 또는 단엽이고 탁엽이 있다. 잎자루 또는 총잎자루의 끝이 흔히 굵어진다. **꽃 및 꽃차례** 규칙적이거나 불규칙하고 보통 양성화이다. 꽃받침 잎은 5개로서 다소 합쳐지고 크기가 다르며, 꽃잎은 5개이고 보통 접형화로서 수술이 10개 또는 다수이며 전부 합쳐지거나 9개가 합쳐지고 1개가 떨어지는 것과 전부 떨어지는 것도 있다. 암술은 1개로서 1실인 긴 씨방이 있다.배주는 1개-다수로서 측막에 달린다. **열매 및 종자** 꼬투리로서 간혹 벌어지지 않거나 골돌상 또는 핵과상이며, 흔히 종자 사이에 환절이 있다.

콩과는 크론키스트(Cronquist)에 의해 3개 과(콩과, 실거리나무과, 미모사과)로 세분(협의, *sensu stricto*)하기도 하지만 광의로 봐서 3개 아과로 분리해서 보는 견해도 있다. 여기서는 협의 과 개념을 받아들여 다음과 같이 정리하였다.

· 미모사과(Mimosaceae) · 실거리나무과(Caesalpiniaceae) · 콩과(Fabaceae)

표 7-45. 콩과의 3개 과의 주요 형태비교

아과 명	꽃	겨울눈
미모사과	방사상칭, 수술은 10개 이상 서로 떨어짐, 접형화관이 아님	꽃받침과 꽃잎은 서로 포개지지 않음
실거리나무과	좌우대칭, 수술은 10개, 서로 떨어짐. 뒤쪽의 꽃잎(기판)이 익판 꽃잎 안에 있고, 용골판 꽃잎은 서로 떨어짐	꽃잎, 꽃받침은 기왓장처럼 포개짐
콩과	좌우대칭, 수술은 10개, 합쳐짐 (9+1, 양체웅예). 뒤쪽의 꽃잎(기판)이 가장 밖에 있으며, 2개의 아래 꽃잎(용골판)은 밑부분이 합쳐짐	꽃잎, 꽃받침은 기왓장처럼 포개짐

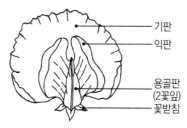

그림 7-23. 콩과 식물에서 사용하는 명칭. 기판(standard), 익판(wing)과 용골판(keel)의 위치

미모사과 Mimosaceae, The mimosa family

미모사과는 주로 열대에서 자라고, 자귀나무속(*Albizia*)의 2종이 황해도 이남에서 자란다. 실거리나무과는 주로 열대에서 자라고 중국산 박태기나무(*Cercis chinensis* Bunge)가 정원수로 재식되고, 실거리나무(*Caesalpinia japonica* Siebold & Zucc.)가 남부에서 자라며 *Gleditsia*(주엽나무속)이 교목이다. 콩과는 온대의 콩과식물 대부분이 이에 속한다. 한반도에는 목본식물은 16속 46종이다.

자귀나무속 *Albizia* Durazz., Persian silk tree

열대와 아열대에서 25종이 자라고, 멕시코에도 1종이 있다. 꽃이 아름답기 때문에 관상용으로 심으며, 어린 순은 소가 잘 먹는다.

잎 교목 또는 관목, 어긋나기하고 2회우상복엽이며 잎자루에 1개의 선이 있고 톱니가 없다. **꽃 및 꽃차례** 가지 끝에 모여 원추꽃차례로 되며, 꽃받침 통은 끝이 5개로 갈라지고 꽃잎은 붙어 끝부분이 5개로 갈라지며, 수술은 많고 길게 밖으로 나오며 밑부분이 붙고 꼬투리가 편평하다. 속명은 Filipo del Albizzi의 이름을 기려 만든 이름이다.

> · *A. julibrissin* Durazz. 자귀나무(Silk tree)
> · *A. kalkora* (Roxb.) Prain 왕자귀나무(kalkora mimosa)

표 7-46. 자귀나무속의 수종의 주요 형태

종명	1차 소엽수	2차 소엽수	소엽의 크기	분포
자귀나무	10-25개	36-58개	작다(2-16 ×2.5-4mm)	전국
왕자귀나무	8-10개	30-40개	크다(15-26 ×8-11mm)	전남 (목포 지역 부근)

종소명 설명 julibrissin 아랍어 silk(비단)이라는 뜻; kalkora 인도의 칼코라 지명

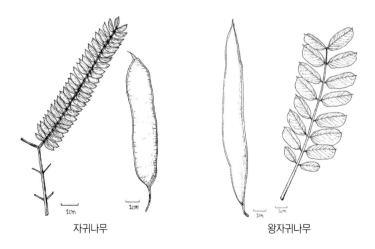

자귀나무   왕자귀나무

실거리나무과 Casesalpiniaceae, The caesalpinia family

실거리나무속 *Biancaea*, shoofly

열대와 난대에서 약 40종이 자라며, 한반도에서는 실거리나무[*B. decapetala* (Rith) O.Deg. cat's claw 혹은 mysore thorn]가 남쪽 섬에서 자라고 일본에 분포한다.

잎 2회 우상복엽, 6-17개 소엽이다. **꽃 및 꽃차례** 황색으로서 수술대는 적색이며 총상꽃차례에 달린다. **열매 및 종자** 꼬투리는 10cm x 3cm 로서 편평하다.

생태 및 기타 정보 높이가 1-2m의 덩굴성관 갈고리 같은 가시가 있다.

> · 박태기나무속(*Cercis*)　· 주엽나무속(*Gleditsia*)　· 실거리나무속(*Biancaea*)

표 7-47. 실거리나무아과 속의 주요 형태

종명	성상	잎	가시	꽃차례	꽃
박태기나무속	관목	단엽	없음	없음	보라색
주엽나무속	교목	복엽, 1회 혹은 2회, 소엽은 통상 물결	가지처럼 갈라진	수상	녹색 혹은 노란녹색
실거리나무속	관목	복엽, 2회, 소엽은 거치 없음	갈고리모양	총상, 원추	노란색

주엽나무속 *Gleditsia* L., honey locust

아시아의 동부 및 중부, 아프리카의 열대와 남·북아메리카에서 12종이 자라며, 목재의 생산보다는 관상적 가치가 더 크다. 한반도에서는 2종이 자라고 있는데 그중 주엽나무(*G. japonica* Miq., Japanese honey locust)가 가장 흔하다.

잎 산기슭 이하에서 자라는 낙엽교목, 어긋나기 1-2회 우상복엽이다. 엽축은 윗면에 홈이 파지고 다소 날개가 달린 것 같다. **꽃 및 꽃차례** 잡성 암수한그루로서 총상꽃차례에 달리며 연한 녹색이다. **열매 및 종자** 꼬투리는 비틀려서 꼬이는데 23cm x 3cm이다.

소지 및 수피 굵은 가지는 사방으로 퍼지며 새 가지는 녹색으로서 털이 없다. 가시는 가지처럼 갈라지고 편평하지만 늙은 나무에서는 없어진다. **개화기/결실기** 6월/10월

> · *Gleditsia japonica* Miq. 주엽나무　· *Gleditsia sinensis* Lam. 조각자나무

표 7-48. 주엽나무속 수종의 주요 형태

종명	가시	잎	씨방 털	열매	
주엽나무	단면이 편평	맥 없음, 거치 없음	없음	편평, 약간 불규칙 뒤틀림	자생
조각자나무	단면이 각이 짐	맥 매우 많음, 거치매우 많음	o	두텁고 뒤틀리지 않음	도입

종소명 설명 japonica 일본산의; sinensis 중국산의

콩과 Fabaceae, The bean family

- 회화나무속(*Styphnolobium*) · 다릅나무속(*Maackia*) · 땅비싸리속(*Indigofera*)
- 족제비싸리속(*Amorpha*) · 등속(*Wisteria*) · 아까시나무속(*Robinia*)
- 싸리속(*Lespedeza*) · 칡속(*Pueraria*) · 만년콩속(*Euchrestia*)
- 꽃싸리속(*Campylotropis*) · 골담초속(*Caragana*) · 유달회화속(*Cladrastis*)
- 애기등속(*Millettia*) · 개느삼속(*Sophora*)

회화나무속 *Styphnolobium* Schott

아시아와 북아메리카에서 20종 정도가 자라며 중국에서 오래 전에 도입하여 회화나무를 식재하고 있다. *Sophora*속으로는 개느삼이 강원도 북부에 자생한다.

잎 낙엽 또는 상록교목이거나 관목이다. 어긋나기하며 기수일회우상복엽이고, 소엽은 7개 이상이며 탁엽은 작다. **꽃 및 꽃차례** 총상꽃차례 또는 원추꽃차례이고, 꽃받침은 얕게 5개로 갈라진다. **열매 및 종자** 꼬투리는 원주형, 종자가 들어 있는 사이가 잘록하다.

소지 및 수피 겨울눈은 작고 아린이 뚜렷하지 않다.

- *Styphnolobium japonicum* (L.) Schott 회화나무
- *Sophora koreensis* (Nakai) Nakai 개느삼(Korean necklace-pod)

표 7-49. 회화나무와 개느삼의 주요 형태

종명	성상	꽃차례	꽃 색깔	꽃피는 시기	분포
회화나무	교목	원추	흰노란색	8월	중국 도입
개느삼	관목	총상	진한 노란색	5월	강원도, 함경남도, 평안북도 자생

종소명 설명 japonicum 일본산의; koreensis 한국산의

회화나무 *S. japonicum* (L.) Schott, Chinese scholar tree, Japan pagoda tree

잎 낙엽교목, 어긋나기, 기수1회 우상복엽, 소엽은 7-17개이고 난형 또는 난상 피침형이다. 표면은 짙은 녹색으로서 윤택이 있고 털이 없지만, 뒷면은 회청색으로서 복모가 있으며 소잎자루에도 눈털이 있다. **열매 및 종자** 원추꽃차례는 가지 끝에 달리고 길이가 15-30cm이다. 꼬투리는 길이가 5-8cm 이고 종자 사이가 잘록하게 좁아져 1-6개의 종자가 염주같이 보인다. **개화기/결실기** 8월 황백색 꽃/10월

목재의 특징 및 이용 심재 및 변재가 뚜렷하게 구별되는데, 심재는 연한 흑갈색, 변재는 초

록빛이 도는 황백색이다.

생태 및 기타 정보 주로 부락 근처에서 자라며 수피는 세로로 갈라지고, 가지가 사방으로 퍼져 수형이 둥글게 되며 어린 가지는 녹색이고 털이 없다. 꽃을 회화라고 하는데, 이것은 槐花(괴화)의 중국발음으로서 열매를 槐實이라고 한다. 꽃이나 열매를 모두 약용으로 한다. 홰나무라고도 하는데, 이것은 槐의 중국발음에 나무를 붙인 것이라고 생각한다. 광릉의 죽엽산에서 자라는 것을 자연생이라고 보는 경우도 있다. 원래 중국에서는 고관의 묘지에 이 나무를 심었으며, 꽃이나 열매가 약용자원이라는 데서 널리 퍼진 것이 아닌가 생각된다. 최근 가로수로 많이 심고 있다.

다릅나무속 *Maackia* Rupr. & Maxim.

아시아지역에서는 6종이 자라는데, 한반도에서는 3종이 자라고 있다.

잎 어긋나기, 기수1회우상복엽이며, 소엽은 짧은 대가 있고 가장자리가 밋밋하다. **꽃 및 꽃차례** 백색이며 위로 향한 총상꽃차례가 모여 끝에 달린 원추꽃차례가 되고, 꽃받침은 종처럼 생겼으며 끝이 5개로 얕게 갈라지고, 수술은 10개이며 밑부분이 서로 붙어 있다. **열매 및 종자** 꼬투리는 편평하고 길며 벌어지고 1-5개의 종자가 들어 있다. **소지 및 수피** 겨울눈은 여러 개의 아린으로 덮여 있다. 속명은 에스토니아 식물학자 R. Maack을 기린 이름이다.

> · *M. amurensis* Rupr. & Maxim. var. *amurensis* 다릅나무
> · *M. amurensis* Rupr. & Maxim. var. *stenocarpa* Nakai 잔털다릅
> · *M. fauriei* (H. Lév) Takeda 솔비나무

표 7-50. 다릅나무속 수종의 주요 형태

종명	소엽	소엽 모양	열매	꽃받침 길이
다릅나무	4-6쌍, 털 없음	달걀형/거꿀달걀형	폭이 8-14mm	길다(2.1-4.2mm)
잔털다릅	4-6쌍, 가운데 맥에 털 매우 많음	달걀형/거꿀달걀형	폭이 5-7mm	짧다(1.5-2.1mm)
솔비나무	6-7쌍, 털 없음	긴창꼴모양	폭이 10mm	길다 (5mm)

종소명 설명 amurensis 아무르 산의; stenocarpa 열매가 좁은; fauriei U. Faurie 신부의

다릅나무 *M. amurensis* Rupr. & Maxim., amur maackia

잎 어긋나기하며 소엽에는 거치가 없고 소엽간에 다른 복엽과 달리 마주나기 혹은 어긋나기 하는 소엽이 섞여있다. 소엽은 7-11개, 타원형 또는 긴 난형이다. 표면이 짙은 녹색이고 뒷면이 황록색이다. **꽃, 열매 및 종자** 총상꽃차례가 모여달린 원추꽃차례는 가지 끝

에 달리며 위로 향한다. 종자는 신장형 비슷하며 길이가 6mm이다. **소지 및 수피** 수피는 흑색으로 지저분하게 얇게 벗겨지며, 가지를 자르면 불쾌한 냄새가 난다. **개화기/결실기** 7월/열매는 9월. **수피 특징** 껍질이 벗겨지면서 말리는 특징이 있다.

생태 및 기타 정보 산지에서만 자라지만 깊은 산일수록 더욱 흔하며, 높이가 15m이고 지름이 40cm 정도 자란다. 주로 양수의 특징처럼 숲이 파괴되거나 도로 주변에 흔하다. 통상 수명은 60~70년 정도이며 100년이 되면 고사한다. 맹아력은 좋고, 종자 발아율은 60~70%로서 양호하다.

땅비싸리속 *Indigofera* L., true indigo

주로 열대에서 350종이 자라며, 한반도에서는 4종이 자라고 관상용으로 심을 만하다. **잎** 낙엽관목 또는 아관목, 어긋나기, 우상복엽(7-11 소엽)이며 중앙으로 붙은 털이 있고 톱니가 없다. **꽃 및 꽃차례** 분홍색 또는 자색이며 총상꽃차례에 달리고 꽃받침 끝은 5개로 갈라진다. **열매 및 종자** 꼬투리는 원통형으로서 많은 종자가 들어 있으며 안에 얇은 격막이 있다.

> · *I. grandiflora* B. H. Choi & S. K. Cho 큰꽃땅비싸리
> · *I. pseudotinctoria* Matsum. 낭아초
> · *I. koreana* Ohwi 좀땅비싸리
> · *I. kirilowii* Maxim. ex Palib. 땅비싸리

표 7-51. 땅비싸리속 수종의 주요 형태

종명	꽃	소엽	꽃차례/길이	분포
큰땅비싸리	크다(17-22mm)	가늘고 긴 모양, 달걀형, 크다(4-6cm)	총상/8-16cm	경북 가야산
낭아초	작다(4mm)	넓은 달걀형, 작다(0.6-2.5cm)	총상/4-10cm	제주도
좀땅비싸리	작다(8-12mm)	넓은 달걀형, 작다(1.5-6cm)	총상/5-13cm	충남 및 전라남북
땅비싸리	작다(12-16mm)	넓은 달걀형, 작다(1.5-6cm)	총상/10-18cm	전국

종소명 설명 grandiflora 꽃이 큰; koreana 한국산의; kirilowii I. Kirilov 식물학자의; pseudotinctoria tinctoria (염색용)이라는 의미에 pseudo(가짜)라는 합성어;

족제비싸리속 *Amorpha* L.

북아메리카에서 멕시코까지 15종이 분포하며, 미국산 족제비싸리(*A. fruticosa* L., false indigo)를 흔히 심거나 야생을 퍼진다.

잎 낙엽관목, 어긋나기, 우상복엽이며 톱니가 없고 탁엽이 있다. **꽃 및 꽃차례** 자주빛이 도는 보라색·흑자색 또는 백색이며 정생원추꽃차례에 달린다. 꽃받침은 5개로 갈라지고 선점이 있으며 익판과 용골판이 없고, 씨방에는 배주가 2개 있다. **열매 및 종자** 꼬투리에는 종자가 1개 있으며 벌어지지 않고, 겉에 선점이 있으며 종자에 윤채가 있다.

등속 *Wisteria* Nutt.

동아시아와 북아메리카에 6종이 분포하며, 등(*W. floribunda* A. P. DC., Japanese wisteria)을 흔히 심고 있다.

잎 낙엽덩굴식물, 어긋나기, 우상복엽이고 톱니가 없으며, 소엽에 대가 있고 소탁엽이 있다. **꽃 및 꽃차례** 남색에서 자색 또는 백색이며 밑으로 처지는 총상꽃차례에 달린다. 꽃받침은 5개로 갈라지고 밑열편이 흔히 길다. **열매 및 종자** 꼬투리는 편평한 넓은 선형으로서 두 조각으로 갈라져 많은 종자가 나온다.

아까시나무속 *Robinia* L.
아까시나무 *R. pseudoacacia* L., black locust

북아메리카와 멕시코에서 20종이 자라며, 한반도에는 전국적으로 미국 동부에서 자생하는 아까시나무를 들여와 사방용, 조림용, 연료림으로 많이 재식하였지만 지금은 밀원식물로 이용이 되지만 전국적으로 개체수가 많이 감소하였다.

잎 어긋나기, 기수1회 우상복엽, 소엽은 마주나기하고 대와 소탁엽이 있다. **꽃 및 꽃차례** 백색·홍색 또는 자색 등 꽃색깔이 다양하며 밑으로 처진 총상꽃차례에 달린다. **열매 및 종자** 꼬투리는 편평한 긴 타원형 또는 선상 긴 타원형으로서 2개로 갈라져 5-10개의 종자가 나온다. 소지 및 수피 겨울눈은 작고 나출, 잎이 떨어지기 전에는 잎자루의 밑 부분으로 싸여 있고 정아는 없다. 가지에는 가시로 변한 탁엽이 있다.

생태 및 기타 정보 낙엽 교목으로 과거에 널리 식재한 수종으로 양수로서 참나무 등 주변 다른 교목이 상층목을 차지하면 쇠퇴하는 수종이다. 미국 애팔래치아산맥을 중심으로 분포하는 수종이다. 지하줄기(underground shoots)로 빛이 충분하면 빠르게 번식한다. 식물은 양수로 빛을 선호하는 수종이다. 수피는 깊게 홈이 갈라지며 겨울눈은 거의 보기 힘든 잠아이며 탁엽부분에 가시가 발달한다. 밀원식물로 전 세계적으로 활용을 하지만 개화시기가 10일 이내로 매우 짧고 해마다 기후변화에 매우 민감하며 미국 오하이오주에서는 5년에 1번 꿀을 채취하기 좋은 정도라 보고된다. 질소고정을 통해 척박한 땅을 변화시키면서 초기 천이에 심어 활용하기 적합한 수종으로 수종 자체의 수명은 100년 이하이다. 미국 분포지에서는 추위에 그리 강하지 않고 (통상 영하 10도 이상 지역) 토양이 비옥한 곳을 선호하는 수종이지만 국내에서는 대부분 척박한 곳에 식재한 경우가 대부분이다. 원래는 높은 유전다양성을 보이지만 국내에 식재한 아까시나무는 매우 낮아 극히 미국 일부 집단의 한정된 곳에서 도입되어 증식된 것으로 본다. 일본에서는 1875년에 최초로 도입된 기록이 있는데 일본을 통해 도입된 수종으로 판단된다. 일부 아까시나무의 왕성한 초기 성장과 뿌리맹아력 때문에 국내 조림에 대해 부정적으로 보지만, 척박한 곳에 토양 개선과 천이 진행을 위해서는 일부 조림 수종으로 활용할 가치가 높은 수종이다. 북한에서는 현재 남한에 도입된 개체로는 황해도와 평안남도 이남 지역의 식재가 가능하지만 북미대륙의 자생지에서 다양한 개체를 선발한다면 북쪽에 조림을 위한 선발도 가능하다. 천근성으로 바람의 피해에는 약하다.

싸리속 *Lespedeza* Michx., bush clovers

동아시아와 북아메리카의 온대에서 60종이 자라며, 한반도에서는 10종이 자라고 있다. **잎** 어긋나기하고 소엽이 3개이며, 가장자리가 밋밋하고 탁엽이 있다. **꽃 및 꽃차례** 홍자색·백색 또는 황색으로서 포액에 2개씩 나와 총상꽃차례로 된다. 소꽃자루에 관절이 없으며 때로 폐쇄화가 생기고, 포는 작으며 소포는 2개씩이고, 꽃받침은 5개로 갈라지지만 흔히 위쪽 2개가 합쳐진다. **열매 및 종자** 종자가 1개씩 들어 있는 꼬투리는 벌어지지 않는다. **생태 및 기타 정보** 관목·아관목 또는 초본

- *L. cyrtobotrya* Miq. 참싸리
- *L. martima* Nakai 해변싸리
- *L. thunbergii* subsp. *formosa* (Vogel) Ohashi 풀싸리
- *L. bicolor* Turcz. 싸리
- *L. melanantha* Nakai 검나무싸리
- *L maximowixzii* C. K. Schneid. 조록싸리
- *L. maximowiczii* var. *tricolor* (Nakai) Nakai 삼색싸리

표 7-52. 싸리속 수종의 주요 형태

종명	겨울눈	소엽	꽃	꽃차례
참싸리	원형 나선상	끝은 둥금		총상꽃차례와 같은 원추, 짧음. 꽃은 조밀하게 달림
해변싸리	원형 나선상	끝은 둥금 두텁고, 표면에 광택, 털이 산재 혹은 없고, 잎가장자리는 뒤로 접히거나 두꺼워짐.	전체 길이 (10)12-16mm, 길이 용골판〉기판, 익판, 기판 아랫부분은 좁아져 자루모양	총상꽃차례와 같은 원추, 길고, 꽃은 듬성하게 달림

풀싸리	원형 나선상	끝은 둥금 얇고 표면에 광택 없음, 누운 털 매우 많음, 잎가장자리는 편평,	용골판≦기판	총상꽃차례와 같은 원추, 꽃은 등성하게 달림
싸리	원형 나선상	끝은 둥금털 매우 많음	길이 9-13mm, 기판 아랫부분 좁아짐. 익판 〈 용골판, 분홍 혹은 붉은 보라색	총상꽃차례와 같은 원추, 꽃은 등성 (4-12개 꽃)
검나무싸리	원형 나선상	끝은 둥금털 없음	익판≧ 용골판, 짙은 붉은 보라색	총상꽃차례와 같은 원추, 꽃은 듬성(2-6개)
조록싸리	납작 아린은 마주봄	끝은 뾰족		짧은 총상
삼색싸리	납작 아린은 마주봄	끝은 뾰족		짧은 총상

종소명 설명 daurica 러시아 다후리지방의; maximowiczii 러시아 식물학자 C. Maximovicz 의 이름; cyrtobotrya 굽은 송이라는 뜻인데 의미는 휘어진 총상화라는 뜻; bicolor 두가 지 색이 있는; melanantha 흑색꽃이라는 뜻; formosa 아름답다는 뜻; velutina 매우 부 드럽다는 뜻; tomentosa 가는 선모가 밀생한; virgata 가지가 있는, 세장한 가지가 있는; cuneata 쐐기형의; juncea 골풀과 식물(*Juncus*속 식물)과 비슷한

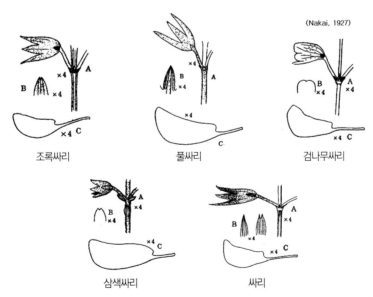

(Nakai, 1927)

조록싸리   풀싸리   검나무싸리

삼색싸리   싸리

그림 7-24. 꽃받침의 모양과 꽃잎의 모양. 검나무싸리가 끝이 뭉특하며 다른 싸리 종류에 비해 깊게 갈라지지 않음

식별형질 꽃받침과 꽃잎의 모양이 종별로 차이가 있으며 꽃싸리의 경우 싸리속(꽃은 2개 씩 달리고, 꽃자루에 환절이 없으며 포는 떨어지지 않음)과 달리 꽃자루 끝에 환절이 있 으며 포는 곧 떨어진다.

남쪽에 주로 분포하는 싸리로는 해변싸리와 검나무싸리가 있는데 두 수종 모두 총상꽃차례와 유사(pseudoraceme)한 원추꽃차례이지만, 꽃은 등성하게 달리며 꽃받침잎은 원두 형태를 가진다. 해변싸리는 꽃이 다소 크면서(용골판이 큼) 털이 많고 잎이 두터운 반면, 익판이 크고 식물체에 털이 없는 검나무싸리와 구분된다. 검나무싸리는 꽃이 덜 달리면서 꽃받침 끝이 뭉뚝해서 쉽게 구분된다. 검나무싸리는 주로 능선이나 산 정상 부근에서 볼 수 있지만 해변싸리는 해변 주변에 자란다.

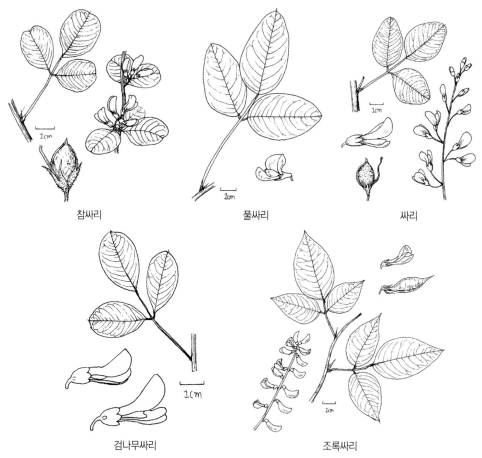

참싸리   풀싸리   싸리

검나무싸리   조록싸리

그림 7-25. 참싸리 화서가 두상꽃차례처럼 모여 달려 다른 종들의 긴 꽃차례와 확연하게 차이가 있다.

칡속 *Pueraria* DC., kudzu

아시아의 열대와 동아시아에서 10종 이상이 자라며, 칡[*Pueraria montana* var. *lobata* (Willd.) Maesen & S.M. Almeida ex Sanjappa & Predeep]이 전국에 분포되어 있다. 뿌리에서 전분을 채취하고, 줄기는 섬유자원으로 활용한다.

잎 낙엽덩굴식물, 3소엽으로 되고 탁엽 및 소탁엽이 있다. **꽃 및 꽃차례** 홍자색이며 총상꽃차례에 달리고, 꽃받침의 열편은 크기가 각각 다르며 뒤쪽의 2개는 다소 합생하고, 수술은 모두 붙어 있다. **열매 및 종자** 꼬투리는 편평한 선형으로서 털이 밀생 한다.

운향과 Rutaceae, The orange family

150속 1,500종으로 구성되고, 양반구의 온대에서 열대까지 분포하지만 남아프리카와 오스트레일리아에 가장 많다. 한반도에서는 8속 20종이 자라고 있다. 6속이 국내에 분포한다. 산초나무속(*Zanthoxylum*), 쉬나무속(*Tetradium*), 상산속(*Orixa*), 황벽나무속(*Phellodendron*), 귤속(*Citrus*) 중에 중부지방에 자생하는 종은 산초나무와 초피나무(대부분 충남북 이남), 쉬나무, 황벽나무가 해당되며 대부분 남부 상록활엽수림에 자생한다.

산초나무속 *Zanthoxylum* L., pricky-ash

북구와 남반구의 열대와 아열대에 200종이 분포하며, 한반도에는 6종이 있고 관상용 또는 열매를 식용으로 이용한다. 한반도에는 6종이 있다. 백두대간과 중부지방에는 주로 산초나무가 분포한다.

잎 어긋나기, 우상복엽, 간혹 1-3개의 소엽으로 되고 겨울눈은 중생부아, 소엽에 투명한 유세포가 있다. 꽃 녹색이며, 잡성화 또는 암수딴그루이다. 취산꽃차례 또는 원추꽃차례에 달린다. **개화기/결실기** 4-5월/9-10월. 열매 및 종자 삭과, 흑색 종자가 1개씩 나온다. **생태 및 기타 정보** 머귀나무는 양수로서 빛이 많은 파괴된 식생에 매우 빠르게 성장해서 상층목을 차지한다. 초피나무는 뿌리가 천근성이라 토심이 별로 깊지 않은 곳에서 자란다. 그러나, 바람이 세지 않으면서 빛이 많은 곳에서 더 잘 자란다.

- *Z. armatum* DC. 개산초
- *Z. piperitum* (L.) DC. 초피나무
- *Z. ailanthoides* Siebold & Zucc. 머귀나무
- *Z. simulans* Hance 왕초피나무
- *Z. schinifolium* Siebold & Zucc. 산초나무
- *Z. fauriei* (Nakai) Ohwi 좀머귀나무

종소명 설명 ailanthoides 가죽나무속(*Ailanthus*속)과 비슷한; fauriei 식물채집가 U. Faurie 신부의 이름; piperitum 후추같은; schinifolium 옻나무과 *Schinus*속 식물의 잎과 유사하다는 뜻;

표 7-53. 산초나무속 수종의 주요 형질

종명	성상	꽃과 꽃차례	소엽	잎자루 엽축 날개	가시	분포
개산초	관목	꽃잎 없음	상록성 5(7)개, 크다	있음	마주나기	전남, 경남, 제주도
왕초피나무	관목	꽃잎 없음	낙엽성, 7-11개, 크다	있음	마주나기	제주도
초피나무	관목	꽃잎 없음	낙엽성, 10-19개, 작다	없음	마주나기	충남이남
산초나무	관목	꽃잎 있음	낙엽성, 6-11개, 작다 (뒷면에 샘이 뚜렷하지 않음)	없음	어긋나기	전국

머귀나무	교목	꽃잎 있음, (꽃차례 가지에 털 매우 많음)	낙엽성, 13-19개, 크다 (샘이 뚜렷)	없음	어긋나기	남부
좀머귀나무	교목	꽃잎 있음, (꽃차례 가지에 털 없음)	낙엽성, 19-23개, 작다 (샘이 뚜렷)	없음	어긋나기	제주도

식별 특징 교목성인 머귀나무와 좀머귀나무는 실제 야외에서는 다른 산초나무속 식물이 관목이라 쉽게 구분된다. 산초나무속은 소엽수에 의해 쉽게 구분되는데 머귀나무/좀머귀나무는 20개 가까운 소엽이 달리는 반면, 개산초(5개), 왕초피나무(7-11개)는 적은 수의 소엽이 달리는 종으로 알려져 있다. 소엽수가 적게 달리는 개산초나 왕초피나무는 모두 복엽의 축이 매우 뚜렷하게 날개가 발달한다. 가시는 밑에 폭이 넓은 형태로 다른 산초나무속 가시와 구별된다. 전국적으로 분포하는 산초나무와 달리 초피나무는 주로 충남북 이남에 분포하지만 해안을 따라 강원도와 경기도 지역에도 분포하는데 소엽은 11-19개가 달리며 가지 가시가 마주나기해서 산초나무와 구분된다. 초피나무는 약간의 파상거치가 산초나무의 둔거치와 구분이 돼서 잎으로도 종간 식별이 가능하다.

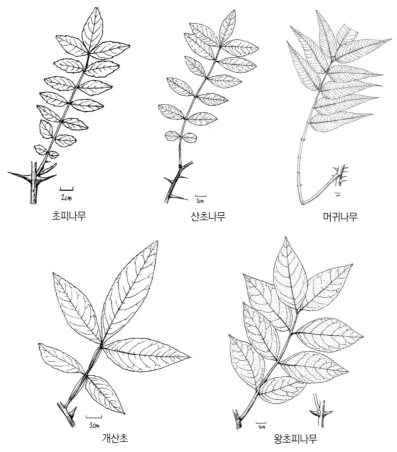

초피나무 　　　　 산초나무 　　　　 머귀나무

개산초 　　　　 왕초피나무

그림 7-26. 산초나무는 가시가 어긋나기이며 초피나무는 마주나기이다.

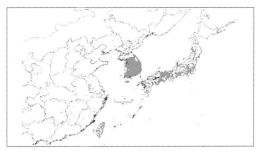

산초나무 분포도

초피나무 분포도

상산속 *Orixa* Thunb., Japanese orixa

　낙엽교목으로 일본에서는 상산-느티나무군집의 지표종으로 취급한다. 느티나무는 계곡에 자라는 수종으로 통상 습한 곳에 자란다고 알려져 있으며 실제 남부에서는 두 수종이 같이 자란다.

잎 어긋나기, 투명한 유세포가 있다. **꽃** 암수딴그루이고 연한 녹색, 총상 또는 1개씩 달린다. **열매** 삭과는 4개, 2개로 갈라져 흑색 종자가 나온다.

쉬나무속 *Euodia* Forster., beebee tree

　아시아의 동부와 남부 · 오스트레일리아 및 폴리네시아에 50종이 분포하며, 한때 쉬나무 종자에서 짠 기름을 살충용으로 사용하였지만 지금은 관상용으로 심고 있다.

잎 낙엽교목 또는 관목, 마주나기, 우상복엽이며 투명한 유세포가 있고 톱니가 없다. **꽃 및 꽃차례** 단성, 취산꽃차례 또는 원추꽃차례에 달리고 4-5개이다. 소건과는 4-5개씩 붙으며 딱딱하고 2개로 갈라져 1-2개의 배유가 있는 종자가 나온다.

황벽나무속 *Phellodendron,* cork tree
황벽나무 *P. amurense* Rupr., amur cork tree

잎 처음에는 가장자리에 털이 있지만 점차 없어지고 소엽의 밑부분에만 약간 남는다. 소엽은 좁은 난형, 소엽수는 5-13개이다. **꽃 및 꽃차례** 암수딴그루, 원추꽃차례는 잔털이 있다. 황록색이고 짧은 대가 있으며 길이가 6mm 정도이고, 꽃잎과 꽃받침은 각 5-8개이며 수술대의 밑부분과 더불어 안쪽에 털이 있다. **열매 및 종자** 흑색이고 구형, 핵과, 심피는 5개이고 각각 2-3개씩의 종자가 들어 있다(3-4개의 미결실종자도 들어있음). 3%의 종자발아율을 75-90%로 올리는 가장 좋은 조건은 매일 8시간 이상, 5도(35일간)와 15도(35일)를 두 번 실시하였을 때로 알려져 있다. **소지 및 수피** 정아가 발달하지 않으며, 수피는 연한 회색, 코르크가 발달하기 때문에 깊게 갈라진다. 성숙한 가지는 누른빛이 도는 회색이고 내피는 황색이다. 엽병내아로서 가을에 낙엽이 지기 전에는 겨울눈이 엽병 안에 숨어 있다. **개화기/결실기** 6월/9월, 열매는 성숙해도 떨어지지 않고 겨울 동안에도 달려 있다. **생태 및 기타 정보** 깊은 산간지대에서 자라는 낙엽교목으로서 굵은 가지가 사방으로 퍼진다. 양수로서 묘목때 빛을 많이 필요로 하며 내음성이 약하다. 토양에 습기가 많고 비옥한 계곡, 사면 등에 자란다. 천근성으로 토양 30cm 아래 분포한다. 주로 개체로 자라지만 가끔 소군락을 이루기도 한다. 어린 묘목때 성장이 매우 빠르다. 통상 종자가 달리는 시기는 묘목부터 약 7-13년이 되어야 달린다. 토양 온도가 8-10도 일때 가장 적합한 종자 발아 조건이며 뿌리나 가지로 삽목이 가능하다. 종자발아율은 60%로서 나쁘지 않다. 황벽이란 내피가 황색이기 때문에 명명된 것이고, 내피를 건위제로 사용하고 황색 염료로도 활용한다. 질이 좋은 코르크를 생산하지만 그 양이 별로 많지 않다.

학명은 Phellos(콜크)와 dendron(나무)의 합성어로서 콜크가 발달하였다는 뜻이며, 종소명인 amurense는 러시아의 아무르(Amur)지방에서 자란다는 의미이다. 기존에 소엽의 뒷면에 융모가 밀생하거나 (털황벽나무, *P. molle* Nakai), 소엽은 3-5개이고 뒷면의 맥 밑부분에는 털이 있는 경우(섬황벽나무, *P. insulare* Nakai), 소엽은 난상 타원형으로서 수피에 코르크의 발달이 뚜렷하지 않고 소엽의 가장자리에 털이 적은 것을 (넓은잎황벽, *P. sachalinense* Sarg.) 황벽나무(*P. amurense* Rupr.)와 구분하나 이런 형질은 황벽나무의 연속변이로 보아 모두 이명 처리 하였다.

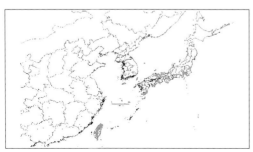

머귀나무 분포도

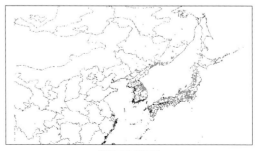

황벽나무 분포도

나도밤나무과 Sabiaceaee, The sabina family

4속 70종이 열대 · 아열대 및 미주에서 자라지만 약간은 아시아의 온대에 분포하며, 1속 2종이 한반도에 있다. *Meliosma*는 주로 동남아시아와 미주의 열대에서 자라며 약 20-25종이 있으며, 2종이 한반도 중부 이남에서 자라고 있다.

> · *M. myriantha* Siebold & Zucc. 나도밤나무
> · *M. pinnata* subsp. *oldhamii* (Miq. ex Maxim.) Beusekom 합다리나무

종소명 설명: myriantha 많은 종류의 꽃; oldhamii 식물채집가 Oldham의 이름

표 7-54. 나도밤나무속 수종의 주요 형질

종명	잎	엽맥수	꽃차례	열매
나도밤나무	단엽	엽맥 20-28개	원추꽃차례, 길이 15-25cm	붉은색
합다리나무	겹잎 (소엽 수 9-11개)	소엽 엽맥 (5)6-8개	원추꽃차례, 길이 10cm	검은색

식별특징 두 종은 공통으로 나아(naked bud)면서 원추꽃차례로 정단부분의 많은 열매가 달린다. 나도밤나무와 합다리나무는 실제 단엽과 겹잎(복엽)의 특징으로 쉽게 두 속을 구분할 수 있어 식별상의 문제는 없지만, 숲에서 다른 복엽이나 단엽인 식물과 식별상의 문제가 있다. 나도밤나무는 엽맥이 매우 많으며, 합다리나무는 소엽에 뾰족한 거치가 발달함이 특징이며 독특한 형태의 나아가 식별상 특징으로 기억하면 쉽게 종을 인지할 수 있다.

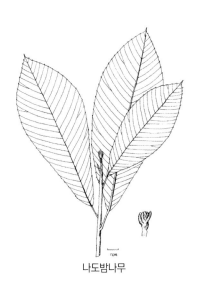

나도밤나무

합다리나무

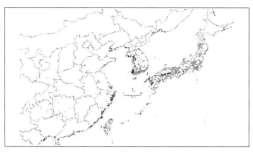

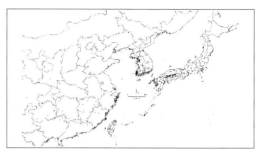

나도밤나무 분포도   합다리나무 분포도

소태나무과 Simaroubaceae, The quasi family

주로 열대에서 28속 150종이 자라지만 약간은 온대까지 분포되어 있으며, 한반도에서는 2속 2종이 자라고 있다.

잎 관목 또는 교목, 어긋나기(간혹 마주나기), 우상복엽이다. **꽃 및 꽃차례** 작고 양성화 또는 단성화, 원추꽃차례 또는 수상꽃차례이다. 꽃받침 잎은 3-5개로서 다소 붙어 있고, 꽃잎도 3-5개이다. 수술은 꽃잎의 배수이고, 상위씨방은 보통 2-5개의 심피로 구성되며 암술대 또는 암술머리부분에서 합쳐지고 각 심피에 1-다수의 배주가 있다.

열매 및 종자 핵과상이지만 간혹 장과나 시과이다.

> · *Picrasma quassioides* (D. Don) Benn. 소태나무
> · *Ailanthus altissima* (Mill.) Swingle 가죽나무

표 7-55. 소태나무와 가죽나무의 수종의 주요 형질

종명	소엽	꽃차례/수술수	열매	겨울눈
소태나무	7-15개, 톱니 발달, 소잎자루 없음 (1-2mm)	잎겨드랑이에 발달/ 4-5개	핵과 심피 2-5개	나아
가죽나무	13-25개, 소엽 아래 1-2개 발달, 소잎자루 O (5-7mm)	가지 끝에 발달/ 10개	시과 심피 5-6개	아린 2-3개

종소명 설명 altissima 키가 매우 큰; quassioides Quassia속과 유사한

소태나무 *P. quassioides* (D. Don) Benn., bitter ash

잎 각처의 산지에서 자라는 낙엽소교목, 흔히 관목상이다. 어긋나기, 기수 일회우상복엽이다. 소엽은 9-15개, 난형이다. 표면에는 털이 없으며 윤택이 나는 녹색이고, 뒷면은 연한 녹색으로서 어릴 때 주맥에 털이 있다. 끝은 점점 뾰족해지며 좌우가 서로 같지 않으며 가장자리에는 얕고 둔한 톱니가 있어 파상으로 보인다. 가을에 황색에서 적색으로 단풍이 든다. 꽃 및 꽃차례 암수딴그루, 엉성하게 생긴 산방꽃차례는 지름이 8-15cm이며, 세장한 꽃자루에 달린다. 꽃은 녹색이고 4-5개의 꽃잎과 수술이 있다. 열매 및 종자 둥근 난형, 밑에 꽃받침이 붙어 있으며 붉게 익는다. 소지 및 수피 수피는 매우 쓰지만 섬유자원으로 오랫동안 사용하였다. 수피는 구충제와 건위제로 사용하고 있는데, 쿠아신(quassin)이 들어 있어 매우 쓰다. 가지는 털이 없고 붉은빛이 도는 갈색 바탕에 황색의 피목이 흩어져 있다. 개화기/결실기 6월/9월

가죽나무 *Ailanthus altissima* (Mill.) Swingle, tree of heaven

동아시아와 오스트레일리아에서 8종이 자라며, 중국에서 1종이 들어와 자라고 있다. 공해에 강한 수종일 뿐만 아니라 어릴 때 성장이 빠르므로 도시의 가로수로 심고 있다. 낙엽교목, 어긋나기, 기수1회우상복엽, 소엽은 13-25개이고 넓은 피침상 난형이다. 가장자리에는 털이 있으며, 밑부분에는 2-4개의 톱니와 함께 끝에 선점이 있다. 원추꽃차례는 가지 끝에 달리고 털이 없다. 꽃은 암수딴그루이다. 시과는 적갈색이고 얇으며 피침형이며 중앙에 1개의 종자가 들어 있으며 3-5개씩 모여 달린다. 본래 죽나무(참죽나무)와 비슷하므로 가죽나무라고 하였지만 지금은 가중나무(假僧木)의 뜻으로 변하였다.

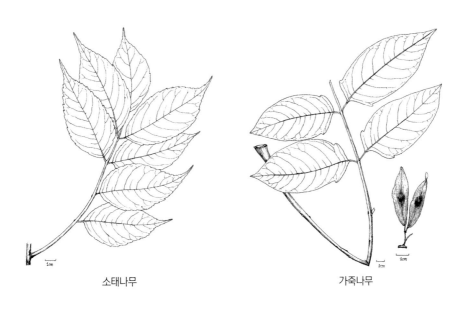

소태나무   가죽나무

멀구슬나무과 Meliaceae, The mahogany family

40속 600여 종이 열대와 아열대에 걸쳐 자란다. 두 종 모두 한반도에서는 재배하는 식물이다. 멀구슬나무(*Melia azedarach* L.)를 관상용 및 약용자원으로 남부에서 심고 있으며, 이른봄 어린 순을 나물로 사용하고 줄기와 뿌리의 껍질은 수렴제로 사용하는 참죽나무[*Toona sinensis* (A. Juss.) M. Roem.]를 때로는 울타리 주변에 심고 있다. 모두 복엽의 특징을 가지고 있다.

· 참죽나무속(*Toona*)	· 멀구슬나무속(*Melia*)

표 7-56. 참죽나무속과 멀구슬나무속 수종의 주요 형질

속명	열매	종자	수술대	씨방(각 실방)
참죽나무속	삭과	날개 O	서로 분리	밑씨는 8-10개
멀구슬나무속	핵과	날개 없음	합생, 꽃부리 밑에 붙음	밑씨는 1-2개

종소명 설명 azedarach 페르시안 의사 Avecinnia (980-1037)를 기린 이름; sinensis 중국산의

회양목과 Buxaceae, The boxwood family

6속 30종으로 구성되고 온대 및 아열대에 분포하며, 한반도에서는 1속(*Buxus microphylla* Siebold & Zucc. 회양목)이 자라며 일본에서 도입한 수호초(*Pachysandra terminalis* Siebold & Zucc.)를 가꾸고 있다.

회양목속(20)은 잎은 마주나기하고 가장자리가 밋밋하며 꽃은 엽액에 모여 달린다. 화피는 꽃받침뿐이며, 씨방은 3개로 갈라지고 검은빛이 도는 배꼽점(臍點: Caruncle)이 있는 종자가 특색이다.

옻나무과 Anacardiaceae, The cashew (sumac) family

60속 450종의 교목과 관목이 주로 난대에 분포되어 있다. 화려한 빛깔을 지니고 있는 것과 단단한 재질을 지니고 있는 것이 있다. 대부분 독성을 지닌 식물이 많지만 망고나무(*Mangifera indica* L.)의 열매는 식용으로 사용한다. 본과에 속하는 많은 식물은 약용자원 · 염료 · 밀초 · 타닌 등을 생산한다. 칠(lacquer)은 옻나무의 유액에서 채취한 것이다. 과거의 옻나무속(*Rhus*)은 현재 붉나무속(*Rhus*)과 옻나무속(*Toxicodendron*)으로 구분해서 부르며 두 속의 차이는 열매의 털과 외과피와 중과피 특징으로 구분하기도 한다.

표 7-57. 붉나무속과 옻나무속의 주요 형질

속명	열매	외과피/중과피
붉나무속	선점과 털이 존재	합생, 중과피는 끈적인다
옻나무속	털이 거의 없으며 다소 털이 있더라도 선점 없음	분리, 중과피는 왁스와 줄홈이 발달하지만 끈적이지 않는다

붉나무속 *Rhus*

붉나무 *R. chinensis* Mill., Chinese sumac, Chinese gall

잎 어긋나기, 기수우상복엽, 잎자루가운데에 날개가 발달, 소엽은 7-13개 **꽃 및 꽃차례** 양암수딴그루, 원추꽃차례가 가지 끝에 달리며 곧추선다. **개화기/결실기** 8-9월 개화/10-11월에 결실 양수로서 도로변, 벌채지 등에 쉽게 확인된다. 꽃이 위로 향해서 피며 잎자루에 날개가 발달해서 옻나무속과 쉽게 구분된다. 약용 또는 타닌자원으로서 활용되고 있다.

- *T. trichocarpum* (Miq.) O. Kuntze 개옻나무
- *T. sylvestre* (Siebold & Zucc.) O. Kuntze 산검양옻나무
- *T. vernicifluum* (Stokes) F. A. Barkl. 옻나무
- *T. succedaneum* (L.) O. Kuntze 검양옻나무

옻나무속 *Toxicodendron*

표 -58. 옻나무속 수종의 주요 형질

종명	꽃차례	겨울눈	소엽	열매		가지, 잎자루 털
개옻나무	털 매우 많음 15-30cm	나아, 갈색, 털이매우 많음	길이 4-15cm (2-3개의 톱니), 측맥 12개, 소엽 수는 9-17개	뾰족한 털	관목	매우 많음

산검양옻나무	털매우 많음 8-15cm	나아, 적갈색 털이 많음	길이 12cm, 측맥 16-20개, 소엽 수는 9-13개	털 없음	관목	매우 많음
옻나무	털 매우 많음 6-15cm	나아, 담갈색 털이 많음	길이 16cm, 측맥 10-12개, 소엽 수는 9-15개	털 없음	교목	매우 많음
검양옻나무	털 없음 5-10cm	인아, 아린은 3-4개 털 없음	길이 20-30cm, 측맥 15개, 소엽 수는 9-17개	털 없음	교목	없음

종소명 설명: trichocarpum 털이 있는 열매의; sylvestre 야생의; vernicifluum 래커(수지, 안료)가 많은; succedaneum 대용의, 모방의

개옻나무   산검양옻나무   붉나무

그림 7-27. 개옻나무의 경우 열매에 털이 발달하며 산검양옻나무와 검양옻나무 모두 열매가 찌그러진 원형이다. 개옻나무의 경우 다른 종에 비해 소엽수가 다소 많아 구분된다.

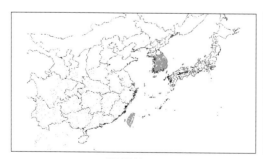

붉나무 분포도

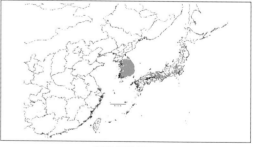

개옻나무 분포도

노박덩굴과 Celastraceae, The bittersweet family

약 40속 375종이 극지방을 제외한 각 지역에서 자라고, 3속 17종이 한반도에 있다. **꽃 및 꽃차례** 암작은 초록색의 꽃이 달린 취산꽃차례이고, 수술 안쪽에 화반으로 둘러싸인 씨방에 각각 2개씩의 배주가 들어 있다. **열매 및 종자** 종자가 종의로 싸여 있다. *Euonymus*는 15종이 자생하며, 그중 줄기에 날개가 달린 화살나무(*E. alatus* Siebold)가 있다. *Celastrus*는 대개 열대와 아열대에서 자라는 덩굴식물이며 5종이 한반도에서 자라는데, 낙엽덩굴식물, 어긋나기하고 톱니가 있다. 암수딴그루 또는 잡성화로서 녹색 또는 백색, 5수로 되고 화반이 있으며 취산꽃차례 또는 원추꽃차례에 달린다. 삭과는 3개로 갈라지고 각 1-2개의 종자가 들어 있으며 종자는 붉은색의 종자 껍질로 싸여 있다. 그중 노박덩굴(*C. orbiculatus* Thunb.)이 흔하다. *Tripterygium*(미역줄나무속)은 동아시아속으로서 1종이 한반도 전역에 자란다.

· **사철나무속(*Euonymus*)** · **노박덩굴속(*Celastrus*)** · **미역줄나무속(*Tripterygium*)**

표 7-59. 노박덩굴과 속의 주요 형질

속명	열매	꽃차례	잎
사철나무속	삭과, 4-5실	취산 또는 원추, 가지 옆에 달린다	마주나기
노박덩굴속	삭과, 3실	취산 또는 원추, 가지 옆에 달린다	어긋나기
미역줄나무속	시과	원추, 가지 끝에 달린다	어긋나기

노박덩굴속 *Celastrus*

· *Celastrus flagellaris* Rupr. 푼지나무
· *Celastrus stephanotiifolius* (Makino) Makino 노박덩굴
· *Celastrus orbiculatus* Thunb. 털노박덩굴

종소명 설명 flagellaris 덩굴가지가 있는; orbiculatus 원형의; stephanotiifolius *Stephanotis*속(박주가리과)이 잎과 유사한

표 7-60. 노박덩굴속 수종의 주요 형질

종명	잎의 거치	탁엽	꽃자루에 꽃의 수	잎 뒷면 털
푼지나무	뾰족한 톱니모양	가시 존재	1-3개	뒷면에 산생
노박덩굴	파상거치	가시 없음	1-3개(취산)	없음
털노박덩굴	파상거치	가시 없음	3-4개(총상)	주맥에 발달

사철나무속 *Euonymus*, spindle tree

잎 낙엽 또는 상록관목 내지 소교목이지만 일부 종은 덩굴성, 대개 마주나기 **꽃 및 꽃차례** 양성 또는 일부 단성(암수딴그루)이며 취산꽃차례에 달리고 4-5수로 되어 있다. 씨방은 화반과 붙으며 3-5실이고, 배주는 2개 때로 여러 개가 들어 있다. **열매 및 종자** 삭과는 3-5개로 갈라지며 때로 날개가 있고, 각 실에 1-2개의 종자가 들어 있으며 종의로 싸이고 배유가 있다. 산림의 계곡에서 흔하게 보는 식물이며 강원도에서는 참회나무, 회나무, 나래회나무, 회목나무를 흔하게 볼 수 있다. 경기도 지역과 남부지방에서는 참빗살나무를 더 흔하게 볼 수 있다.

- *E. japonicus* Thunb. 사철나무 · *E. nitidus* Benth. 섬회나무
- *E. fortunei* (Turcz.) Hand.-Mazz. 줄사철나무
- *E. alatus* (Thunb.) Siebold 화살나무
- *E. verrucosus* var. *pauciflorus* (Maxim.) Regel 회목나무
- *E. oxyphyllus* Miq. 참회나무 · *E. sachalinensis* (F.Schmidt) Maxim. 회나무
- *E. macropterus* Rupr. 나래회나무
- *E. hamiltonianus* Wall. var. *sieboldianus* (Blume) Kom. 참빗살나무
- *E. maackii* Rupr. 좁은잎참빗살

표 7-61. 사철나무속 수종의 주요 형질

종명	겨울눈 비늘 수	꽃	열매	잎자루	가지	성상
사철나무	6-7개	4수	작다(1.3cm)	길이 5-12mm	돌기 없음	상록/관목
섬회나무	6-7개	4수	크다(1.5-2cm)	길이 10-15mm (거치 없음)	돌기 없음	상록/관목
줄사철나무	10개	4수	작다(0.3-0.5cm)	길이 3-10mm	뿌리 발달	상록/덩굴성
화살나무	10개	4수	깊게 2개로 갈라짐	길이 2-4mm	코르크층 날개 발달	낙엽/관목
회목나무	3-5개	4수	4개로 중간정도 갈라 짐	길이 3-10mm	사마귀 같은 돌기 발달	낙엽/관목
참회나무	6-10개	5수	날개 없음	길이 3-10mm	돌기 없음	낙엽/관목
회나무	6-10개	5수	날개 약간 발달	길이 3-10mm	돌기 없음	낙엽/관목
나래회나무	8-12개	4수	날개 뚜렷하게 발달	길이 3-10mm	돌기 없음	낙엽, 관목
참빗살나무	8-12개	4수	날개 없음	길이 8-20mm	돌기 없음	낙엽, 관목
좁은잎참빗살	8-12개	4수	날개 없음	길이 8-20mm	돌기 없음	낙엽, 관목

종소명 설명 alatus 날개가 있는; japonicus 일본산의; maackii 러시아의 식물학자 R. Maack의 이름; macropterus 큰 날개의; oxyphyllus 뾰족한 잎이 달리는; pauciflorus 소수 꽃이 달리는; sachalinensis 사할린산의; 네덜란드 식물학자 Siebold의 이름

식별 특징 사철나무속은 열매의 모양으로 통상 구분하며, 꽃잎이나 열매의 심피의 수로 일부 종은 식별이 된다. 또한, 소지로 식별이 가능한 종은 회목나무, 화살나무, 사철나무는 식별이 가능하며 겨울눈으로는 참회나무, 회나무, 나래회나무와 참빗살나무와 좁은잎참빗살는 차이가 뚜렷한데, 전자는 뾰족하게 발달하며 후자는 짧으면서 둥근 모양으로 차이가 있다. 참빗살나무와 좁은잎참빗살나무의 차이점은 꽃잎이 녹색과 황백색, 꽃밥은 노란색과 보라색의 차이가 있다. 꽃차례도 화살나무나 회목나무는 단순해서 꽃이 달리는 숫자도 다르다. 겨울눈이 발달하는 참회나무, 회나무, 나래회나무는 꽃의 수가 많이 달리는 꽃차례로 다른 종들과 구분된다.

사철나무속의열매모양(Kim and Kim, 1994)

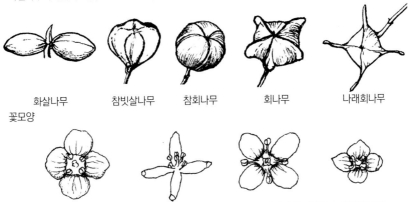

화살나무 참빗살나무 참회나무 회나무 나래회나무

꽃모양

열매가 4개 혹은 5개로 갈라지는 특징과 모양, 꽃차례의 특징이 주요 형질이 된다.

꽃차례

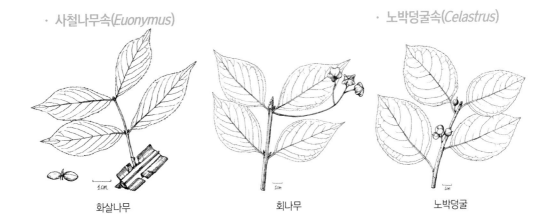

화살나무, 회목나무   참빗살나무, 좁은잎참빗살나무, 사철나무   회나무, 참회나무, 나래회나무

그림 7-28. 사철나무속 식물의 식별형질

· 사철나무속(*Euonymus*)   · 노박덩굴속(*Celastrus*)

화살나무   회나무   노박덩굴

감탕나무과 Aquifoliaceae, The holly family

1(3)속 400종 이상이 양반구의 온대와 열대에 분포하며, 한반도에는 *Ilex*(300)의 5종이 있고 그중 대팻집나무(*I. macropoda* Miq. large berried holly)가 충북지방까지 자라는 낙엽성이지만 다른 종은 모두 남부에 주로 자라는 상록성이다.

잎 어긋나기이며, 탁엽이 작고 일찍 떨어진다. **꽃 및 꽃차례** 액생 꽃차례와 잡성, 암수딴그루이다. **열매** 핵과

감탕나무속 *Ilex* L., holly

> · *I. macropoda* Miq. 대팻집나무
> · *I. crenata* Thunb. 꽝꽝나무
> · *I. rotunda* Thunb. 먼나무
> · *I. cornuta* Lindl. 호랑가시나무
> · *I. integra* Thunb. 감탕나무

표 7-62. 감탕나무속 수종의 주요 형질

종명	성상	잎의 거치	단지 발달	열매색깔	잎의 모양/잎자루	열매 및 자루	꽃
대팻집나무	낙엽, 교목	있음	있음	붉은색	넓은 난형,톱니 있음 /길음(10-20mm)	붉은색	흰색
꽝꽝나무	상록, 관목	있음	없음	검은색	작고, 톱니 있음. 잎 아래에 샘 있음/짧음(1-2mm)	검은색	황백색
먼나무	상록, 교목	없음	없음	붉은색	크고, 톱니 없음, 잎 아래에 샘 없음/길음(10-20mm)	붉은색	연한 보라
호랑가시나무	상록, 관목	없음	없음	붉은색	바늘같은 가시와 사각형 /짧음(5mm)	붉은색, 길다 (10-15mm)	흰색
감탕나무	상록, 교목	없음 2-3개의 톱니	없음	붉은색	가장자리는 편평, 거꿀달걀형 /길음(10-12mm)	붉은색, 짧다 (5-10mm)	흰색

종소명 설명 cornuta 각이 있는; crenata 둥근 톱니의; integra 거치가 없는(전연의); macropoda 굵은 대가 발달한; rotunda 원형의

생태적 특성 감탕나무는 맹아력, 내음성, 내건성 등이 모두 강해서 주로 해안 사면에 자생을 하지만 발아율은 30% 라서 그리 높지는 않다. 반면 먼나무는 열매가 아름답고 내음성고 수세가 강해 정원수로 보다 많이 이용된다. 종자 발아에 2년이 걸린다고 알려져 있다.

식별 특징 국내 분포하는 감탕나무속중에는 대팻집나무가 유일하게 낙엽성으로 단지가 발달하면서 잎에 거치가 발달한다. 상록성중에는 관목인 꽝꽝나무와 호랑가시나무가 있고, 교목성으로는 먼나무와 감탕나무가 있다. 꽝꽝나무는 다른 종들과 달리 검은색 열매를 가지면 잎이 매우 작고 거치가 발달하는 특징이 있다. 호랑가시나무도 관목이며 잎이 사각형처럼 생기면서 2-3개 가시가 발달되어 비교적 쉽게 구분된다. 먼나무와 감탕나무는 상록성중 교목성 식물로 꽃이 있을 경우 먼나무는 연한 보라색 꽃이면서 꽃잎이 4-6장인 반면, 감탕나무는 꽃이 흰색이고 꽃잎은 4장이라 쉽게 구분되고, 또한 열매도 감탕나무(직경 10mm)가 먼나무(6mm)보다 커서 식별이 가능하다. 감탕나무는 4월에, 먼나무는 6월에 개화해서 개화기에도 다소 차이가 있다. 생식 형질이 없을 경우에는 먼나무는 잎 뒷면에 2차 맥이 보이지만 감탕나무의 경우에는 2차 맥이 거의 보이지 않는 차이점으로 구분한다.

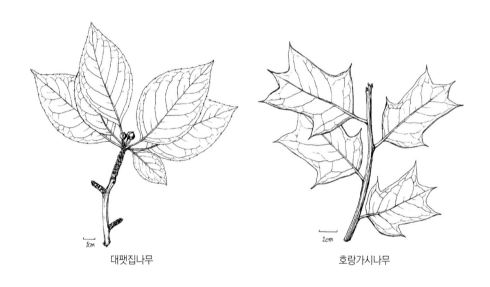

대팻집나무   호랑가시나무

고추나무과 Staphyleaceae, The bladdernut family

5속 25종이 주로 온대에서 자라고, 2속 2종이 한반도에 있다.

잎 마주나기 또는 어긋나기하는 복엽 **꽃 및 꽃차례** 꽃차례 총상 또는 원추꽃차례에 달리고 컵처럼 생긴 화반이 있다. **열매 및 종자** 고무베개처럼 생겼다. *Staphylea*(고추나무속)는 북반구 온대속에 자생하며 한반도에서 1종만이 자라고 있으며, *Euscaphis*(말오줌때나무속)는 동아시아속으로서 남부지방에서 자라고 있다.

> · *Staphylea bumalda* DC. 고추나무
> · *Euscaphis japonica*(Thunb.) Kanitz 말오줌때나무

표 7-63. 고추나무과에 속한 두 수종의 주요 형질

속명	소엽	열매	종자 껍질
고추나무	3개, 잎자루 없음	부풀어 오른 삭과	없음
말오줌때나무	4-7개, 잎자루 O	육질의 종의의 골돌	O

종소명 설명 bumalda J. A. de Bumalda의; japonica 일본산의

말오줌때나무(*Euscaphis japonica* (Thunb.) Kanitz, Korean sweetheart tree)는 동아시아속으로서 남부지방에서 자라고 있다. 특징은 관목이면서 정아가 발달하지 않고 마주나기하면서 복엽이다.

고추나무 분포도

말오줌때나무 분포도

단풍나무과 Aceraceae, The maple family

　2속 110종의 교목과 관목이며, *Dipteronia*속은 중국에 분포하는 고유속이며 단풍나무속(*Acer*)은 북반구에 널리 분포한다. 최근에는 이 과를 무환자나무과(Sapindaceae)와 합쳐 부르지만 여기서는 별개의 과로 보는 과거 시각에서 정리하였다. 주로 북반구의 온대에서 110종이 자라며, 한반도에서는 13종이 자란다. 밑에서부터 큰 가지가 갈라지기 때문에 용재로서의 가치가 적지만, 교목으로 자라는 복장나무와 고로쇠나무는 비교적 큰 용재를 생산한다. 은단풍과 설탕단풍은 용재보다는 가로수로 많이 심고 있다. 이 속은 관상적 가치가 중요하지만, 생태적으로도 중요하다. 꽃가루는 통상 알러지를 일으키며 미국에서 도입해서 관상용으로 심는 네군도단풍의 경우에는 매우 심하다.

잎 낙엽교목(열대지방에 상록교목 및 관목 존재), 마주나기, 단엽으로 손바닥처럼 갈라지거나 3-7개의 소엽으로 된 복엽이다. **꽃 및 꽃차례** 꽃대개 수꽃이고 암수한그루 또는 암수딴그루, 꽃잎의 수는 4-5이며, 총상·원추 또는 산방꽃차례에 달린다. 꽃받침 잎은 때로는 합생하고, 꽃잎은 간혹 없는 것도 있으며, 화반은 원형이고 크지만 간혹 갈라지거나 없는 것도 있다. 수술은 4-10개이지만 보통 7-8개이며, 암술대는 2개이다. **열매 및 종자** 고분열과는 마치 날개가 달린 시과가 2개로 갈라진 것처럼 보이며 각 1개의 무배유 종자가 있다.

- *A. tataricum* subsp. *ginnala* (Maxim.) Wesmall 신나무
- *A. pictum* var. *mono* Maxim. ex Franch. 고로쇠나무
- *A. pictum* Thunb. var. *pictum* 털고로쇠나무
- *A. pictum* var. *truncatum* (Bunge) Chin S. Chang 만주고로쇠
- *A. tegmentosum* Maxim. 산겨릅나무
- *A. barbinerve* Maxim. 청시닥나무
- *A. caudatum* var. *ukurunduense* (Trautv. & C. A. Mey.) Rehder 부게꽃나무
- *A. komarovii* Pojark. 시닥나무
- *A. palmatum* Thunb. 단풍나무
- *A. pseudosieboldianum* (Pax) Kom. 당단풍나무
- *A. triflorum* Kom. 복자기나무
- *A. mandshuricum* Maxim. 복장나무
- *A. buergerianum* Miq. 중국단풍(재배종)

표 7-64. 단풍나무속 수종의 주요 형질

종명	잎	꽃차례, 꽃의 수	열매 길이
신나무	단엽, 3개로 갈라짐/털 없음	산방산 원추, 꽃 20-30개	40-50mm
고로쇠나무	단엽, (3)5-7개 (열편에 톱니 없음)/털 일부 발달	산방, 꽃 20-30개	40-50mm
산겨릅나무	단엽, 5(7)개로 얕게 갈라짐(열편에 톱니 발달)/털 없음	총상, 꽃 15-20개	30mm
청시닥나무	단엽, 5(7)개로 깊게 갈라짐(가운데 열편 끝에 거치가 없음)/털 발달	산방, 꽃 10개	30-35mm 맥이 발달
부게꽃나무	단엽, 7개 (가운데 열편 짧고, 거치 발달 없음)/흰털이나 노란털 잎 뒷면에 털 없음	총상, 꽃 30-40개	15mm 잔털
시닥나무	단엽, 5개(가운데 열편 길게 발달)/갈색털 매우 많음	총상, 꽃 6-9개	20-25mm 털매우 많음
단풍나무	단엽, 7개/털 없음	산방, 꽃 20개	10mm 털 없음
당단풍나무	단엽, 9-11(13)개/ 털 o	산방, 꽃 (10)20-30개	20mm 털 존재
복자기나무	복엽(3), 톱니가 거의 없음 (간혹 2-3개)/ 털 매우 많음	산방, 꽃 25개	50mm 3개씩 달림
복장나무	복엽(3), 톱니가 많이 발달/ 털 없음	산방, 꽃 25개	30mm 3-5개 달림

종소명 설명 barbinerve 맥에 털이 있는; komarovii 러시아의 분류학자 V. L. Komarov 의 이름; mandshuricum 중국 만주지역의; mono 1개의; pictum 색이 있는, 아름다 운; tegmentosum 아린으로 덮인; palmatum 손바닥모양의; pseudosieboldianum sieboldianum과 유사한 (일본 *A. sieboldianum*과 유사하다는 뜻); triflorum 3개의 꽃이 달림; ukurunduense 시베리아 우쿠른두 지역의;

표 7-65. 단풍나무속 수목의 겨울눈을 근간으로 한 종의 특징

종명	아린 수	겨울눈 아병	겨울눈 털 유무
신나무	3-5쌍(6-10장)	없음	없음
고로쇠나무	3-5쌍(6-10장)	없음	없음
산겨릅나무	1쌍 (2장)	존재	없음
청시닥나무	1쌍 (2장)	없음	없음
부게꽃나무	1쌍 (2장)	없음	황색 매우 많음
시닥나무	1쌍 (2장)	존재	없음
단풍나무	2쌍 (4장)	없음	존재
당단풍나무	2쌍 (4장)	없음	매우 많음
복자기나무	6-7쌍 (11-15장)	없음	매우 많음
복장나무	6-7쌍 (11-15장)	없음	없음

고로쇠나무 *A. pictum* var. *mono* (Maxim.) Maxim. ex Franch., painted mono maple

잎 계곡의 응달에서 흔히 자라는 식물이다. 마주나기, 보통 (3)5(7)개로 갈라지며, 열편은 난상 3각형으로서 끝이 뾰족하고 가장자리에 톱니가 없다. 가을에 노란색으로 단풍이 든다. **꽃 및 꽃차례** 산방꽃차례는 가지 끝에 잎과 같이 달리고 꽃은 수꽃과 양성화가 한 그루에 피며 연한 황록색이다. 꽃받침잎, 꽃잎은 5개, 수술은 8개씩이며 씨방에 털이 없다. **열매 및 종자** 털이 없다. **소지 및 수피** 소지는 털이 없고 노란회색을 띤다. **개화기/결실기** 5월/10월 **목재의 특징 및 이용** 지리산지역에서는 이른봄 수액을 채취하여 고가로 판매하고 있어 경제적으로 중요한 수종이다. **생태 및 기타 정보** 잎의 형태와 열매의 각도, 털의 정도에 따라 긴고로쇠, 왕고로쇠, 산고로쇠, 집께고로쇠, 붉은고로쇠 등 많은 변종 혹은 품종이 기재되어 있으나 일본과 중국북동부에 자생하는 본 종의 변이를 보면 연속변이를 보여 모두 고로쇠의 형태변이로 간주된다. 울릉도의 우산고로쇠의 경우도 일본 홋카이도, 혼슈 북부의 고로쇠와 한반도에 분포하는 개체들과 비교하면 중간형태의 변이가 되어 역시 고로쇠의 연속변이에 포함시킨다. 털고로쇠(*A. pictum* Thunb. var. *pictum*)와 고로쇠의 차이는 잎 뒷면에 털의 존재 여부 이외에는 동일하며 만주고로쇠의 경우 수피는 세로로 뚜렷하게 갈라지며, 종자크기는 (4-)9(-12)mm, 날개/종자의 비율은 (0.4-)0.7(-0.8)로서 수피가 갈라지지 않으면서 종자는 크기가 다소 크면서 [(9-)12(-17)mm], 날개/종자의 비율중 날개가 다소 비율면에서 짧은 특징이 구분된다[(0.4-)0.5(-0.8)].

당단풍 *A. pseudosieboldianum* (Pax) Kom., Korean maple

잎 9-11개로 갈라지며 잎 뒷면에 털이 많이 발달한다. **꽃 및 꽃차례** 산방꽃차례 **소지 및 수피** 겨울눈 삼각형으로 4개의 아린이 있다. 아린 아래에 털이 많이 발달한다. **생태 및 기타 정보** 울릉도의 특산으로 알려진 섬단풍나무는 잎의 열편이 11-13로서 한반도내의 당단풍나무가 9-11개 보다 많아 고유종으로 인정된 적이 있지만 변이가 중첩되어 (특히, 성인봉 정상의 개체) 이명으로 처리한다. 단 꽃받침이 다소 붉은색보다는 노란붉은색에 가깝지만 개체변이가 심하다. 또한, 과거 당단풍나무의 변종으로 취급된 넓은고로실나무, 산단풍, 좁은단풍, 털참단풍, 왕단풍, 서울단풍, 털단풍, 아기단풍 등은 모두 당단풍의 이명이다.

단풍나무 *A. palmatum* Thunb., smooth Japanese maple

잎 5-7개 깊게 갈라지며, 털이 거의 발달하지 않는다. **꽃 및 꽃차례** 산방꽃차례 **소지 및 수피** 겨울눈 삼각형으로 당단풍나무와 근연종으로 4개의 아린이 동일하지만, 아린 아래에 털이 약간 발달한다. **분포** 전라남북도(내장산, 조계산, 선운사), 제주도의 계곡과 남부의 진도, 완도 등지의 상록수림에서 교목성으로 자란다. **개화기/결실기** 4-5월/ 10월 **생태 및**

기타 정보 양수지만 내음성이 강하다. 정원이나 고궁에 많이 심고 있는 종은 잎이 크면서 깊게 갈라지거나 혹은 개체에 따라 덜 갈라지며 열매는 단풍나무 보다 큰 종을 일본왕단풍[*A. palmatum* var. *amoenum* (Carrière) Ohwi]이라 한다. 봄철부터 적색단풍을 가지는 野村(노무라)단풍 등 여러 품종이 이 변종으로부터 몇 백년 간 일본에서 선발되었다. 실제 국내에서는 일본왕단풍을 조경수로 더 많이 식재한다. 단풍나무는 종자를 습윤 처리해야 발아하지만, 일본왕단풍은 습윤 처리 없이 쉽게 발아한다. 종자 발아와 관련한 생리습성으로 단풍나무는 주로 계곡에서 자란다.

전라북도나 제주도 등지에 자생하는 단풍나무는 잎이 매우 크고 잎이 많이 갈라져 때로 당단풍으로 오동정되는 경우가 자주 있지만 뒷면에 털이 발달하지 않아 당단풍과는 식별이 가능하다.

복장나무 *A. mandshuricum* Maxim., rough-barked maple

잎 교목성, 표면은 짙은 녹색, 뒷면은 회색이며, 가장자리에는 둔한 톱니가 있고 주맥에 털이 있다. 잎자루는 붉은빛이 돌며 털이 없고, 소잎자루는 길이가 5mm이다. 3개의 소엽은 긴 타원형으로서 끝이 길게 뾰족하며 밑이 예저이다. **꽃 및 꽃차례** 황록색으로서 수꽃과 양성화가 다른 개체에 달리며, 3-5개 취산꽃차례를 형성한다. **열매 및 종자** 시과에 털이 없다. **개화기/결실기** 5월/ 9-10월 **생태 및 기타 정보** 단풍나무속중 전국적으로 분포하는 수종은 신나무와 고로쇠, 그리고 전라남북도에 국한해서 분포하는 단풍나무를 제외하고는 대부분 산겨릅나무, 청시닥나무, 부게꽃나무, 시닥나무, 복자기나무, 복장나무 등은 모두 백두대간, 특히 강원도 산림 식생에서 흔히 보는 수종들이다. 고도 1,000m 이상에서 생육하는 수종은 시닥나무와 부게꽃나무이며 다른 수종들은 주로 1,000m 고도 아래에서 확인된다. 복자기나무는 강원도에서도 가끔 확인되지만 주로 경기도 북부 계곡에서 보다 쉽게 확인되는 복엽성 단풍나무속 식물이며 복장나무는 강원도에서 보다 흔하게 발견되지만 이가화성 특성 때문에 열매달린 개체는 그리 흔하지 않다. 산겨릅나무는 다른 수종에 비해 소지나 수피가 녹색을 띠면서 잎이 크고 열편이 덜 깊이 갈라져 비교적 쉽게 동정을 할 수 있고 청시닥나무, 부게꽃나무, 시닥나무 3종이 많이 혼동을 한다. 시닥나무는 잎 열편 끝까지 발달하는 작은 거치가 있으면서 털이 많이 발달하는 반면, 청시닥나무와 부게꽃나무는 열편의 거치가 거의 발달하지 않으며 청시닥나무는 산방꽃차례이면서 날개가 달리는 열매 종자에 주름살이 확연한 반면, 부게꽃나무는 총상꽃차례이면서 열매 종자가 작고 매우 많이 달리지만 충해나 배가 충실하게 달리지 않는 여러 이유로 약 40% 정도만이 성숙한 종자가 된다. 청시닥나무같은 경우에는 처녀생식하는 특성으로 충실하지 않은 종자가 많다.

아무르(Amur)식물상에서는 단풍나무속의 대부분이 주요 구성 요소다. 고로쇠를 제외하고는 대부분이 관목형으로 강원도 산림식생에서 흔하게 접한다. 극동러시아의 오래된 활엽혼효림 숲의 식생구조와 달리 한반도에서는 부게꽃나무, 분비나무 등은 주로 고도 1,000m 이상에서 볼 수 있어 실제 강원도에서는 분비나무보다는 신갈나무가 더 빈도가 높게 분포한다. 우리나라에서는 고도 1,000m 이상의 아고산 지대 숲에서 볼 수 있는 단풍나무속 수종은 부게꽃나무, 시닥나무가 있으며 당단풍 같은 경우에는 고도의 별다른 제한 없이 폭넓게 분포한다.

기타 특성 부게꽃나무의 수피는 섬유조직처럼 일어나면서 벗겨진다. 시닥나무는 과거 일본에 분포하는 *A. tschonoskii* Maxim.의 변종(var. *rubripes* Kom.) 으로 취급되었는데, 일본의 *A. tschnonoskii*와 비교해서 꽃의 수가 적고(6-8 vs 8-20), 열매자루의 길이가 짧으면서(3-6 vs 6-12mm), 종자의 크기가 커서(10-17 × 6-9 vs 9-18 × 6-12mm) 별개의 독립 종으로 본다.

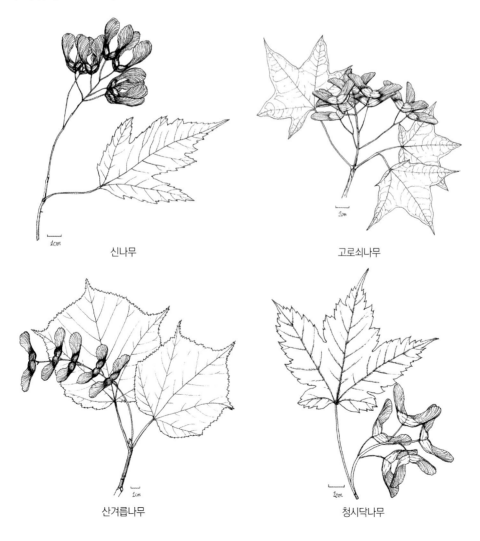

신나무   고로쇠나무

산겨릅나무   청시닥나무

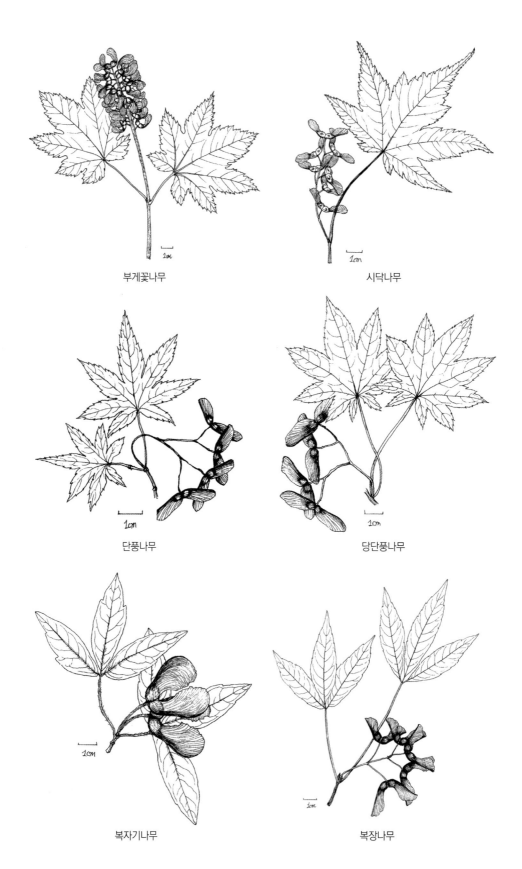

부게꽃나무

시닥나무

단풍나무

당단풍나무

복자기나무

복장나무

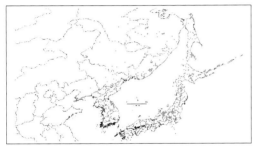

부게꽃나무 분포도

시닥나무 분포도

무환자나무과 Sapindaceae, The soapberry family

주로 열대에서 자라고, 130속 1,100종으로 구성된다. 한반도에서는 *Koelreuteria*(모감주나무속)와 *Sapindus*(무환자나무속)가 각 1종씩 자라는데, 전자는 작은 교목으로서 황색 꽃이 만발하므로 관상적 가치가 있고, 6종이 중국과 대만에 집중된 종류로서 1종이 주로 바닷가에 분포되어 있다. 후자는 남부에서 심고 있는 교목으로서 높이가 20m이고 널리 분포하지 못한 종류이며, 열대와 아열대에서 20종이 자란다.

잎 우상복엽 **꽃 및 꽃차례** 작고 잡성암수딴그루, 꽃잎 밑에 선이 있으며 수술 밖에 선반이 있다. 씨방은 3개의 심피로 되어 있다 **열매 및 종자** 종의로 덮인 종자이다.

> · *Sapindus mukorossi* Gaertn. 무환자나무
> · *Koelreuteria paniculata* Laxm. 모감주나무

종소명 설명 mukorossi 일본명 무꾸로지에서 유래; paniculata 원추꽃차례가 달리는

표 7-66. 무환자나무와 모감주나무의 주요 형질

속명	소엽	열매
무환자나무속	거치가 발달하지 않는다	핵과
모감주나무속	톱니의 거치가 발달	장과

칠엽수과 Hippocastanaceae, The buckeye (horsechestnut) family

미주·유럽·인도 및 동아시아지역에 25종이 자라며, 교목 또는 관목으로서 관상용으로 심고 있다. 특히, 유럽에서는 파리의 주요 가로수로 되어 있다. 영어의 buckeye나 열매의 모양이 밤나무 모양같아 붙여진 이름인 horse-chestnut보다도 불어의 마로니에(marronier)란 이름을 기성세대들은 좋아한다. 칠엽수(*Aesculus turbinata* Blume)가 일본에서 도입해서 최근 20-30년 동안 국내 여러 곳에 가로수로 많이 식재하고 있다.

대극과 Euphorbiaceae, The spurge family

전세계 300속 7,500종이 대부분 아시아 인도-말레이 지역에 있지만 온대까지 분포한다. 초본, 관목, 교목이 있다. 식물체에 흔히 흰 유액이 있는 특징이 있다.

잎 대부분 어긋나기하며, 탁엽이 있다. 꽃 단성화이며, 씨방은 상위이며 통상 3개로 갈라진다. 대극과에는 2가지 유형의 꽃을 가진 식물로 양분한다. 대극(*Euphorbia*)형은 주로 꽃잎과 꽃받침 모두 없는 것이며, 비대극(non *Euphorbia*)형은 꽃받침과 꽃잎이 5장이 있거나 혹은 꽃잎과 꽃받침이 없는 것을 지칭한다. 수술은 1-다수이고 암꽃에는 씨방 밑에 화반이 있다. 열매 삭과 또는 핵과상이다.

중부북부지방에서 볼 수 있는 수종은 광대싸리[*Flueggea suffruticosa* (Pallas) Baillon]가 유일하다. 잎은 어긋나기하며 매우 얇고 표면은 녹색이지만 뒷면은 흰색이다. 암수딴그루이며 수꽃은 잎 사이에 속생하지만 암꽃은 2-5개 달리면서 핀다. 열매는 삭과이다. 산에서 흔하지만 군락을 이루지는 않는다.

- 만두나무속(*Glochidion*)
- 예덕나무속(*Mallotus*)
- 유동속(*Vernicia*)
- 사람주나무속(*Neoshirakia*)
- 광대싸리속(*Flueggea*)

표 7-67. 대극과 속의 주요 형질

속명	씨방 실당 밑씨 수	털	잎 하단부	꽃	유액	꽃차례	잎	겨울눈
만두나무속	2개	단순	선점 없음	꽃잎 없음	없음	취산/산형	털 없음 (상록)	인아

예덕나무속	1개	다양	선점 +	꽃잎 없음	없음	원추	별 모양털	나아
유동속	1개	다양	선점 +	꽃잎 o, 수술 15-20개	붉은색/노란색	원추	단순 털 o	인아
사람주나무속	1개	다양	선점 +	꽃잎 o, 수술 (2)3개	흰색	총상	단순 털 없음,	인아
광대싸리속	2개	단순	선점 없음	수꽃 꽃잎 없음, 화판은 고리형, 갈라짐	흰색	없음	털 없음	인아

예덕나무속 *Mallotus* Lour., Japanese spurge shrub, Japense mallotus

구세계의 열대에서 120종 정도가 자라지만 우리나라에서는 예덕나무[*M. japonicus* (Thunb.) Muell-Arg.]는 1종이 주로 남쪽 바닷가나 벌채지나 빛이 많은 지역에 자라는 관목이다.

종소명 설명 japonicus 일본산의

잎 낙엽성이며 어긋나기하며, 초기에는 갈라지지 않지만 통상 나중에 3개로 갈라진다. 잎자루 부근에서 3개로 주맥과 측맥이 발달한다. 양면에 별모양의 털이 많이 발달한다. **꽃 및 꽃차례** 암수딴그루이며 7-20개 꽃이 달리는 원추꽃차례를 형성한다. 열매 및 종자 3-4개로 갈라지는 삭과이다. **생태 특성** 양수면서 선구수종으로 벌채지나 노변에 빠르게 침투해서 성장한다. 초기 성장이 매우 빠르고 봄에 붉은 색의 잎이 나온다.

식별의 특징

겨울눈은 나아이면서 정아는 큰 반면 옆의 측아는 작다. 별모양의 털이 많이 발달하며 엽흔은 원형이다. 예덕나무의 식별은 동아의 특징과 잎이 3개로 갈라지거나 털이 많아 쉽게 구분된다.

사람주나무속 *Neoshirakia* Esser, Japanese tallow tree

중남미의 열대와 난대에서 자라고 있는 *Sapium*속으로 보았지만 현재는 동아시아에 1속 1종인 *Neoshirakia*속으로 처리한다. 사람주나무[*N. japonica* (Siebold & Zucc.) Esser]는 내륙지방은 충남 계룡산까지 올라오며, 바닷가를 따라 설악산까지 분포한다. 주로 계곡에 많이 분포한다.

잎 낙엽관목, 어긋나기, 잎 아래 뒷면에 선점이 발달한다. 거치가 발달하지 않는다. 잎자루에서 흰 유액이 나온다. **꽃 및 꽃차례** 총상꽃차례이며 노란 꽃이 달린다. 상단부에는 주로 수꽃이 피며 아래에는 암꽃이 핀다. **열매 및 종자** 삭과이며 3개로 갈라진다. **겨울눈** 가정아, 아린은 2개, 유관속흔은 3개로 구성된다. **소지 및 수피** 회갈색인데 흰가루가 손에 묻어 나온다. 수피는 세로로 얕게 갈라진다. **개화기/결실기** 4월말~6월중/9-10월

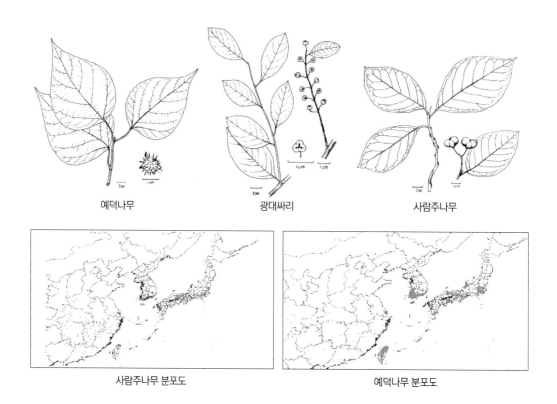

예덕나무   광대싸리   사람주나무

사람주나무 분포도   예덕나무 분포도

보리수나무과 Elaeagnaceae, The oleaster family

3속 60종으로 구성되고 주로 북반구의 해안 초원지대에서 자란다. 가지와 잎, 꽃받침 등 은빛의 인모가 존재한다. *Elaeagnus* (silverbell, 40)는 아시아·유럽 및 북아메리카속으로 서 3종이 한반도에서 자한다. 일본에서 뜰보리수를 도입하여 정원에 식재하는데 소지에 갈 색의 인모가 발달하며 소화경은 1-3개씩 달리는 낙엽성인데 자생인 보리수와는 소지에 은색 의 인모에 소화경이 1-7개씩 달려 차이가 있다. 유럽과 중국까지 넓게 분포하는 비타민나무 (*Hippophae rhamnoides* L., Sea buckthorn)는 북한에서 식재해서 과실수로 활용하고 있다.

> · *E. umbellata* Thunb. 보리수나무   · *E. glabra* Thunb. 보리장나무
> · *E. macrophylla* Thunb. 보리밥나무   · *E. multiflora* Thunb. 뜰보리수(재배종)

종소명 설명 umbellata 산형화서의, multiflora 많은 꽃의, glabra 다소 매끈한, macrophylla 큰 잎의

표 7-68. 보라밥나무속의 주요 형질

종명	잎/잎 뒷면	잎자루 길이(mm)	잎의 폭(cm)	개화/결실
보리수나무	낙엽성/은백색	3-12	2-3	봄/가을
보리장나무	상록성/적갈색	7-12	3-4	가을/봄
보리밥나무	상록성/은백색	10-25	4-6	가을/봄

갈매나무과 Rhamnaceae, The buckthorn family

550속 900종이 열대에서 온대에 걸쳐 분포하고, 한반도에서는 7속 14종이 자라고 있다.

잎 교목, 관목, 단엽이고 우상맥 또는 삼출맥이다. **꽃 및 꽃차례** 양성 또는 단성, 원추꽃차례 또는 총상꽃차례에 달리거나 간혹 1개씩 달린다. 꽃받침 잎과 꽃잎은 어긋나기하고 꽃잎은 수술과 마주나기하며 가장자리가 안으로 말려서 수술을 감싼다. **열매 및 종자** 핵과, 견과 때로 삭과이고 1-4개의 종자가 들어 있다.

대추나무(*Ziziphus jujuba* Mill.)는 식재하며 갯대추[*Paliurus ramosissimus* (Lour.) Poir.] 1종이 바닷가에서 자란다.

> - 헛개나무속(*Hovenia*)
> - 까마귀베개속(*Rhamnella*)
> - 대추속(*Zizyphus*)
> - 상동나무속(*Sageretia*)
> - 망개나무속(*Berchemia*)
> - 갈매나무속(*Rhamnus*)
> - 갯대추속(*Paliurus*)

표 7-69. 갈매나무과 속의 주요 형질

속명	탁엽	잎	열매	꽃차례	가지	꽃
헛개나무속	가시 없음	3출맥	열매자루 육질	취산	가시 없음	꽃자루 있음
망개나무속	가시 없음	깃털형맥, 톱니 없음, 어긋나기	타원형	원추, 총상	가시 없음	꽃자루 있음
까마귀베개속	가시 없음	깃털형맥, 길이가 보통 4cm 이상, 톱니 있음, 어긋나기	타원형	취산	가시 없음	꽃자루 있음
갈매나무속	가시 없음	깃털형맥, 마주나기, 어긋나기	원형, 종자가 3개씩	속생	가시 있음	꽃자루 있음
대추속	가시 있음	어긋나기, 3개의 큰 맥 발달	육질의 핵과	취산	가시 없음	꽃자루 없음
갯대추속	가시 있음	어긋나기, 3개의 큰 맥 발달	건과이며 날개	취산	가시 없음	꽃자루 없음
상동나무속	가시 없음	깃털형맥, 길이가 3cm 이하, 마주나기	열매자루 육질 없음	수상	가시 있음	꽃자루 없음

헛개나무속 *Hovenia* Thunb., raisin tree

히말라야와 아시아의 동부속이며 한반도에서는 헛개나무(*Hovenia dulcis* Thunb. Japanese raisin tree, oriental raisin tree)가 자란다. 헛개나무는 잎자루가 길게 발달하며 맥이 잎자루부근에서 3개로 갈라지며 암수딴그루이면서 열매와 꽃차례 모두에 털이 없다.

망개나무속 *Berchemia* Neck. ex DC.

아시아의 동부와 남부 · 아프리카의 동부 및 북아메리카에 분포하며 한반도에서는 3종이 자라고 있는데 망개나무[*B. berchemiifolia* (Makino) Koidz.]는 평행맥이 발달하면서 교목성이며 줄기는 붉은 색을 띤다. 속리산, 경상북도 내연산, 포항 송라면 중산리에 자생하는 것으로 알려져 있다.

까마귀베개속 *Rhamnella* Miq.

동아시아속으로서 까마귀베개[*R. franguloides* (Maxim.) Weberbauer] 1종이 남부에서 자란다. 잎은 긴타원형이며(5-13cm) 잎맥은 15-19개로 매우 많다. 열매는 핵과이면서 긴타원형이며 황색에서 흑색으로 성숙한다.

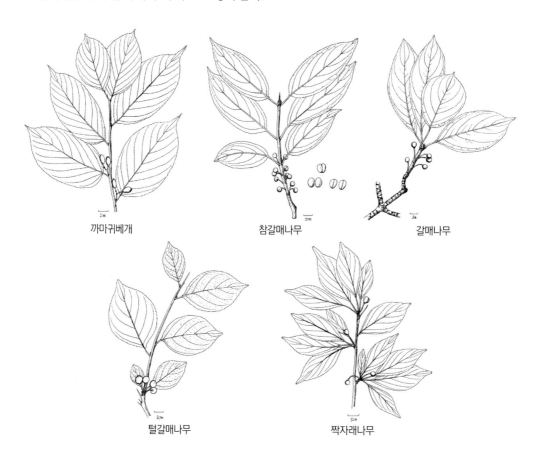

까마귀베개　　　　　참갈매나무　　　　　갈매나무

털갈매나무　　　　　짝자래나무

갈매나무속 *Rhamnus* L., buckthorn

주로 북반구의 온대에서 100종 이상이 자라고, 브라질과 남아프리카에도 약간 있으며, 한반도에서는 7종이 자라고 있으며 대부분 관목이다.

- *R. crenata* Siebold & Zucc. 산황나무
- *R. utilis* J. Decne. 참갈매나무
- *R. rugulosa* Hemsl. 털갈매나무
- *R. yoshinoi* Makino 짝자래나무
- *R. parvifolia* Bunge 돌갈매나무
- *R. davurica* Pall. 갈매나무
- *R. taquetii* (H. Lév.) H. Lév. 좀갈매나무

표 7-70. 갈매나무속 수종의 주요 형질

종명	잎	열매자루길이(mm)	잎자루(mm)	분포
산황나무	마주나기	3-6	4-10	남해안과 경기도 서해
돌갈매나무	마주나기	4-6	5-15	북한 전역
참갈매나무	마주/반마주나기	5-12	15-30	경기도 및 충청 이남
갈매나무	마주/반마주나기	10-12	15-30	백두대간(강원도)
털갈매나무	마주/반마주나기	3-7	5	중부 지역이남(강원도 제외)
좀갈매나무	마주/반마주나기	3-7	7-10	제주도 한라산
짝자래나무	마주/반마주나기	7-18	7-10	백두대간

종소명 설명 utilis 쓸모가 있는, 용도가 있는; davurica 러시아의 다후리지방을 지칭; crenata 둥근톱니의; parvifolia 작은 잎의 모양의; rugulosa 주름진; taquetii 식물채집가인 U. Faurie 신부의 이름; yoshinoi 일본 식물학자 Yoshino, Zensuke(吉野善介)의 이름;

식별형질 산황나무만 겨울눈이 나아이면서 꽃잎의 수가 5개이고 암수한꽃인 반면, 다른 모든 자생하는 종은 인아가 있으면서 꽃잎은 4수이고 암수딴그루로 다르다. 또한 산황나무는 취산 또는 산형꽃차례이지만 다른 모든 종은 1-여러개가 모여 달리는 형태를 가지며, 가시나 단지는 산황나무에서 발달하지 않지만 다른 종은 가시와 단지 모두 발달한다. 따라서, 산황나무는 다른 갈매나무속 식물과는 여러 특징에서 뚜렷이 다르다. 갈매나무의 경우 정단 부분에 겨울눈이 발달하며 열매나 꽃이 총생하듯 달리는 반면 참갈매나무는 가시가 발달하며 열매가 산생하는 것이 다르다. 돌갈매나무는 갈매나무와 유사하나 잎자루가 매우 짧고 정단부분에 참갈매나무처럼 가시가 발달한다. 남쪽에는 주로 털갈매나무가 백두대간에는 짝자래나무가 분포하는 것으로 알려 져 있다. 유일한 차이는 잎 뒷면의 털이 많은 것을 털갈매나무라 하며 비교적 주맥에만 털이 있는 것을 짝자래나무라 하지만 두 종간의 차이는 털의 정도차이만이 확인되며 분포의 중첩지역인 충청도나 경상도 혹은 강원도 남부의 개체에서는는 두 종간 뚜렷한 차이가 없다.

머루과 Vitaceae, The grape family

11속 700종으로 구성되고 주로 열대와 아열대에서 자라지만 온대까지 자라며 경제식물인 포도가 이에 속하고 우리나라에는 4속 9종이 자란다.

잎 목본, 줄기는 덩굴이고 덩굴손이 발달, 어긋나기, 단엽 혹은 복엽, 탁엽이 잎자루처럼 발달하거나 없다. **꽃 및 꽃차례** 꽃차례는 잎과 마주나기, 4-5개의 수술은 꽃잎과 마주나기한다. 총상, 원추, 취산으로 잎과 마주나기. 양성 혹은 단성, 꽃은 방사대칭이다.

열매 및 종자 장과

Cayratia(350)는 열대와 아열대속이고 한반도에서는 거지덩굴[*Cayratia japonicus* (Thunb.) Gagnep.]이 남쪽섬에서 자란다. *Parthenocissus*(15)는 담쟁이덩굴 [*Parthenocissus tricuspidata* (Siebold & Zucc.) Planch.] 1종이 전국 각지에서 자라는 덩굴성 식물이다.

> · 머루속(*Vitis*)　　· 개머루속(*Ampelopsis*)
> · 담쟁이덩굴속(*Parthenocissus*)

표 7-71. 머루나무과 속의 주요 형질

속명	수(줄기)	꽃차례	화반
머루속	갈색, 세로로 갈라짐, 피목 없음	원추	암술대 밑 씨방(화반) 없음
개머루속	흰색, 벗겨지지 않음. 피목 존재	취산	화반 존재, 씨방과 분리
담쟁이덩굴속	흰색, 벗겨지지 않음, 피목 존재	취산	화반이 약간 발달, 씨방과 합생

개머루속 *Ampelopsis* Michx., pepper vine

Ampelopsis(20)는 아시아와 북아메리카에 분포하며 한반도에서는 3종이 자라고 있는데, 그중 개머루가 흔히 나타난다.

식별 형질

개머루는 잎이 3개로 갈라지면서 꽃이 녹색인 반면, 가회톱은 5개로 갈라지고 꽃이 노란색이다.

> · *A. glandulosa* (Wall.) Momiy. 개머루

종소명 설명 heterophylla 여러잎 종류의, japonica 일본산의

머루속 *Vitis* L., grape vine

북반구의 온대에 60종이 분포하고 있고 한반도에는 4종이 자라고 있다.

잎 어긋나기, 단엽 또는 복엽이고 장상맥이 있다. **꽃 및 꽃차례** 양성과 수꽃으로 구성. 잎과 마주 달리는 원추꽃차례에 달린다. **열매 및 종자** 장과이며 2-4개의 종자가 들어 있다. **생태 및 기타 정보** 대부분 낙엽성, 덩굴손이 있다. 왕머루는 생장억제물로 종자 휴면성이 강해서 주로 동물을 통한 종자 매개가 이런 휴면타파에 도움이 된다. 주로 백두대간에 왕머루가 분포하며 울릉도에는 머루가 자생한다. 2종이 남부지방에 자라며 새머루(*V. flexuosa* Thunb.)와 경기도, 충청남북도, 전라남북도. 까마귀머루[*V. heyneana* subsp. *ficifolia* (Bunge) C. L. Li]는 주로 해안 근처 지역에서 볼 수 있다.

- *V. coignetiae* Pulliat ex Planch. 머루
- *V. amurensis* Rupr. 왕머루
- *V. flexuosa* Thunb. 새머루
- *V. ficifolia* Bunge 까마귀머루

종소명 설명 amurensis Amur 지방의 이름; coignetiae 식물학자 Coignet 사람의 이름; flexuosa 파상의, 꾸불꾸불한; thunbergii 식물학자 C. P. Thunberg의 이름

식별형질

왕머루는 털이 거의 없고 흰녹색인 반면, 머루는 뒷면에 갈생털이나 샘털이 많으며 노란색을 띤다. 머루나무 꽃이나 열매차례가 훨씬 길다. 새머루와 까마귀머루는 잎이 갈라지며 잎, 꽃차례와 열매 등이 대부분 왕머루나 머루에 비해 작다. 까마귀머루는 대개 3-5개로 깊게 갈라지고, 뒷면에 갈색 또는 흰색털이 밀생한다.

| 왕머루 분포도 | 새머루 분포도 |

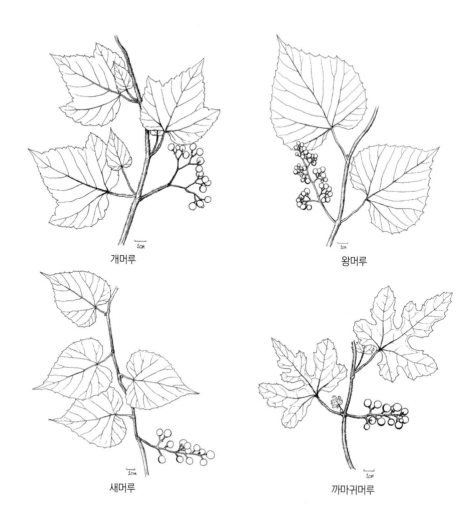

개머루

왕머루

새머루

까마귀머루

두릅나무과 Araliaceae, The ginseng family

　70속이 대부분 열대에 분포하지만 일부 온대에서 초본, 관목, 교목 혹은 덩굴성으로 자란다. 한반도 남부지방에는 송악속(*Hedera*), 황칠나무속(*Dendropanax*), 팔손이속(*Fatsia*) 등이 자란다.

　잎 어긋나기, 단엽 혹은 복엽이며 탁엽이 존재하거나 없다. 꽃 및 꽃차례 두상, 산형 혹은 원추꽃차례 등 다양하다. 씨방하위이다. 열매 핵과, 장과, 혹은 분열과이다. 잎이 크고 가시가 많은 땃두릅나무[*Oplopanax elatus* (Nakai) Nakai]는 지리산·설악산 및 북부의 높은 산 능선에 따라 자라는 관목으로 빈도는 높지 않다. 다른 속 식물과 달리 열매는 붉은 노란색(vs 검은색)을 띤다.

> · 두릅나무속(*Aralia*)　　　　　· 음나무속(*Kalopanax*)
> · 오갈피나무속(*Eleutherococcus*)　· 팔손이속(*Fatsia*)
> · 황칠나무속(*Dendropanax*)　　· 송악속(*Hedera*)
> · 땃두릅나무속(*Oplopanax*)

표 7-72. 두릅나무과 속의 주요 형질

속명	잎	꽃	가지	성상
두릅나무속	2회 깃털형 겹잎, 낙엽성	씨방 2-5개	가시 존재	관목
음나무속	단엽, 낙엽성, 7개로 갈라짐	씨방 2실	가시 존재	교목
오갈피나무속	3-5개의 손바닥 모양 겹잎, 낙엽성	씨방 2-5개	가시 존재	관목
팔손이속	단엽, 상록성, 5-10개로 갈라짐	씨방 5실/10실	가시 없음	교목
황칠나무속	단엽, 상록성, 가장자리는 밋밋하거나 3-5개로 갈라짐	씨방 (3)5실	가시 없음	교목
송악속	단엽, 상록성, 3-5개로 갈라짐	씨방 4-5실	가시 없음	덩굴성
땃두릅나무속	단엽, 낙엽성, 7-9개로 갈라짐	씨방 2실	가시 존재	관목

두릅나무 *Aralia elata* (Miq.) Seem, Japanese angelica tree

잎 관목, 어긋나기, 2회 기수우상복엽이다. **꽃 및 꽃차례** 대형의 복총상꽃차례, 꽃차례의 축에 화경에 갈색 털이 많이 발달한다. **소지 및 수피** 가지에는 많은 가시가 발달한다.
개화기/결실기 8월
목재의 특징 및 이용 약용과 어린 순은 식용으로 사용한다.
생태 및 기타 정보 극한 양수로서 빛이 없는 곳에서는 자랄 수 없으며 벌채된 곳이나 파괴된 식생에 잘 자라며 초기 생장이 무척 빠르다. 어린 순을 식용으로 사용한다.

음나무 *Kalopanax septemlobus* (Thunb.) Koidz., castor aralia
1속 1종의 식물이다.
종소명 설명 septemlobus 7개로 잎이 갈라진.
잎 높이가 30m인 낙엽교목이다. 어긋나기, 5-9개로 단풍잎처럼 갈라진다. 열편은 끝이 길게 뾰족하며 가장자리에 톱니가 있다. 맥위에 털이 있거나 없다. **꽃 및 꽃차례** 양성화이며 꽃차례는 산형상이며 20-30개의 꽃이 달린다. **열매 및 종자** 거의 구형, 종자는 1-2개씩 들어 있고 흑색으로 익는다. **소지 및 수피** 굵은 가지가 드문드문 사방으로 퍼지고 굵은 가시가 있다. 겨울눈은 2-3개의 눈껍질로 넓은 난형으로서 털이 없다. 수피는 매우 뚜렷하게 깊게 골이 파일 정도로 갈라지며 개체에 따라 넓은 가시가 발달한다. **개화기/결실기** 7-8월/10월. **목재의 특징 및 이용** 생장이 빠르고 한때는 악기재로 많이 사용하였고, 어린 잎은 식용이다.
생태 및 기타 정보 양수로서 산림내에서 틈(gap)이 발생하는 곳에서 발아해서 자라는 식물로서 어릴적에는 내음성이 매우 강해 빛에 매우 민감한 반응을 보인다. 습기가 높은 경사지나 비옥한 땅을 좋아하지만 경기도 혹은 파괴된 산림식생에서 선구수종으로 흔히 볼 수 있다. 종자는 새들에 의해 운반되며 발아와 밀접한 관계가 있다.
뒷면에 털이 많고 5-7개로 중간 정도 갈라진 것을 털음나무[f. *magnificus* (Zabel) Hand.- Mazz.]로, 잎이 5-7개로 깊게 갈라지고 열편은 긴 타원상 피침형으로서 뒷면에 백색 털이 있으며 주로 서해안에서 자라는 것을 가는잎음나무[f. *maximowiczii* (Van Houtte) Hand.- Mazz.]등이 기재되어 있지만 모두 개체변이로 본다.

오갈피나무속 *Eleutherococcus* Maxim., eleuthero, Siberian ginseng
　주로 동북아시아와 히말라야에 분포하는 속으로 38종이 분포한다. 우리나라에는 5분류군이 자생한다. 숲에서 발견되는 빈도는 그리 높지 않다.
잎 낙엽관목 또는 교목, 어긋나기하고 톱니가 있으며 줄기와 가지에는 때로 가시가 있다. **꽃 및 꽃차례** 양성 또는 잡성, 산형으로 달려 전체가 원추꽃차례로 되며, 꽃받침잎은 작고 꽃잎은 4-5개이며 같은 수의 수술이 있다. 씨방은 2-5실이고 같은 수의 암술대는 붙거나 떨어진다.

> · *E. senticosus* (Rupr. & Maxim.) Maxim. 가시오갈피
> · *E. nodiflorus* (Dunn) S.Y.Hu 섬오갈피나무
> · *E. sessiliflorus* (Rupr. & Maxim.) S. Y. Hu 오갈피나무
> · *E. divaricatus* (Siebold & Zucc.) S. Y. Hu 털오갈피나무

종소명 설명 divaricatus 넓은 각도로 벌어지는; gracilistylus 세장한 암술대의; nodiflorus 마디에서 꽃이 달리는; senticosus 가시가 발달한; sessiliflorus 대가 없는 꽃의 (즉 꽃자루가 거의 발달하지 않는 다는 뜻)

표 7-73. 오갈피나무속 수종의 주요 형질

종명	심피	소지	소엽	꽃/ 꽃차례
가시오갈피	5개	바늘 가시 소지 전체에 존재	뒷면 주맥과 작은 잎자루에 털이 매우 많음, 소잎자루 o	암수한꽃, 꽃자루 털 없음/2-4개
섬오갈피나무	2개	가시는 밑이 넓음	소엽 뒷면, 작은 잎자루의 털 없음, 소잎자루 없음	암수딴그루, 꽃자루 털 없음/전년도 가지에 단생
오갈피나무	2개	넓은 가시	소엽 뒷면, 작은 잎자루의 털 없음, 소잎자루 없음	암수한꽃, 꽃자루 털 매우 많음/당년도 가지에 단생 (두상모양)
털오갈피나무	2개	넓은 가시	소엽 뒷면, 작은 잎자루의 털 없음, 소잎자루 없음	암수한꽃, 꽃자루 털 매우 많음/1-5개

식별 특성 오갈피나무는 꽃의 대가 짧거나 발달하지 않아 두상 모양이며 가시가 드문 달리는 반면, 가시오갈피(Siberian ginseng)는 꽃의 대가 발달하고 가시가 소지 전체에 촘촘하게 발달하면서 가시 모양도 가늘면서 날카롭게 발달한다. 지리오갈피나무는 털오갈피나무에 비해 2차 맥간에 긴직모와 긴곡모가 함께 발달한다고 하지만 구분하기 어려운 형질로 털오갈피나무의 이명으로 판단한다. 섬오갈피나무는 제주도에 분포하는데 가지가 옆으로 퍼지는 특징을 갖고 있다.

오갈피, 털오갈피

섬오갈피나무

오갈피, 털오갈피　　　　　섬오갈피나무

그림 7-29. 오갈피나무는 꽃자루가 매우짧아 두상처럼 보이지만 가시오갈피는 꽃자루가 비교적 길게 발달한다(Kim, 1997).

그림 7-30. 오갈피나무속의 줄기의 모양

가시오갈피

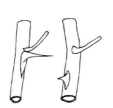
다른 오갈피나무의 종

가시오갈피

다른 오갈피나무의 종

그림 7-31. 오갈피나무속의 가시의 종류 및 위치

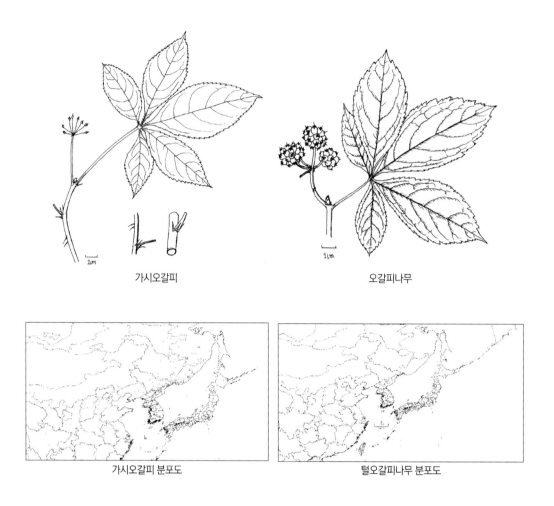

가시오갈피

오갈피나무

가시오갈피 분포도

털오갈피나무 분포도

송악 *Hedera rhombea* (Miq.) Siebold & Zucc. & Bean, Japanese ivy
유럽·북아프리카 및 아시아에서 12-15종이 자라고 있으며 *Hedera helix* L.(English ivy)는 관상용으로 유명하다. 상록덩굴이며 소가 잘먹기 때문에 소밥이라고도 한다.

팔손이 *Fatsia japonica* (Thunb.) Decne. & Planch., fatsia, Japanese aralia, fig-leaf palm
1속 1종이며 상록관목이다. 거제도와 남해도 남쪽에 자생한다.

황칠나무 *Dendropanax trifidus* (Thunb.) Makino ex H. Hara, ivy tree
잎 상록교목, 어긋나기하고 타원형, 가장자리가 밋밋하지만 3-5개로 크게 갈라진다. **꽃 및 꽃차례** 양성, 연한 황록색으로 피고, 꽃받침은 종처럼 생기거나 도란형으로서 끝이 5개로 갈라진다. 산형꽃차례는 가지 끝에 달린다. **열매 및 종자** 핵과는 타원형, 흑색으로 익고 암술대가 끝까지 남아 있다. **소지 및 수피** 수피에 상처를 내면 황색의 유액이 나오

므로 황칠나무라고 한다. 어린 가지는 털이 없으며 윤택이 난다. **개화기/결실기** 6월/11월
본 종은 이전에 한국특산으로 인식되었으나 대만과 일본에 분포하는 종과는 다른 형태
적 차이를 발견할 수가 없어 동일종으로 본다.

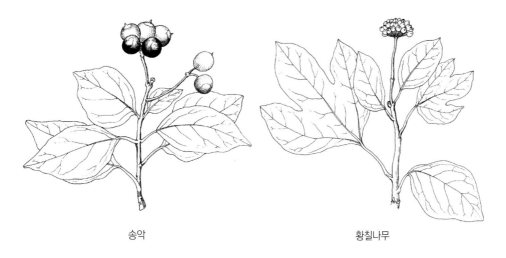

송악   황칠나무

층층나무과 Cornaceae, The dogwood family

2속 (박쥐나무속, 층층나무속) 85종이 북반구의 온대에 주로 집중되어 있다. 과거에는
층층나무과에 속했던 식나무(*Aucuba japonica* Thunb.)는 Garryaceae (식나무과)
로 처리된다.

박쥐나무속(*Alangium*)은 17종이 구대륙의 열대 및 아열대에서 자라고 주로 아시아남
부에서 일본·중국 중부 및 오스트레일리아까지 분포하며 아프리카에서도 자란다. 우리
나라에서는 박쥐나무[*A. platanifolium* (Siebold & Zucc.) Harms]가 전국적으로 분
포하지만 빈도는 남부 지방이 높다. 겨울눈은 잎자루속눈(엽병내아)이며 잎은 어긋나기
이며 3-5개로 중앙까지 깊게 혹은 얕게 갈라지며 1-7개의 꽃이 달리는 취산꽃차례는 잎
겨드랑이에 달린다. 과거에는 박쥐나무과(Alangiaceae)로 처리하였다.

식나무속과 층층나무속의 식별 형질
식나무는 원추꽃차례이며 암수딴그루이고 상록성으로 주로 남부지방에 분포하지만, 층
층나무속은 산방 혹은 산형꽃차례이면서 암수한꽃이면서 낙엽성이다.

층층나무속 *Cornus* L., dogwood

잎 교목이지만 관목 및 초본도 있다. 대부분 마주나기지만, 어긋나기하는 종도 있다. 엽맥은 휘어져 마치 단자엽식물의 평행맥처럼 발달한다. **꽃 및 꽃차례** 꽃잎은 4-5개이며, 수술은 꽃잎과 서로 어긋나며 달린다. 씨방하위이다. **열매 및 종자** 씨방은 하위이며 핵과 혹은 장과이다.

> · *C. kousa* F. Buerger ex Hance 산딸나무
> · *C. officinalis* Siebold & Zucc. 산수유
> · *C. walteri* Wangerin 말채나무
> · *C. macrophylla* Wall. 곰의말채
> · *C. controversa* Hemsl. ex Prain 층층나무

표 7-74. 층층나무속 수종의 주요 형질

종명	성상	포	잎	열매	꽃색깔 및 피는 시기 (겨울눈 특징)
산딸나무	관목	숙존	마주나기 측맥 5-6쌍, 주맥과 측맥사이 갈색털 발달	붉은색, 열매 자루 없음	황록색, 5-6월, 잎눈과 꽃눈 따로 존재
산수유	관목	조기탈락	마주나기 측맥 4-7쌍, 갈색털 발달	붉은색, 작은 열매자루	노란색, 4월초-중, 잎눈과 꽃눈 따로 존재
말채나무	교목	없음	마주나기 측맥 4-5쌍, 흰털 발달	검은색, 작은 열매자루	흰색, 6월, 잎눈과 꽃눈이 동일
곰의말채	교목	없음	마주나기 측맥 6-9쌍	검은색, 작은 열매자루, 흰털 발달	흰색, 6월, 잎눈과 꽃눈이 동일
층층나무	교목	없음	어긋나기 측맥 6-9쌍, 흰털 발달	검은색, 작은 열매자루	흰색, 5월, 잎눈과 꽃눈이 동일

종소명 설명 controversa 의심스러운, 논란이 있는(어긋나기); kousa 일본말의 풀(구사)이라는 뜻이며 일본 하코네(箱根)지방의 방언; macrophylla 잎이 큰; officinalis 약용의, 약효가 있는; walteri 미국 식물학자 Thomas Walter의 이름

층층나무 *C. controversa* Hemsl. ex Prain, giant dogwood

잎 어긋나기이다.

생태 및 기타 정보 전국 산림지대에서 볼 수 있는 수종으로 상층목을 차지하는 식물로서 주로 양수로서 강원도에서는 북동과 북서쪽의 사면과 계곡에 잘 자라는 것으로 알려져 있다. 깊은 토심과 유기물 함량이 높은 곳에 잘 자라며 주요 상층목으로는 신갈나무, 복장나무, 난티나무, 고로쇠 등이 같이 자라는데 주로 양수인 식물들이 함께 자란다.

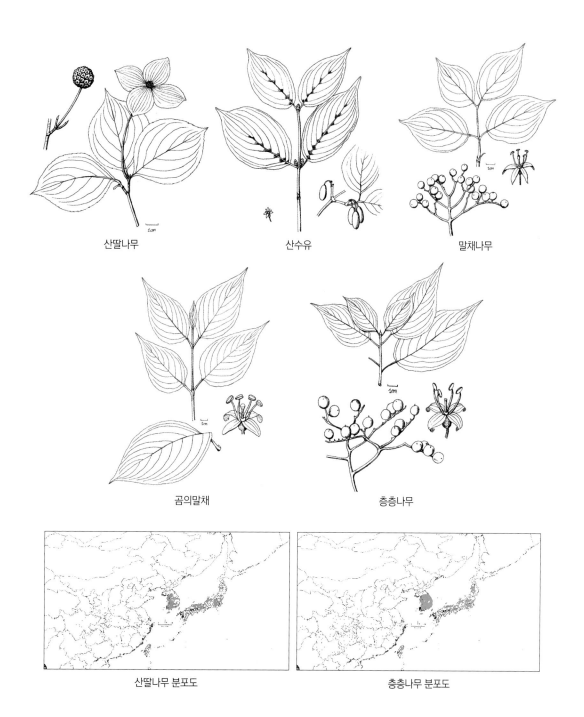

산딸나무

산수유

말채나무

곰의말채

층층나무

산딸나무 분포도

층층나무 분포도

이나무과 Flacourtiaceae

79-89속 800-1,000종이 주로 열대에서 자라고 있으며, 과거에는 *Xylosma*와 *Idesia*의 2속 2종으로 보았지만 현재(APG 분류체계)는 버드나무과를 포함하여 매우 큰 과로 보고 있다.

· 산유자나무속(*Xylosma*)	· 이나무속(*Idesia*)

표 7-75. 이나무과 속의 주요 형질

속명	잎과 잎자루	꽃차례
산유자나무속	두텁고, 길이는 4-8 cm, 잎 아래는 예각, 엽맥은 나란히 맥, 입자루에 샘이 없음	잎겨드랑이
이나무속	매우 얇고, 길이 10-20 cm, 잎 아래는 심장형, 엽맥은 길게 발달, 입자루 위에 샘이 달림	가지 끝

산유자나무속 *Xylosma* G. Forst.

산유자나무 *X. japonica* (Thunb.) A. Gray ex H. Ohashi

수피 가시가 많이 발달한다.

이나무속 *Idesia* Scop.

이나무 *I. polycarpa* Maxim., igiri tree

1종이 국내에 자란다. 종소명 설명 polycarpa 열매가 여러 개가 달리는 **잎** 어긋나기, 삼각상 심형, 끝이 뾰족하며 잎자루는 붉은빛이 돌며 2개의 선이 있다. **꽃 및 꽃차례** 암수딴그루, 수꽃이 암꽃보다 약간 크다. 원추꽃차례는 가지 끝에 달리고 길이가 20-30cm이다. **열매 및 종자** 둥글며 종자는 10개 이상 많이 있다. **소지** 겨울눈은 7-10개의 눈껍질에 털이 없고, 눈껍질은 많으며 서로 포개지고 끝이 뾰족하다. 유관속흔은 많다. **개화기/결실기** 5월/10월

산유자나무

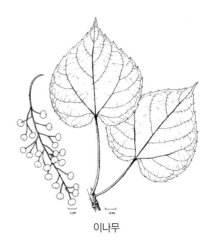

이나무

버드나무과 Salicaceae, The willow (poplar) family

전 세계적으로 북반구이며 아열대에서 아한대까지 넓게 분포하며 5속 400여 종이 분포하며, 국내에는 2속 40여종으로 과거에는 보았다. 현재는 이나무과와 합쳐 부르기도 하지만 여기서는 과거 Cronquist 분류체계로 정리하였다. 이나무과의 버드나무아과로 볼 경우에는 56속 1220종으로 구성되어 있다.

잎 낙엽관목 또는 교목. 관목은 주로 북부지방 아고산 지역에 자라며 옆으로 뻗거나 비스듬히 서거나 곧게 자란다. 어긋나기이지만 간혹 마주나기도 하고 대부분 탁엽이 있다. **꽃 및 꽃차례** 대부분 암수딴그루(간혹 암수한그루 존재) 풍매화 또는 충매화, 꼬리꽃차례(유이꽃차례, ament)에 달린다. 꽃차례는 위로 향하거나 밑으로 처지고 엽액이나 가지 끝에 달린다. 포는 꽃마다 1개씩 달리고 끝까지 남는 것과 떨어지는 것이 있으며 손바닥 또는 둥근 부채형이다. **열매 및 종자** 삭과 또는 수과, 털이 있으며 배유가 없다. 주로 종자는 바람에 의해 이동하지만 종자의 수명은 매우 짧으며 수분이 존재 하에 발아가 된다. **소지** 3개의 유관속과 눈껍질흔이 존재한다.

표 7-76. 사시나무속과 버드나무속의 주요 형질

속명	겨울눈 아린수	포의 톱니	꽃차례	꽃모양	수술수
사시나무속	5-6개	있다	아래로 처진다	컵처럼 생긴 안에 들어 있음	5의 배수
버드나무속	1(2)개	없다	위로 곧추선다	꽃에 1-2개의 꿀샘 존재	1-8

버드나무속은 충매화 혹은 풍매화이지만 사시나무는 대부분 풍매화이다. 사시나무속은 겨울눈의 눈껍질은 여러 개이고 점질이 있으며 때로는 털이 있고, 눈 속의 어린잎은 안쪽으로 말려있다. 반면 버드나무속은 톱니가 없는 포가 달리며 화피는 없으며 겨울눈은 1개 아린으로 구성된다.

사시나무속 *Populus* L., Poplar

25-30종이 북반구의 온대에서 자라고 한반도에서는 4종이 자생한다.

- *P. tremula* L. var. *davidiana* (Dode) C. K. Schneid. 사시나무
- *P.* x *tomentiglandulosa* T. B. Lee 은사시나무
- *P. suaveolens* Fisch., 황철나무 · *P. nigra* 'Italica' 양버들
- *P.* x *canadensis* Moench 이태리포플러(재배종)
- *P. simonii* Carrière 당버들 · *P. alba* L. 은백양(재배종)
- *P. deltoides* Marsh. 미류나무(재배종)

A 사시나무 꽃의 포의 존재   B 버드나무속의 꿀샘의 존재

그림 7-32. A. 사시나무속 B. 버드나무속. 사시나무속 갈라진 포와 함께 꽃은 컵처럼 생긴 포 안에 발달하면서 꿀샘이 없고 수술은 5의 배수로 발달하는 반면, 버드나무속은 포가 갈라지지 않고 꿀샘이 존재하며 수술은 1-8개가 존재한다.

표 7-77. 사시나무류와 황철나무류의 주요 형질

분류군별	꽃	삭과	겨울눈	해당 종
Aspens 사시나무류	6-12개 수술	얇은 껍질	점질이 없음	은백양, 일본사시나무, 사시나무, 은사시
Cottonwoods 황철나무류	12-60개 수술	두터운 껍질	점질이 있으면서 향이 있음	황철나무, 당버들, 물황철나무, 미류나무

사시나무 *P. tremula* L. var. *davidiana* (Dode) C.K. Schneid., David poplar

잎 낙엽활엽수이며, 잎은 난형, 2-10cm x 1.5-9cm, 표면이 녹색이며 뒷면이 백색이면서 털이 없다. 잎자루 중앙 이상이 좌우로 편평하여 바람에 잘 나부껴서 우리말에도 '사시나무처럼 떤다'는 표현을 쓴다. 탁엽은 일찍 떨어진다. **소지 및 수피** 수피는 오랫동안 밋밋하지만 얕게 갈라져 흑갈색으로 되며, 1년생 가지는 털이 없고 회록색이거나 약간 붉은 빛이 돈다. 겨울눈은 갈색이며 여러 개의 눈껍질로 덮이고 약간 점질이 있으며 털이 없다. 꽃눈과 잎눈이 구분된다. **꽃 및 꽃차례** 통상 이른 봄(4월)에 피고 5월에 성숙해서 털에 덮인 종자가 날린다.

생태 및 기타 정보 사시나무는 유라시아에서부터 한반도까지 매우 넓게 분포하는 종으로 강원도 태백산을 남한계로 본다. 강원도에서는 숲사이나 임도 부근에 가끔 개체로 확인되며 집단을 형성하지는 않는다. 기존에 종으로 기재된 왕사시나무나 수원사시나무는 은백양과 사시나무 잡종이며 보다 사시나무에 더 가깝다.

표 7-78. 사시나무속의 주요 형질

종명	잎자루	잎	꽃	겨울눈
사시나무	좌우로 편평	삼각상 달걀꼴, 파상거치, 털이 전혀 없다	수술 8-12개.	점성 없음
은사시나무	둥글다	넓은 달걀꼴, 작은 거치와 털이 많이 발달, 잎은 갈라지지 않음	수술 30-40개	점성 없음, 털 있음
황철나무	둥글다	넓은 달걀꼴, 작은 거치 많이 발달, 잎자루와 가운데 맥에 털 많음	수술 30-40개	점성 있음, 털 없음 대형(1.5cm), 단지 존재
양버들	좌우로 편평	삼각형, 선점이 없고 거치가 촘촘, 파상 거치, 털이 없음	수술 20-30개	점성 있음

이태리포플러	좌우로 편평	삼각형, 선점이 없고, 거치가 촘촘, 얇게 파상 거치, 털이 없음	수술 20-30개	점성 있음
당버들	둥글다	넓은 달걀꼴, 작은 거치 많이 발달, 잎자루와 가운데 맥에 털 없음	수술 8-9개	점성 있음, 털 없음, 소형(1cm), 단지 없음
은백양	둥글다	넓은 달걀꼴, 작은 거치와 털이 많이 발달, 일부 잎은 갈라짐	수술 4-8개	점성 없음, 털 존재
미류나무	좌우로 편평	삼각형, 거치는 깊게 파상, 털이 없음	수술(30)40-80개	점성 있음

은사시나무(현사시나무) *Populus × tomentiglandulosa* T.B. Lee

잎 사시나무와 비슷하지만, 뒷면에는 은백양(유럽과 중앙아시아 원산, 도입종)과 같은 백색 털이 밀생한다. **겨울눈** 난형으로서 백색 털이 있다. **꽃 및 꽃차례** 암수한그루 또는 암수딴그루로서 4월에 잎보다 먼저 피고, 열매가 5월에 익는다. 과수는 길이가 10 cm 정도로서 보통 100개 정도의 열매가 달린다. 삽수 했을 때의 당년생장은 별로 빠르지 않지만 다음해부터 생장이 매우 우수하다.

생태 및 기타 정보 은사시나무는 과거(1950년대) 수원의 서울대학교 농업생명과학대학 캠퍼스에 식재되었던 사시나무(정확하게는 수원사시나무: 사시나무와 은백양 교잡으로 추정)와 은백양 사이에서 생긴 자연잡종으로서 그 생장이 매우 왕성하였다. 사시나무와 은백양을 인공 교잡시킨 개체에 대해서는 현사시나무라 부른다. 현재 자연잡종으로 추정되는 개체는 수원의 서울대학교 수원수목원 숲에 일부 확인된다.

과거 외래 수종으로서 심었던 은백양, 양버들, 미류나무(미루나무), 이태리포플러 등은 수명이 다 돼서 죽은 후 더 이상 식재하지 않아 국내에서 보기가 흔치 않지만 간척지에 이태리포플러가 생육이 좋아 최근에 다시 조림을 한다.

백색 털이 밀생한 은백양은 중앙아시아에서 시베리아 서쪽을 거쳐 유럽까지 널리 분포하며, 양버들은 아시아 서쪽에서 유럽까지 분포하는데 가지가 위로 향하여 자라므로 빗자루같은 수형이다. 미류나무는 미국에서 도입된 수종으로 가지가 옆으로 퍼지고 잎이 보다 넓고 길며 밑부분에 2개의 선점이 뚜렷하다. 이태리포플러는 양버들과 미류나무의 잡종에서 선발된 것으로 수형이 미류나무에 보다 가깝지만 가지가 적고 가늘다.

황철나무 *Populus suaveolens* Fisch., Korean poplar

잎 넓은 타원형으로 사시나무에 비해 대형이며 윗면은 녹색으로서 맥상에 잔털이 있지만 뒷면은 흰빛이 돌고 전면 또는 맥상에 잔털이 있다. **소지 및 수피** 수피는 어린 나무의 것은 회색으로서 밋밋하지만 자라면서 불규칙하게 세로로 터지면서 흑갈색으로 된다. 겨울눈은 갈색이 돌고 점질이 있으며, 맹아에는 능각이 발달하지만 소지의 단면은 보통 둥글다.

꽃 및 꽃차례 사시나무에 비해 늦게 개화(4월 중순)하며 5월에 성숙해서 종자가 날린다.

생태 및 기타 정보 강원도 이북의 산기슭·계곡 또는 냇가에서 자라고, 높이가 20-30 m이며 지름이 1m에 달한다. 극한 양수로서 선구수종으로서 벌채지나 도로 주변 등 개방된 지역에 침투해서 자라는 식물로서 내음성이 약해 숲속에서는 극히 일부 개체만을 볼 수 있다. 산불이 난 지역에서 근맹아에 의해 소군락을 이루기도 한다. 초기에는 매우 생장이 빠르지만 심변재 부분이 썩어 수명은 짧다.

물황철나무(*P. koreana* Rehder)는 어린 가지에 선모가 있고 잎에 주름살이 많으며 맹아에 능각이 발달하지 않고 잎의 뒷면이나 잎자루에 털이 없는 것을 지칭하지만 황철나무의 개체변이로 본다. 당버들은 가지에 능각이 발달하는 점은 황철나무와 같지만 잎의 뒷면과 잎자루에 털이 없고 분포가 황철나무와 비슷하다. 중국황철나무는 당버들과 같지만 잎의 중앙 이하가 가장 넓으며 보다 북쪽에서 자란다.

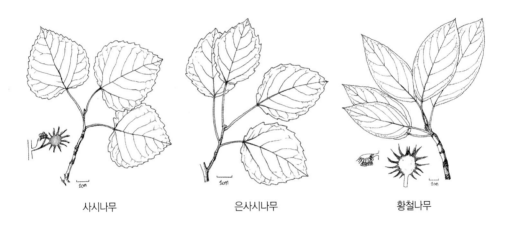

사시나무   은사시나무   황철나무

버드나무속 *Salix* L., willow

주로 북반구의 추운 지방에 400종이 분포하며 일부 종이 남반구에서 자라고 있지만 오스트레일리아에는 없다. 큰 나무로서 목재를 생산하는 것보다 관상용으로서 수양버들을 널리 식재하고 있다. 한반도에서는 25여종이 자라고 있다.

잎 낙엽관목 또는 교목, 간혹 상록성인 것도 있다. 어긋나기, 간혹 마주나기하기도 한다. 피침형이거나 긴타원형이며 가장자리가 밋밋하다. 탁엽은 발달하며, 맹아에 있어서 뚜렷하다. **꽃 및 꽃차례** 암수딴그루, 간혹 잎이 핀 다음에 피는 것도 있지만 대부분 꽃이 먼저 핀다. 포는 각 1개씩이며 포와 화피가 유합한 것이라고 보며 곧 떨어지는 것도 있다. 내화피는 밀선으로 되어 있고 1개 또는 2개이지만 3-5개 또는 돌려나기하여 술잔같은 형으로 된 것도 있다. 수술은 보통 2개, 때로 1개로 합쳐지기도 하지만, 3-20개인 것도 있다. 암꽃에서는 2개의 심피로 되어 있으며, 암술대가 발달한 것도 있다. 암술대는 2개로 갈라지는 것 혹은 2개의 암술머리로 구성된 것이 있다. **열매 및 종자** 삭과는 2개로 갈라지고, 종자는 긴 타원형으로서 백색 관모가 있다. 소지 및 수피 정아는 없으며 측아는 보통 가지에 들러붙어 있는데, 1개의 눈껍질로 덮여 있고, 엽흔은 V자형이며 관속흔은 3개이고 탁엽흔은 보통 뚜렷하지 않으며, 수는 차 있고 원형이다. 가지는 단면이 원형이고, 겨울눈은 보통 1개의 눈껍질로 싸여 있지만 2개인 것도 있다.

- *S. chaenomeloides* Kimura 왕버들
- *S. babylonica* L. 수양버들
- *S. caprea* L. 호랑버들
- *S. koriyanagi* Kimura ex Görz 키버들
- *S. triandra* L. subsp. *nipponica* (Franch. & Sav.) Skvortsov 선버들
- *S. pierotii* Miq. 버드나무
- *S. rorida* Laksch. 분버들
- *S. bebbiana* Sarg. 여우버들
- *S. gracilistyla* Miq. 갯버들

종소명 설명 babylonica 바빌로니아의; bebbiana 식물학자 M.S. Bebb의; caprea 야생 암염소의; chaenomeloides 모과나무속 식물과 유사한; gracilistyla 세장한 암술대의; koriyanagi 한국 버드나무의 (일본어); nipponica 일본의; pierotii 네덜란스 식물 채집가 J. Pierot의; rorida 이슬이 맺힌 (은백색 빛깔); triandra 3개의 수술의

버드나무속을 야외에서 식별하는 방법

많은 종이 한반도에 분포하지만 대부분 북한과 고산지대에 분포하며 실제 남한에는 극히 일부 종만이 확인이 된다. 버드나무속 식물은 꽃과 잎이 동시에 피거나 꽃이 먼저혹은 잎이 먼저 나오는 등 종간의 특징에 차이가 있다. 3-5월 사이 이런 특징을 근간으로 종 식별이 아래와 같다.

표 7-79. 버드나무속의 주요 형질

종명	성상	잎의 모양과 거치	잎의 뒷면과 털의 유무	겨울눈 아린	분포
왕버들	교목	버드나무형 가는 거치가 많이 발달	다소 희며, 털이 없거나 잔털 존재	2개	충남이남
버드나무	교목	좁은 피침형, 거치는 간격을 보임	털이 발달, 희색/녹색, 엽맥은 10개	1개	전국
수양버들	교목	좁은 피침형, 거치는 간격을 보임	털이 없음 엽맥이 8개	1개	식재
분버들	교목	좁은 피침형, 거치는 간격을 보임	흰색	1개	강원도
호랑버들	관목	달걀 타원형(호랑버들형), 파상 거치	흰 분과 융모가 발달, 잎맥은 8-12개	1개	백두대간 (전국)
여우버들	관목	긴타원형(호랑버들형), 파상 거치	흰 분이 발달, 엽맥은 6-10개로 희미함	1개	백두대간
키버들	관목	긴타원형(버드나무형), 잔거치 발달	분흰색, 털이 없음, 거치가 절반만 발달	1개	전국

갯버들	관목	긴타원형(버드나무형), 잔거치 발달	뒷면에 융모가 발달	1개	전국
선버들	교목	긴타원형(버드나무형), 잔거치 발달	뒷면에 희지만 털이 발달	1개	강원도 북부

개화기 식별 형질

A. 꽃이 잎보다 먼저 피는 종: 갯버들, 개키버들, 키버들, 들버들, 내버들, 호랑버들, 좀분버들, 분버들

B. 잎과 꽃이 동시에 피는 식물: 버드나무, 개수양버들, 수양버들

C. 잎이 나온 후 꽃이 피는 식물: 왕버들

암꽃이 필 때 씨방에 털이 많아 구분되는 종으로는 갯버들, 개키버들, 키버들, 들버들(제주도), 내버들, 호랑버들이 있다. 분포로는 왕버들이 주로 충남 이남에 왕버들이 분포하며 선버들은 강원도 북부에 분포한다. 버드나무와 갯버들, 키버들은 수변 지역에서 볼 수 있지만 호랑버들, 선버들은 산 능선과 수변 지역에서 볼 수 있다.

왕버들 *S. chaenomeloides* Kimura, Japanese pussy willow

잎 낙엽교목(20m), 긴 타원형이며 가장자리에는 잔톱니가 있다. **꽃 및 꽃차례** 수꽃차례는 밑에 1-3개의 포가 달린 것이 있고 대에 긴 털이 있으며 포가 끝까지 남고 뒷면에 털이 없으며 앞쪽에 긴 털이 있다. 암꽃차례는 길이가 2-4cm이고 대에 2-3개의 잎이 달리는 것도 있으며 대에 긴 털이 있고 포가 끝까지 남으며 표면에 털이 없고 안쪽에 털이 있다. **열매 및 종자** 과수는 길이가 5-10cm이고, 삭과는 길이가 1-1.5mm인 대가 있다. **소지 및 수피** 수피는 회갈색이고 세로로 깊게 갈라진다. 1년생 가지는 황록색으로서 처음에는 털이 있지만 점차 없어지며, 2년생 가지는 윤택이 나고 붉은빛이 도는 황색이다. 겨울눈은 난형으로서 길이가 2-3mm이며, 인편은 3개가 서로 포개지고, 탁엽은 크며 잎처럼 생겼다. **개화기/결실기** 잎과 같이 4월/5월에 성숙한다. 평지 동네 근처에 오래된 교목이 천연기념물로 지정된 것들이 다수 있다.

버드나무 *S. pierotii* Miq., Korean willow

잎 낙엽관목, 좁은 피침형이며 양끝이 빠르고 가장자리에 선점같은 톱니가 있으며, 표면은 녹색이고 주맥에 털이 있으며 뒷면에는 백색 가루가 있다. **꽃 및 꽃차례** 수꽃차례는 길이 1-3cm, 암꽃차례는 잎보다 먼저 또는 같이 핀다. **열매 및 종자** 포는 긴 타원형으로서 연한 갈색이고 잔털이 있으며 밀선은 앞에 1개가 있지만 뒷면에도 있을 때가 있다. 씨방

은 난형, 털이 밀생하고, 암술대는 씨방보다 짧으며 암술머리는 4개로서 붉은빛이 돈다. **소지 및 수피** 수피는 흑갈색이고 세로로 갈라지며, 가지는 회갈색이며, 특히 소지가 잘 떨어지며 1년생 가지에 털이 있거나 없다. **개화기/결실기** 4월/5월

수양버들 *S. babylonica* L., weeping willow

잎 낙엽성 교목, 피침형, 긴 점첨두이며 잔톱니가 있고 뒷면은 흰빛이 돌고 잎자루는 길이 2-4mm이다. **꽃 및 꽃차례** 암수딴그루 간혹 암수한그루로 수꽃차례는 길이 1-2cm이다. 씨방은 털이 있으나 암술대는 털이 없고 암술머리는 2개이다. **소지 및 수피** 수피는 회갈색으로 세로로 갈라지며 가지는 길게 처진다. 소지는 황록색으로 털이 없다.

식별 형질 기존에 수양버들의 수술이 능수버들에 비해 짧고 씨방이 다소 털이 적고 포가 다소 더 가늘고 특징을 근간으로 기재되었지만 이 특징으로 두 분류군을 구분하기 어렵다. 용버들도 가지가 휘면서 꿀샘이 2개로서 가지가 휘지 않으면서 꿀샘이 1개인 수양버들과 차이가 있다고 언급 되지만 모두 이명처리가 되었다. A. K. Skvortsov(러시아 버드나무 분류전문가)는 능수버들과 용버들 모두 수양버들의 클론에서 개발된 개체로 보았다.

그림 7-33. 씨방의 대가 발달하는 종 (1. 왕버들, 2. 선버들, 3. 분버들, 4. 호랑버들, 5. 진퍼리버들, 6. 콩버들, 7. 강계버들)

그림 7-34. 수술대가 합쳐지거나 혹은 수술수가 많은 종 (8. 갯버들, 9. 키버들, 10. 내버들, 11. 반짝버들, 12. 쪽버들)

그림 7-35. 암술대가 발달하지 않는 종 (13. 닥장버들, 14. 당키버들, 15. 수양버들)

그림 7-36. 암술대가 발달하는 종 (16. 여우버들, 17. 분버들, 18. 버드나무, 19. 육지꽃버들, 20. 쌍실버들, 21. 개키버들)

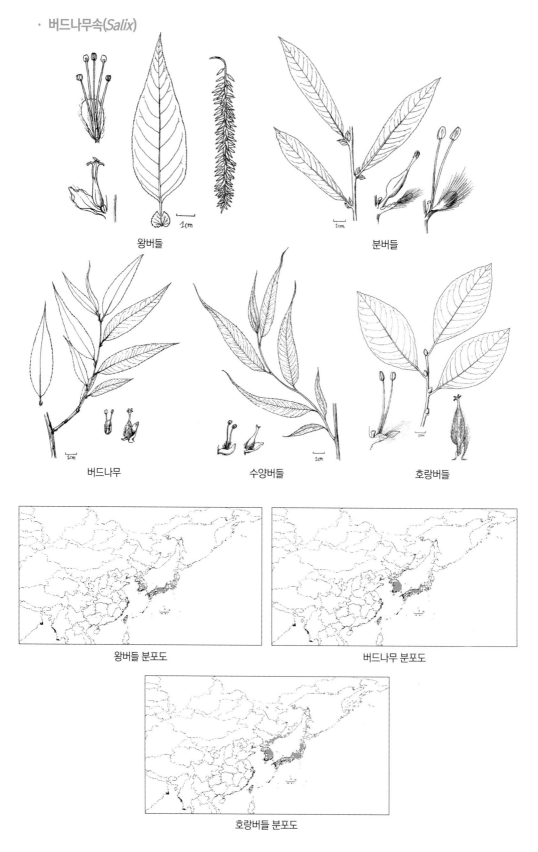

· 버드나무속(*Salix*)

왕버들

분버들

버드나무

수양버들

호랑버들

왕버들 분포도

버드나무 분포도

호랑버들 분포도

다래나무과 Actinidiaceae, The kiwi family

3속 360종이며 한반도에는 *Actinidia*속의 4종이 있다. 주로 중국을 중심으로 분포한다. **잎** 덩굴식물, 어긋나기, 단순하며 톱니가 있다. **꽃 및 꽃차례** 암수딴그루 또는 잡성화, 엽액에 1개씩 또는 취산상으로 달리며, 꽃받침잎은 5개이고, 꽃잎은 4-5개이며 수술은 많다. 씨방은 상위다실이고, 많은 암술대가 방사상으로 퍼져 있다. **열매 및 종자** 장과는 종자가 많고 배유가 있다.

> · *A. arguta* (Siebold & Zucc.) Planch. ex Miq. 다래
> · *A. kolomikta* (Maxim. ex Rupr.) Maxim. 쥐다래
> · *A. polygama* (Siebold & Zucc.) Planch. ex Maxim. 개다래
> · *A. rufa* (Siebold & Zucc.) Planch. ex Miq. 섬다래

종소명 설명 arguta 뾰족한, 거치가 날카로운; kolomikta 시베리아 지명이름; polygama 잡성화의; rufa 적갈색의

식별 특징 덩굴성식물로서 수가 계단상으로 연한 갈색은 다래와 쥐다래이고, 수가 차 있으면서 흰색은 개다래와 섬다래가 있다. 다래는 잎이 두텁고 열매는 타원형인 반면, 쥐다래는 잎이 얇으면서 긴타원형(끝이 좁아짐)이다. 개다래는 쥐다래에 비해 꽃이 1(2-3)가 달려 3개씩 달리는 쥐다래에 비해 적게 달린다. 다래나 쥐다래는 열매 맛이 달지만 개다래는 맛이 없다. 섬다래는 잎자루가 다른 다래에 비해 길며, 꽃차례와 꽃받침에 갈색 연모가 발달하고 씨방에도 털이 많다.

표 7-80. 다래나무속의 주요 형질

종명	수	잎	꽃	분포
다래	갈색, 계단상	두터움, 큰달걀모양, 잎자루가 짧음, 잎거치에 샘이 없음	1-7, 씨방에 털이 없음	전국
쥐다래	갈색, 계단상	얇음, 세장한 달걀모양, 잎자루가 짧음, 잎거치에 샘이 없음	3	전국
개다래	흰색, 차있음	얇음, 세장한 달걀모양, 잎자루가 짧음, 잎거치에 샘이 없음	1(2-3)	전국
섬다래	갈색, 계단상	두터움, 큰달걀모양, 잎자루가 김, 잎 거치에 샘 존재	1-7, 씨방에 털	남쪽

· 다래나무속(*Actinidia*)

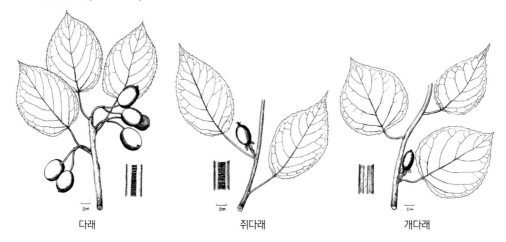

다래   쥐다래   개다래

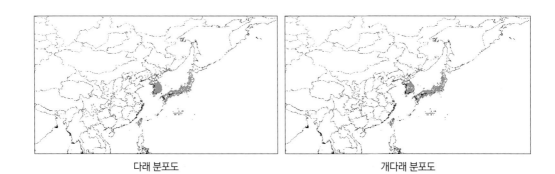

다래 분포도   개다래 분포도

담팔수과 Elaeocarpaceae, The Jamaican cherry family

12속 615종으로 구성되고 열대 및 아열대에서 자란다.
잎 어긋나기 또는 마주나기한다. **꽃 및 꽃차례** 꽃잎 및 꽃받침잎은 4-5개이지만 간혹 꽃잎이 없는 것도 있다. 수술은 다수이고 심피는 2-다수 존재한다. **열매 및 종자** 핵과 또는 삭과이다.

담팔수속 *Elaeocarpus* L.

Elaeocarpus(500)는 인도네시아 · 오스트레일리아 · 마다가스카르 및 열대지방에 분포하며, 담팔수[*E. sylvestris* (Lour.) Poir.]가 제주도에 자란다. 서귀포의 천지연에서 자라는 것은 천연기념물 제 163호로 지정되어있다.
잎 상록교목, 어긋나기, 긴타원형이면서 거치가 발달한다. 맥 뒷면에 샘이 발달한다. **꽃 및 꽃차례** 총상꽃차례이며 꽃은 15-20개씩 달린다. **열매 및 종자** 핵과이며 타원형이고 흑자색으로 성숙한다. 겨울눈 나아면서 흰털이 발달한다. **소지 및 수피** 수피는 회갈색이며 피목이 산생한다. **개화기/결실기** 7월/11-12월

피나무과 Tiliaceae, The basswood family, Amur linden

50속(450종)으로 구성되고, 교목 · 관목 또는 초본으로서 지구상에 널리 분포되어 있지만 남반구에 더욱 많다. APG 체계에서는 아욱과(Malvaceae)로 포함되어 독립적인 과로 취급하지 않는다. 한반도에서 자라는 목본식물에는 피나무속(*Tilia*)과 장구밥나무속(*Grewia*) 2속이 있다. 장구밥나무는 주로 남부에 자라고 피나무속은 백두대간에 분포하여 동정에 어려움은 없다.

피나무속 *Tilia* L., linden, basswood

북반구의 온대에서 30종이 자라고 있으며 한반도에서는 여러 종이 자라는 것으로 알려져 있으나 이는 모두 피나무와 찰피나무의 변이로 본다.

종소명 설명 amurensis Amur산의; mandshurica 만주의; miqueliana 네덜란드 분류학자 F. A.W. Miquel (1811-1871)의

피나무속은 교목이며 잎맥이 갈라지지 않고, 긴 포가 꽃차례에 발달하며 많은 꽃이 달리는 특징이 있다.

피나무 *T. amurensis* Rupr., Amur linden

잎 낙엽교목, 어긋나기하며 넓은 난형이면서, 끝이 갑자기 길게 뾰족해지고 밑이 심장저이다. 표면에는 털이 없고 뒷면은 회록색이며 맥 사이에 갈색 털이 밀생하다. 잎의 크기는 변이가 심하다. **꽃 및 꽃차례** 취산꽃차례로 포는 피침형이면서 꽃은 3-20개씩 달린다. 꽃자루는 길이가 5cm이고, 소꽃자루는 길이가 1cm로서 모두 털이 없다. **열매 및 종자** 구형에 대부분 가깝고 백색 또는 갈색 털이 밀생한다. **소지 및 수피** 아린의 하나가 커서 마치 부아처럼 보이기도 하며 수피는 다소 깊게 갈라진다. **개화기/결실기** 6월/9-10월에 익는다.

생태적 특성 및 기타 종자는 종피 불투성이 있어 종자휴면성이 강하고 따라서 종자 발아에 특수 처리(황산처리법)를 하지 않으면 자연에서는 수년이 걸린다. 음수로 다른 수종과 잘 자라서 초기 생장이 매우 빠르다.

울릉도에서 자라는 낙엽교목은 일부에서는 섬피나무(*T. insularis* Nakai)로 알려져 있다. 피나무와 비슷하지만 표면 맥상에 처음에는 백색 털이 있고, 포에 성모가 있는 것이 다르다고 하나, 피나무와 동일 종으로 본다. 지리산이나 강원도 일부 지역에서 잎이 매우 작은 뽕잎피나무(*T. taquetii* Nakai)가 언급되지만 피나무의 개체변이로 본다.

식별 형질 백두대간에 피나무와 함께 찰피나무(*T. mandshurica* Rupr. & Maxim. manchurian basswood)도 확인된다. 찰피나무는 난원형 잎이 다소 피나무에 비해 크면서 끝이 짧게 뾰족하고, 가장자리에 날카롭고 긴 톱니가 있다. 표면에는 털이 약간 있지만 뒷면에는 회색 또는 백색 성모가 밀생하며, 맥 사이에는 성모가 없다. 피나무는 반면 잎이 다소 작으면서 잎맥 사이에 갈색털이 발달한다. 경기도 북부에서는 가끔 찰피나무와 피나무 중간 형태들이 발견된다. 털피나무와 섬피나무는 피나무의 이명으로 보며 열매의 맥이나 기타 특징에 기준한 웅기피나무와 염주나무는 찰피나무의 이명으로 본다.

장구밥나무속 *Grewia* L.

　장구밥나무속(*Grewia*)은 구대륙 열대속에 자생하는 속이고 장구밥나무(*G. biloba* G. Don, beloveds grewia)가 평남 이남의 바닷가에서 자라며 그 열매를 먹는다. 남한에서는 주로 경기도에서 전라남도까지 한반도 서부 지역에 분포한다. 관목이면서 잎맥이 갈라지고(3-5개), 포가 발달하지 않고 꽃은 소수(5-8개)가 취산 혹은 산형꽃차례이다. 열매는 노란색 혹은 노란 적색의 장구통처럼 생겨서 장구밥나무라는 국명을 사용한다.

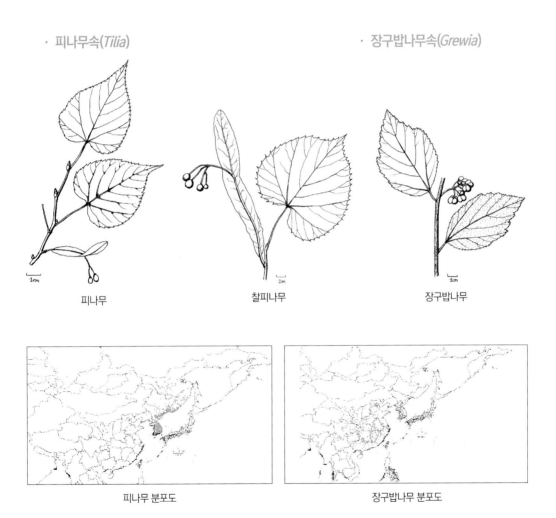

· 피나무속(*Tilia*)　　　　　　　　　· 장구밥나무속(*Grewia*)

피나무　　　　　　　찰피나무　　　　　　장구밥나무

피나무 분포도　　　　　　　　장구밥나무 분포도

진달래과 Ericaceae, The heath family

　124속 4,250종으로 구성되며, 특히 산성토양에서 특수한 군락을 형성하고 온대에서는 황무지·습지 및 경사지에서 자라며, 열대와 북극 산악지대에서도 약간 자란다. 한반도에는 9속 28종이 있다. 함경남북도에 분포하는 상록성인 백산차는 잎 뒷면에는 털과 인편이 없고 긴 선형이며 뒷면에 황갈색 털이 많다. 또한, 황산차는 인편이 잎 뒷면에 발달한다. **잎** 목본, 통상 관목. 어긋나기, 상록 혹은 낙엽성이다. **꽃 및 꽃차례** 물병모양, 종모양, 수술은 뚜렷하며 통상 꽃잎수(4-5수)의 2배(8-10개)이며 수술밥은 끝의 작은 구멍으로 터지면서 꽃가루가 날린다. **열매 및 종자** 삭과, 핵과, 장과의 다양한 형태이다.

- 진달래속(*Rhododendron*)
- 진퍼리꽃나무속(*Chamaedaphne*)
- 홍월귤속(*Arctous*)
- 가솔송속(*Phyllodoce*)
- 화태석남속(*Andromeda*)
- 산앵도나무속(*Vaccinium*)
- *Andromeda polifolia* L. 장지석남
- *Arctous ruber* (Rehder & E. H. Wilson) Nakai 홍월귤
- *Chamaedaphne calyculata* (L.) Moench 진퍼리꽃나무
- *Phyllodoce caerulea* (L.) Bab 가솔송

진달래속 *Rhododendron* L., azalea, rhododendron

　북반구의 온대에서 북극까지 그리고 열대 산악지대 등 약 1,024종이 분포하며, 아시아에 있어서는 중국 운남·사천 등지에서부터 히말라야 동부까지 분포하고 뉴기니를 거쳐 오스트레일리아, 유럽 및 북아메리카까지 분포한다.

잎 상록 또는 낙엽관목 때로 소교목이다. 어긋나기, 밋밋하거나 가장자리에 털 같은 톱니가 있다. **꽃 및 꽃차례** 1개씩 또는 산형 총상꽃차례에 달리며, 꽃받침과 화관은 4-5개로 갈라지고, 수술은 화관열편의 수와 같거나 배수이며, 꽃밥은 구멍으로 터진다. 씨방은 4-8실이고 배주의 수가 많다.

- *R. aureum* Georgi 노랑만병초
- *R. brachycarpum* D. Don ex G. Don 만병초
- *R. micranthum* Turcz. 꼬리진달래
- *R. mucronulatum* Turcz. 진달래
- *R. yedoense* f. *poukhanense* (H. Lév.) M. Sugim. ex T. Yamaz. 산철쭉
- *R. dauricum* L. 산진달래
- *R. tschonoskii* Maxim. 흰참꽃

- *R. redowskianum* Maxim. 좀참꽃
- *R. weyrichii* Maxim. 참꽃나무 · *R. schlippenbachii* Maxim. 철쭉
- *R. yedoense* Maxim. ex Regel f. *yedoense* 겹산철쭉
- *R. tomentosum* Harmaja 백산차
- *R. lapponicum* (L.) Wahlenb. 황산차

표 7-81. 진달래속 수종의 주요 형질

종명	잎	꽃	열매	개화기	분포
노랑만병초	상록성. 표면에 털 없음, 인편 없음, 거꿀달걀형	깔대기모양의 종형, 대형 (ca 2-3 cm), 수술은 10개, 노란색, 아린이 꽃이 핀 후 계속 남아(흑갈색) 여러 해 월동	삭과, 대형 (1-2 cm)	5-6월	강원도 북부 이북
만병초	상록성. 표면에 털 없음, 인편 없음, 원형 혹은 약간의 심장형, 잎밑에 짙은 갈색털	깔대기 모양의 종형, 옅은 흰색에 분홍빛, 아린은 탈락	대형 (1.5-2 cm)	7월	백두대간, 울릉도
꼬리진달래	상록성, 인편 존재	종형, 좌우대칭, 1 cm 이하, 흰색	소형 (0.5-0.6 cm)	6-7월	중부이남 (강원도, 충청북도)
산진달래	반낙엽성, 인편 존재, 무딘형(뾰족하지 않다), 어린 가지에 짧은 털 매우 많음	순환형(rotate), 2-3 cm, 분홍색	8-12(16) mm	꽃잎 4-5월	제주도
진달래	낙엽성, 인편 존재, 뾰족, 털이 내륙 개체에 대부분 많다.	순환형(rotate), 분홍색	(10)13-17 mm(고산 경우 열매 10-12 mm)	꽃잎 4월	전국 분포
흰참꽃	반상록성, 인편 없음, 피침형. 잎과 소지에 강모 존재	작은 종형, 좌우대칭형, 소형 (1-2 cm), 흰색, 수술 4-5개, 암술 아랫부분에 털 없음;	0.5 cm	꽃잎 6월말-7월초	덕유산, 지리산, 가야산 등 분포
산철쭉	반상록성, 인편 없음, 피침형. 잎과 소지에 강모 존재	푸른 보라색, 깔대기형, 방사대칭형, 대형 (4-5 cm), 수술이 10개; 암술 아랫부분에 털+	1-1.2 cm	4월말-6월 중순 잎/꽃	전국(백두대간), 주로 남부
좀참꽃	반상록성, 인편 없음, 피침형. 잎과 소지에 강모 존재	종형	화관은 종형	7-8월 잎/꽃	함경남도, 제주도
참꽃나무	낙엽성, 인편 없음, 마름모형. 잎과 소지에 강모 없음 부드러운 털, 3개가 모여 달림	종형, 붉은 색	휘어진 원뿔형, 긴 갈색털; 씨방에 털이 있다;	5월 꽃/잎	제주도
철쭉	낙엽성, 인편 없음, 거꿀달걀형, 소지와 잎에 샘털 존재	분홍색. 순환형	둥근 타원형, 짧은 샘털; 씨방에 털이 없다	5월 잎/ 꽃	전국 분포

종소명 설명 aureum 황금색의; brachycarpum 짧은 열매의; ciliatum 연모가 있는, 눈썹 같은 털이 발달하였다는 뜻; dauricum 다후리아 지역(바이칼호 동쪽); lapponicum 스칸디나 북부의 라프란드의 지명이름; micranthum 작은 꽃의; mucronulatum 다소 작은 철(凸)두형 (다소 뾰족하게 발달하였다는 의미); parvifolium 소엽형의(잎이 작다는 뜻); poukhanense 서울 北漢山의; schippenbachii 독일의 해군 B. A. Schlippenbach의 이름; tschonoskii 일본 식물채집자 S. Tschonoski의 이름; weyrichii 식물채집자 H. Weyrich 의 이름; yedoense 일본 江戸(현재의 東京) 지역의 이름;

산앵도나무속 *Vaccinium* L., blueberry

Vaccinium(450)은 북반구의 온대와 열대의 산악지대에 분포하며, 특히 열대아시아·뉴기니·마다가스카르 및 폴리네시아에 많고 미주의 안데스에서도 자라며 한반도에서는 8종이 자란다. 과거 *Hugeria*와 *Oxycoccus*는 모두 *Vaccinium*속에 통합시킨다. 상록성이면서 북쪽 고산에서 자라며 잎이 작으며(길이 3-6mm) 꽃자루에 털이 없고 곧추 자라는 것을 애기월귤이라고 한다.

잎 상록 또는 낙엽관목이거나 교목. 어긋나기, 단엽이며 톱니가 있는 것도 있다. **꽃 및 꽃차례** 액생 또는 정생총상꽃차례에 달리거나 1개씩 달리고, 꽃받침은 4-5개이며, 화관은 종같이 생겼다. 수술은 8-10개이며 씨방은 하위이고 4-10실이다. **열매 및 종자** 장과는 홍색·자흑색 또는 백색이고 꽃받침이 남아 있으며 많은 종자가 들어 있다.

- · *V. japonicum* Miq. 산매자나무
- · *V. oxycoccus* L. 애기월귤
- · *V. bracteatum* Thunb. 모새나무
- · *V. vitis-idaea* L. 월귤
- · *V. uliginosum* L. 들쭉나무
- · *V. oldhamii* Miq. 정금나무
- · *V. hirtum* var. *koreanum* (Nakai) Kitam. 산앵도나무

표 7-82. 산앵도나무속 수종의 주요 형질

종명	꽃	꽃차례	소지/ 겨울눈	잎	열매	분포
산매자나무	꽃부리는 4개로 깊게 갈라짐, 열편은 뒤로 말림	잎겨드랑이에 1개 꽃	편평하면서 각이 짐, 녹색, 줄기가 가늠	침상의 거치, 크기 크다	붉은색	제주도
애기월귤	꽃부리는 4개로 깊게 갈라짐, 열편은 뒤로 말림	가지 끝에 4개 꽃	편평하면서 각이 짐, 녹색, 줄기가 가늠	거치가 없고, 크기 작다	붉은색	북부 아고산지대
모새나무	통 모양, 얕게 5개로 갈라짐, 뒤로 말리지 않음	잎겨드랑이 또는 가지 끝, 10-20개의 꽃	둥금, 회갈색	매우 두텁고, 톱니 존재, 크다 상록	검은색	전남지역 및 제주도
월귤	통 모양 얕게 4개, 뒤로 말리지 않음	가지 끝, 2-3개 꽃	둥금, 회갈색	매우 두텁고, 톱니 없음, 작다, 상록	붉은색	설악산 이북
들쭉나무	통 모양 얕게 5개, 뒤로 말리지 않음	가지 끝, 1-4개 꽃	둥금, 회갈색	얇고, 작다, 거치 없음, 낙엽	검은색, (씨방 4실)	한라산, 강원도 북부
정금나무	통 모양 얕게 5개, 뒤로 말리지 않음	총상(4-8 cm), 많은 꽃 (10-18개)	털 매우 많음, 길이 1 mm 원형, 눈은 주황색	얇고, 크다. 거치, 가는 거치 존재, 낙엽	검은색, (씨방 10실)	중부이남
산앵도나무	통 모양 얕게 5개, 뒤로 말리지 않음	총상(0.1-0.6 cm), 2-3개 꽃	털 없음, 길이 2 mm 타원형, 뾰족하고, 눈은 녹색	얇고, 비교적 크다, 거치 존재, 낙엽	붉은색, (씨방 5실)	전국 (백두대간)

종소명 설명 bracteatum 포엽이 있는; hirtum 짧은 강모가 있는; japonicum 일본산의; koreanum 한국산의; oldhamii 채집가 R. Oldham의 이름; uliginosum 습지 혹은 소지 (沼地: 늪)에서 자라는; vitis-idaea 크레타섬의 Ida山의 포도라는 뜻(신화에서 유래)

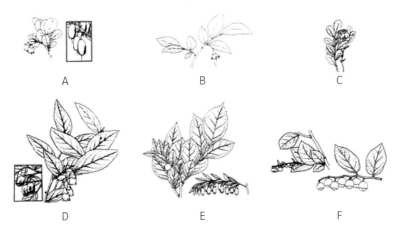

A B C D E F

그림 7-37. A. 들쭉나무 B. 산매자나무 C. 월귤 D. 산앵도나무 E. 모새나무 F. 정금나무; 열매의 모양과 꽃차례에 달리는 꽃의 수에 차이가 있다. 들쭉나무는 열매가 긴타원형인 반면 다른 종들은 비교적 원형에 가깝다. 모새나무와 정금나무는 꽃이 다른 종에 비해 많이(15-20개)가 달린다.

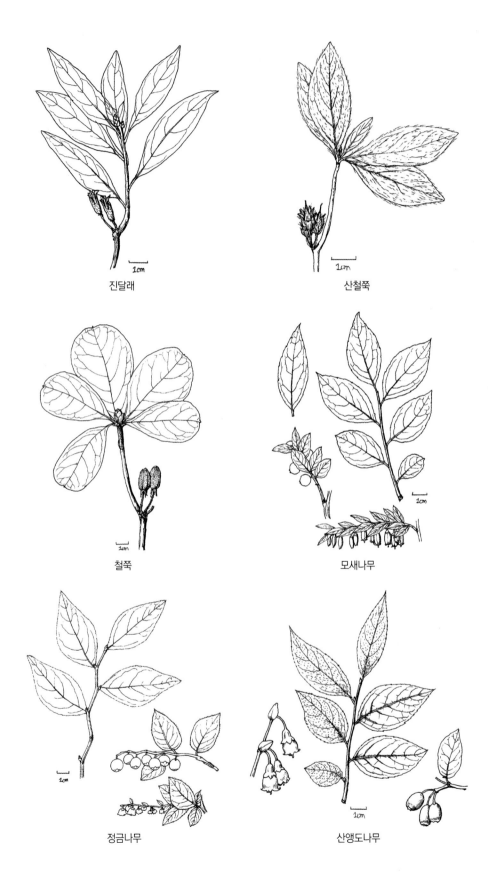

진달래

산철쭉

철쭉

모새나무

정금나무

산앵도나무

차나무과 Theaceae, The tea family

9속으로 구성되며 주로 아시아와 중남미의 열대와 아열대에서 자라는 교목 혹은 관목성으로, 한반도에서는 5속 6종이 자란다.

잎 단엽이면서 어긋나기하고 두텁다. **꽃 및 꽃차례** 대부분 분홍, 흰색을 띤다. 양성이면서 1개씩 달리고 매우 크며 강한 향기를 가진다. 수술이 많고, 꽃잎에 붙어있다. 꽃잎은 5개이며 씨방은 3-5실이다. **열매 및 종자** 목질의 삭과나 장과이다.

생태 및 기타 정보 관목 혹은 작은 나무(관목 혹은 교목)

· 노각나무속(*Stewartia*)	· 차나무속(*Camellia*)
· 후피향나무속(*Ternstroemia*)	· 사스레피나무속(*Eurya*)
· 비쭈기나무속(*Cleyera*)	

표 7-83. 차나무과 속의 주요 형질

속명	성	꽃	수술	열매	잎
노각나무속	양성화 (암수한꽃)	크다 (~10cm)	많으며 2-6열로 배열, 꽃밥은 T자형태로 수술대에 달림	삭과, 축이 없음, 작음(2.5 cm),	낙엽성, 톱니 있음
차나무속	양성화 (암수한꽃)	크다 (~10cm)	많으며 2-6열로 배열, 꽃밥은 T자형태로 수술대에 달림	삭과, 축에 달림, 큼(3-8 cm)	상록성, 톱니 있음
후피향나무속	단성화 (암수한꽃 + 수꽃) 암수딴그루	작다 (~2cm 이하)	2열로 배열, 꽃밥은 수술대에 I자 형태로 달림, 수술대에 털 없음	장과, 작음	상록성, 톱니 없음
사스레피나무속	단성화 (암수딴꽃)	작다 (~2cm 이하)	2열로 배열, 꽃밥은 수술대에 I자 형태로 달림, 수술대 털 없음	장과, 작음	상록성, 톱니 있음
비쭈기나무속	양성화 (암수한꽃)	작다 (~2cm 이하)	2열로 배열, 꽃밥은 수술대에 I자 형태로 달림, 수술대 털 있음	장과, 작음	상록성, 톱니 없음

식별 특징 차나무과에 속하는 식물은 노각나무는 낙엽성이면서 수피가 버즘나무처럼 벗겨지고 동아가 크면서 털이 많고 삭과로서 쉽게 구분이 된다. 자생종중에서는 동백나무와 사스레피나무가 거치가 발달된다. 비쭈기나무와 후피향나무는 잎에 거치가 없고 뒤에 측맥이 거의 발달하지 않아 유사하지만 열매는 전자는 검은색, 후자는 붉은색으로 달려 쉽게 구분이 된다. 그러나 열매가 없을 때에는 나아와 인아의 차이점과 동아의 모양과 색깔이 달라 두 종을 식별하는것은 동아가 주요 식별 형질이 된다. 후피향나무는 제주도에만 분포하여 남해안에서는 식재된 것 이외에는 볼 수 없다.

노각나무속 *Stewartia* L.

Stewartia(8)는 동아시아와 미국의 남부에 분포하는 낙엽성이며 노각나무가 전라도·경상도 남부에 주로 분포한다.

노각나무 *S. pseudocamellia* Maxim., Japanese mountain camellia

종소명 설명: pseudocamellia *Camellia*속(동백나무속)처럼 유사한

잎 낙엽교목이며 어긋나기, 타원형, 가장자리에 뾰족한 가는 거치가 발달한다. **꽃 및 꽃차례** 양성이면서 새 가지 밑부분의 엽액에 1개씩 달린다. 꽃잎은 백색이며 5-6개이다. **열매 및 종자** 삭과, 종자는 흑갈색이다. **겨울눈** 9-13mm로 길며 아린은 2-5개이다. **소지 및 수피** 소지는 적갈색이고 털이 없다. 겨울눈의 눈껍질은 3-4장이며 가정아이며 측아 역시 가정아와 크기가 유사하다. 수피는 큰 조각으로 벗겨져(10년생 이후) 버즘나무의 수간처럼 미끈해지며 얼룩무늬가 있다. **개화기/결실기** 6-7월/ 10월

차나무속 *Camellia* L., camellia

Camellia(120)는 주로 동남아시아에 분포하며 차나무[*C. sinensis* (L.) Kuntze]를 전남 및 경남에서 재배하고, 동아시아의 난대식물로서 동백나무가 황해도 앞바다의 섬까지 분포하지만 대개 남부에서 자라고 있다.

종소명 설명: sinensis 중국산의, japonica 일본산의

동백나무 *C. japonica* L., common camellia, Japanese camellia

잎 상록교목이며 어긋나고 미세한 거치가 발달한다. **열매** 삭과 **겨울눈** 아린은 녹색이며 5-7개가 있다. **개화기/결실기** 12-3월/9-10월

생태 특성 매우 강한 음수의 특성이 있으며 비옥한 계곡을 선호하지만 해안이나 암석, 모래 토양에서도 잘 자란다. 환경 적응성이 뛰어나며 해안지대 바람에도 내성이 강하다.

후피향나무속 *Ternstroemia* Mutis ex L.f.

Ternstroemia(90)는 아프리카, 동아시아·말레이·남아메리카 및 중앙아메리카에 분포한다. 1종이 제주도에 자란다.

후피향나무 *T. gymnanthera* (Wright & Arnold) Spargue, Japanese ternstroemia

종소명 설명: gymnanthera 수술이 노출된

잎 상록교목, 어긋나기하며, 두텁고 주맥은 튀어나오나 측맥은 불분명하다. 잎자루는 붉은색이다. **꽃 및 꽃차례** 양성화와 수꽃이 섞여있으며 꽃은 백색, 꽃자루는 1-2cm로 달린다. **열매 및 종자** 삭과, 적색으로 성숙한다. **겨울눈** 짙은 붉은색이면서 반구형이고, 아린은 7-9개로 많다. **개화기/결실기** 5-7월/10-11월

생태 특성 해안근처에 자라며 내음성이 있으며 대기오염에도 강하다.

비쭈기나무속 *Cleyera* Thunb.

Cleyera(3)는 주로 동아시아의 난대와 열대에 분포하고 1종이 남부에서 자란다.

비쭈기나무 *C. japonica* Thunb. ex Siebold & Zucc., Japanese cleyera

종소명 설명: japonica 일본산의

잎 상록교목, 어긋나기한다. **꽃 및 꽃차례** 옆의 가지에 1-3개가 속생한다. 꽃색깔은 연한 노란색이다. **열매 및 종자** 삭과이며 흑갈색이다. **소지 및 수피** 암적갈색이며 피목이 많이 발달한다. 겨울눈 나아, 활처럼 끝부분이 휜다. **개화기/결실기** 6-7월/11-12월

생태 특성 음수이며 뿌리는 지표 가까이에 넓고 얕게 퍼지는 천근성의 특성이 있다.

사스레피나무속 *Eurya* Thunb.

Eurya(20)는 동아시아와 말레이의 난대에 분포하고, 우리나라 남부에 2종이 남부에서 자라고 있다.

· *E. emarginata* (Thunb.) Makino 우묵사스레피나무
· *E. japonica* Thunb. 사스레피나무

표 7-84. 사스레피나무속 수종의 주요 형질

종명	잎	잎자루	가지
우묵사스레피나무	좁은 거꿀달걀형, 거치는 안으로 휘며 작게 발달, 잎 끝은 둥글며 끝이 파이면서 갈라짐, 측맥은 거의 뚜렷하지 않음, 잎이 작음(2-3.5 cm)	짧음 (1mm)	털 매우 많음
사스레피나무	긴달걀형, 거치는 파도모양, 잎 끝은 뾰족, 측맥은 비교적 뚜렷. 잎이 2배로 큼(4-8cm)	발달 (2-3mm)	털 없음

종소명 설명 emarginata 요두의; japonica 일본산의

사스레피나무 *E. japonica* Thunb.

잎 어긋나기하며 암수딴그루, 백색이며 1-3개가 속생한다. **겨울눈** 가지에 털이 거의 없고 나아이다. **개화기/결실기** 3-4월/10-12월 **생태 및 기타 정보** 상록성 작은 관목, 내음성이 매우 강하지만 햇빛이 강한 곳에서도 잘 자란다. 추위, 건조, 대기 오염 등에도 매우 강하다. 뿌리는 얕게 자라며 퍼지므로 성장은 다소 느리다.

식별 특징 우묵사스레피나무와 사스레피나무는 서로 잎의 크기와 잎 뒷면의 맥, 거치 등에 의해 쉽게 구분되며 소지 역시 털에 의해 구분이 된다. 주로 해안가에는 우묵사스레피나무가 빈도가 높게 확인된다.

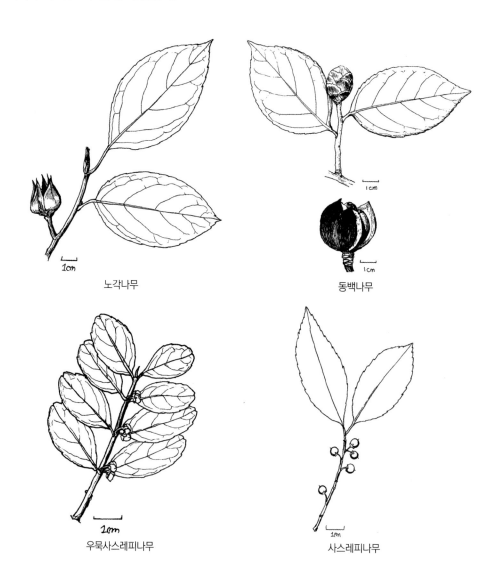

노각나무

동백나무

우묵사스레피나무

사스레피나무

감나무과 Ebenaceae, The ebony family

　2속 485종으로 구성되며 교목 또는 관목으로서 열대와 아열대에 널리 분포하고 있지만 아프리카 열대와 인도·말레이에서 가장 번성하고 있다. 많은 수종들이 검은색 혹은 짙은 갈색의 목재를 가지고 있어 'ebony'라는 표현을 사용하고 있다.

한반도에는 열매를 생산하는 감나무(*Diospyros kaki* Thunb., Japanese persimmon)와 고욤나무(*D. lotus* L.)가 있는데 감나무는 관상용으로 혹은 식용으로 식재하며, 고욤나무는 주로 남부 지방에 자생을 한다. 고욤나무는 단엽으로서 어긋나며 대부분 낙엽성이며 거치가 없이 가장자리가 밋밋하다. 암수딴그루이며 방사대칭이며 꽃잎과 꽃받침은 3-7개로 갈라진다.

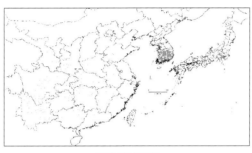

고욤나무 분포도

노린재나무과 Symplocaceae, The sweetleaf family

　Symplocos(300) 1속으로 구성되며 아시아와 미주의 열대 및 아열대에 분포한다.

잎 어긋나기, 단엽, 탁엽이 없다. 꽃 및 꽃차례 양성, 잡성, 단성화 등 다양하고 꽃받침 잎은 5개가 붙어서 통으로 되어 씨방과 합쳐지며, 꽃잎은 꽃받침통 위에 달리고 5개 때로 3-11개이다. 수술은 5개-다수이다. 씨방은 중위 또는 하위이고 2-5실이다. 열매 및 종자 핵과 내지 장과이다.

전국적으로 분포하는 종은 노린재나무(*Synplocos sawafutagwi* Nagamasu)이며 나머지 다른 3종(검은재나무, 검노린재, 섬노린재)은 남부에 분포한다. 과거 노린재나무는 중국에 분포하는 *S. chinensis* (Lour.) Druce의 변종이나 품종으로 처리되었으나 중국에 분포하는 종은 노란털이 발달하면서 보다 큰 꽃(4-5mm, 노린재나무 경우 3-4mm)이고, 수술은 50-60개(노린재나무는 25-40개), 열매가 검은색으로 한국과 일본에 분포하는 노린재나무와 뚜렷하게 차이가 있다.

표 7-85. 노린재나무속 수종의 주요 형질

종명	성상	잎	잎자루	꽃차례	열매	분포
검은재나무	상록	좁고 길며, 두텁고, 거치는 파상형	길다 (9-13mm)	총상	검은색/ 타원형	제주도
검노린재	낙엽	타원형, 아랫부분에 털 발달, 거치는 날카롭게 발달	짧다 (5-8mm)	원추	검은색/ 원형	남부
섬노린재	낙엽	달걀형, 끝부분은 점진적으로 길게 발달, 주변은 샘이 발달, 거치가 안으로 휘면서 날카롭게 발달	짧다 (5-8mm)	원추 잎이 달리지 않음	검푸른색/ 원형	제주도
노린재나무	낙엽	거꿀달걀형-타원형, 끝부분은 갑자기 뾰족, 주변은 거치가 날카롭게 발달 약간 발달	짧다 (5-8mm)	원추 잎이 몇개 달림	푸른색/ 원형	전국

· *S. prunifolia* Siebold & Zucc. 검은재나무
· *S. tanakana* Nakai 검노린재
· *S. coreana* (H. Lév.) Ohwi 섬노린재
· *S. sawafutagi* Nagamasu 노린재나무

종소명 설명 coreana 한국산의; prunifolia *Prunus*속(벚나무속)의 잎과 유사한; sawafutagi 노린재나무의 일본명; tanakana Uzo Tanaka의;

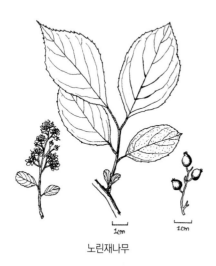

노린재나무

노린재나무 분포도

때죽나무과 Styracaceae

8속 125종으로 구성되며 지중해·아시아 및 남아메리카에 분포하고 식물체에 성모가 있다. 한반도에서는 2속 4종이 자란다. 그중 나래쪽동백(*Pterostyrax hispida* Siebold & Zucc.)은 일본산으로서 씨방은 하위이고 열매에 날개가 있다.

잎 어긋나기하며 단엽이다. **꽃 및 꽃차례** 양성, 총상꽃차례, 꽃잎은 백색, 꽃받침은 통처럼 씨방을 감싸고, 꽃잎은 합쳐져 있거나 떨어져 있으며 5-4개로 갈라진다. 수술은 그 수가 꽃잎수의 2-4배이거나 또는 같고 수술대는 밑부분이 붙어서 통으로 되며, 씨방은 상위 또는 중위이고 3-5실이며 각 실에 1-수개의 배주가 들어 있다. **열매 및 종자** 핵과, 타원형 (원주형)이다. **소지 및 수피** 나아, 겹생부아가 발달한다.

Styrax(100)는 열대 및 아열대에서 자라며 씨방이 하위인데, 한반도에서는 3종이 자란다.

> · *S. japonicus* Siebold & Zucc. 때죽나무
> · *S. obassia* Siebold & Zucc. 쪽동백나무

종소명 설명 japonica 일본산의; obassia 일본 식물명 오오바지샤에서 유래

때죽나무속 *Styrax* L., snowbell, storax

식별 형질 때죽나무와 쪽동백나무는 꽃차례와 잎 모양 그리고 겨울눈에 의해 쉽게 구분된다. 특히, 쪽동백나무의 경우 소지의 껍질이 벗겨지는 특징과 비교적 큰 겨울눈, 그리고 눈자루의 존재로 겨울에도 쉽게 구분된다. 쪽동백나무는 엽병내아로서 잎자루안에 겨울눈이 숨은 상태에서 낙엽지기까지 보호된다. 때죽나무는 총상꽃차례에 꽃이 3-6개가 달리지만, 쪽동백나무는 총상꽃차례에 9-20개로 훨씬 많다. 때죽나무와 쪽동백나무 모두 수피는 짙은 검은색으로 매끈해서 숲에서도 쉽게 식별이 된다.

쪽동백나무는 주로 강원도 백두대간과 일부 경기도에도 분포하는 주요 산림식생 수종이며, 때죽나무는 경기도에서부터 남해안까지 분포한다. 때죽나무는 양수로서 경사지, 평지, 계곡 등 비교적 내건성이 강한 수종으로 토양 조건이 안 좋은 지역에서도 잘 자라며, 맹아력이 강해 때로 모여 자라는 특성도 있으며 경기도 지역에서는 숲에서 군생하기도 한다. 열매는 약간 독성이 강해 과거 고기를 개울가에서 잡을 때 사용해서 '때로 죽인다'라는 뜻에서 붙여진 이름이다.

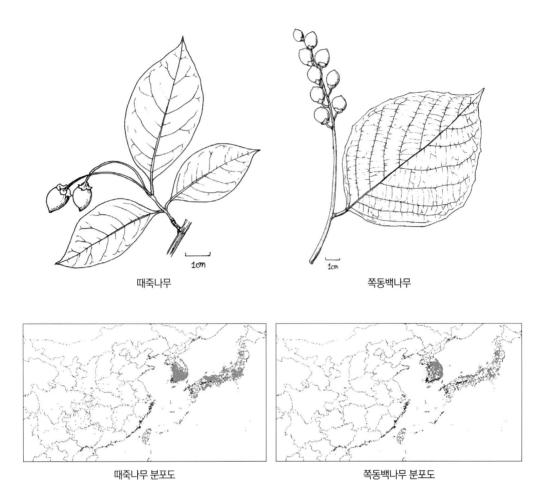

때죽나무

쪽동백나무

때죽나무 분포도

쪽동백나무 분포도

협죽도과 Apocynaceae

300속 1,300종으로 구성되며 널리 분포하지만 주로 열대에 많다. 관상적 가치가 있는 것이 많고, 간혹 약제·타닌·유액 등을 생산하는 것이 있다. 한반도에는 도입종인 협죽도와 더불어 2속 3종이 남부에서 자란다.

· 마삭줄속(*Trachelospermum*)	· 협죽도속(*Nerium*)

표 7-86. 협죽도과 수종의 주요 형태

속명	꽃	잎	성상
마삭줄속	작다(1-3cm)	마주나기	덩굴식물
협죽도속	크다(4-5cm)	마디마다 3-4개가 뭉쳐난다	관목

마삭줄속 *Trachelospermum* Lem.

동아시아의 난대와 아열대 및 북아메리카에서 16종이 자라며, 한반도에는 2종이 있다. 잎 마주나기하고 탁엽이 있으며 밋밋하다. **꽃 및 꽃차례** 양성이고 백색이며 취산꽃차례에 달리고, 꽃받침은 5개로 갈라지며 5-10개의 선이 있고, 화관은 통처럼 생겼으며 끝이 5개로 갈라지고 안쪽 윗부분에 5개의 수술이 달린다. **열매 및 종자** 골돌이고, 종자에 긴 털이 있다.

생태 및 기타 정보 상록덩굴식물

· *T. jasminoides* (Lindl.) Lem. 털마삭줄(Star jasmine)
· *T. asiaticum* (Siebold & Zucc.) Nakai 마삭줄(Asian jasmine, Chinese ivy)

종소명 설명 jasminoids *Jasminum*속과 비슷한; asiaticum 아시아산의

주요 식별 형질 털마삭줄과 마삭줄의 차이점은 주로 꽃의 구조에 차이가 확인된다. 털마삭줄은 꽃받침이 비교적 길고 수술이 꽃부리 밖으로 나오지 않으며 털이 많이 발달한다. 꽃이 없을 때에는 잎자루에 털이 많이 달리는 특징으로 식별이 가능하다.

물푸레나무과 Oleaceae, The olive family

22속 500종의 교목과 관목으로 구성되며, 북반구의 열대 산림 중에 분포되어 있다. 물푸레나무속(*Fraxinus*)과 올리브속(*Olea*)이 좋은 목재로 알려져 있고, *Olea*는 *O. europaea* L.가 올리브 (olive)와 올리브기름을 생산한다. 올리브는 본래 지중해 연안에서 자라던 것을 각지의 온난한 지방에서 재배하기 시작하였고 한반도에서는 제주도에서 재배가 가능하다.

한반도의 특산인 미선나무(*Abeliophyllum distichum* Nakai)가 충북 괴산군에서 처음 확인되었으며 충청남북도와 전라북도에 자란다. *Chionanthus*(3)는 동아시아와 북아메리카에 분포하고 이팝나무가 자라고 있다.

> · 미선나무속(*Abeliophyllum*) · 물푸레나무속(*Fraxinus*)
> · 개나리속(*Forsythia*) · 수수꽃다리속(*Syringa*)
> · 쥐똥나무속(*Ligustrum*) · 목서속(*Osmanthus*) · 이팝나무속(*Chionanthus*)

표 7-87. 물푸레나무과 속의 주요 형질

속명	열매	꽃(화관)	수	꽃차례	잎
미선나무속	시과	4장	비어있음	총상	단엽, 가장자리가 밋밋
물푸레나무속	시과	2-4장	차있음	원추	복엽, 가장자리에 톱니발달
개나리속	삭과	4장, 노란색	계단상	단성	단엽
수수꽃다리속	삭과	4장, 흰색, 붉은 보라색	차 있음	원추	단엽
쥐똥나무속	핵과/ 장과	4장, 흰색 없음〈길이	비어있음	원추 또는 총상, 가지 끝에 달린다	단엽
목서속	핵과/ 장과	4장, 흰색 없음〈길이		취산, 잎겨드랑이에 모여 달린	단엽
이팝나무속	핵과/ 장과	4장, 흰색 없음〉길이		원추	단엽

속간 겨울눈의 차이

표 7-88. 물푸레나무과 속의 소지 특징

속명	정아/가정아	눈껍질 수	수
물푸레나무속	정아	2쌍	속이 차있음
개나리속	가정아	6-9쌍	속이 비어 있음
수수꽃다리속	가정아	3-5쌍	속이 차있음
쥐똥나무속	가정아	3-4쌍	속이 차있음

개나리속 *Forsythia* Vahl.

구대륙에 7종이 있다.

잎 낙엽관목으로서 속이 비어 있거나 계단상이다. 마주나기하고 밋밋하거나 톱니가 있다. **꽃 및 꽃차례** 장주화, 단주화 등의 이화주성, 잎보다 꽃이 먼저 피며 묵은 가지에서 1-3개씩 달린다. 꽃받침과 화관통은 4개씩 갈라지고 2개의 수술은 화관 기부에 달리며 씨방은 2실이고 각 4-10개의 배주가 달린다. **열매 및 종자** 삭과는 2개로 갈라지며 중앙에 격막이 있고 종자에 날개가 있으며 배유는 없다.

> · *F. viridissima* var. *koreana* Rehder 개나리
> · *F. japonica* Makino 만리화

주요 식별 형질 개나리는 긴 피침형 혹은 타원형의 잎인 반면 만리화는 넓은 달걀형이면서 개화기가 약 7-10일 정도 빠르다.

수수꽃다리속 *Syringa* L., lilac

유럽과 아시아에 25종이 있다.

잎 낙엽관목 또는 소교목. 마주나기하고 밋밋하거나 간혹 깃같이 갈라진다. **꽃 및 꽃차례** 양성이며 원추꽃차례에 달리고 백색·홍자색·홍색 등을 나타내며, 꽃받침은 작고 4개로 갈라지며, 화관통의 끝은 4개로 갈라지고 2개의 수술은 화관통의 윗부분이나 중앙에 달린다. 씨방은 2실이며 각 2개씩의 배주가 있다. **열매 및 종자** 삭과는 좁은 긴 타원형으로서 원형이거나 격막과 나란히 편평하고 2개로 갈라진다. 종자는 편평하고 뒤쪽에 날개가 있으며 배유는 육질이다.

> · *S. villosa* Vahe subsp. *wolfii* (C. K. Schneid.) Jin Y. Chen & D.Y.Hong 꽃개회나무
> · *S. oblata* subsp. *dilatata* (Rehder) P. S. Green & M. C. Chang 수수꽃다리
> · *S. pubescens* subsp. *patula* (Palibin) M. C. Chang & X. L. Chen 털개회나무
> · *S. reticulata* (Blume) H. Hara 개회나무

종소명 설명 dilatata 넓어지는; fauriei 식물채집가인 U. Faurie 신부의 이름; pubescence 잔 연모가 있는; patula 다소 열려 있는; reticulata 망상의; wolfii 식물학자 E. Wolf의 이름;

표 7-89. 수수꽃다리속의 주요 형태

종명	꽃차례	잎		열매	꽃피는 시기	꽃
꽃개회나무	가지 끝에 달리며 폭이 좁다(4-10cm)	함몰, 털 매우 많음↕, 엽맥은 (5)7-9개	관목	중간 (1-1.4cm)	5월말-6월 중순	길이〉너비(깔때기형), 통부는 12mm, 수술은 통부안
수수꽃다리	가지 끝에 달리며 폭이 좁다(4-10cm), 샘털	털 없음, 원저, 엽맥은 3-5개	관목	중간 (1.2-1.5cm)	4월 중하순	길이〉너비(깔때기형), 통부 15mm, 수술은 통부안
털개회나무	가지 끝에 달리며 폭이 좁다(4-10cm), 단모	함몰, 털 매우 많음↕, 엽맥은 3-5개	관목	작다(1cm)	5월초-6월말	길이〉너비(깔때기형), 통부 10mm, 수술은 통부안
개회나무	전년도 가지 액생, 잎겨드랑이에 달리며, 옆으로 퍼져 폭이 넓다 [(8)10-16cm]	털 없음, 엽맥은 3-5개	교목	크다 (2-2.5cm)	5월말-7월중	길이〈너비(종형), 통부는 2mm, 수술은 화관통부 밖으로 나옴

식별 형질 꽃개회나무와 털개회나무는 꽃차례와 잎자루의 길이로 구분을 하지만 변이가 심해 그리 쉽지는 않다. 잎의 주맥 함몰정도는 꽃개회나무가 더 깊지만 이것 역시 변이가 심하다. 열매는 털개회나무가 돌기가 없어 쉽게 구별이 된다. 따라서, 열매나 꽃차례가 없으면 꽃개회나무와 털개회나무, 개회나무를 식별하는 것은 다소 어려움이 따르지만, 개회나무가 개화기가 다소 늦어 다른 종들과 봄-여름 사이에는 식별이 가능하다. 개나리와 마찬가지로 수수꽃다리도 중국에서 일찍 들여와 식재해서 증식된 재배종으로본다.

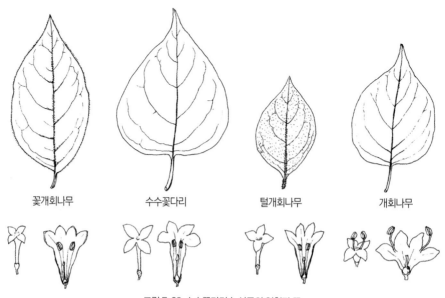

꽃개회나무   수수꽃다리   털개회나무   개회나무

그림 7-38. 수수꽃다리속 식물의 엽형과 꽃

물푸레나무속 *Fraxinus* L., Ash

65종의 교목과 관목이 주로 북반구와 온대에서 자라고 있고 중요한 용재수이다.
잎 마주나기, 낙엽성, 기수1회우상복엽이다. **꽃 및 꽃차례** 양성화이고 암수딴그루 또는 잡성화, 잎보다 먼저 또는 같이 피며 꽃받침은 4개로 갈라지거나 없고 꽃잎은 4개 또는 없으며, 수술은 2개이고 암술은 1개이며, 씨방은 2(3)실이다. **열매 및 종자** 시과, 끝에 긴 날개가 있으며 종자는 길고 배유가 있다. **소지 및 수피** 대개 굵으며 털이 있는 것도 있고, 수는 차 있으며, 마디사이는 원형이다. 정아는 1-3쌍의 눈껍질로 싸이고, 측아도 정아와 같지만 보다 작다. 엽흔은 반원형으로서 간혹 위 가장자리가 파진 것도 있으며, 관속흔은 많지만 U, V자형또는 타원형으로 배열된다.

> · *F. sieboldiana* Blume 쇠물푸레나무
> · *F. chinensis* Roxb. var. *rhynchophylla* (Hance) Hemsl. 물푸레나무
> · *F. mandshurica* Ruprh. 들메나무
> · *F. chiisanensis* Nakai 물들메나무

표 7-90. 물푸레나무속 수종의 주요 형질

종명	꽃	소엽수 및 가운데 소엽 길이(길이 × 폭)	꽃차례	겨울눈	
쇠물푸레나무	4장 꽃잎, 꽃받침 존재	소엽수는 5-7(9)개, 4-10 × 1-3cm/잔거치는 거의 없음	새 가지의 끝	2쌍의 검은 눈이 마주남	관목
물푸레나무	꽃잎 없음, 꽃받침 존재	소엽수는 5-7개, 6-20 × 3-9cm/20여개	새 가지의 끝	바깥쪽 아린 1 쌍 뒤로 젖혀짐	교목
들메나무	꽃잎 없음, 꽃받침 없음	소엽수는 (7)9-11(13)개, 8-19 × 3-7cm/잔거치 30-40개	전년지에 달린다	검은색 아린이 서로 붙음	교목
물들메나무	꽃잎 없음, 꽃받침 존재	소엽수는 5-9개, 11-20 × 4-9cm/잔거치 30-40개	전년지에 달린다	갈색 나아	교목

종소명 설명 chiisanensis 지리산의 지명 이름; chinensis 중국산의; mandshurica 만주라는 지명의 이름; rhynchophylla 부리같은 잎의 sieboldiana 네덜란드 식물학자 Siebold의 이름;

식별 특성 본 속은 교목성이며 (쇠물푸레만 관목) 복엽, 마주나기, 그리고 겨울눈에 정아가 발달하는 특징으로 구분된다. 과거 변이가 심한 물푸레나무중 잎 뒷면에 털이 많이 발달하는 개체를 들메나무로 오동정하는 경우가 많았다. 물푸레나무속 식물의 가장 큰

차이는 꽃의 성구조에 의해 확연하게 구분되지만 개화기가 짧아 야외에서 관찰할 수 있는 시기가 매우 짧다. 따라서, 물푸레나무, 들메나무, 물들메나무는 잎의 형질로 식별을 시도하거나 정아의 특성으로 구분해야한다. 그러나, 3종간 모두 매우 뚜렷한 수형을 가지고 있고 국내에서 뚜렷한 분포와 생태적 특성이 있어 추가 종간 특징으로 인지해서 쉽게 구분되지만 여전히 오동정되는 사례가 많다.

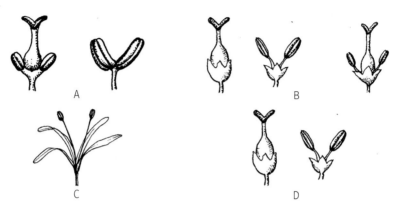

그림 7-39. A. 들메나무, B. 물푸레나무 C. 쇠물푸레 D. 물들메나무; 들메나무의 암수모습에 꽃받침이 없는 것을 유의할 것. 물푸레나무는 암꽃, 수꽃, 양성화가 모두 존재한다. 꽃받침이 존재한다. 쇠물푸레의 경우 꽃잎이 존재하여 다른 물푸레나무와는 확연하게 구분된다. 역시 양성화와 수꽃이 존재한다.

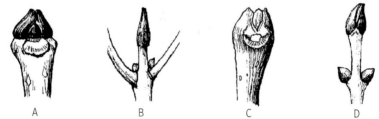

그림 7-40. A. 들메나무 B. 물들메나무 C. 물푸레나무 D. 쇠물푸레나무; 들메나무는 검은색의 아린(아린)이 서로 붙으면서 작은 대신에 물들메나무의 경우 갈색의 나아가 길게 발달하며 비교적 길게 발달한다. 물푸레나무의 경우 가장 바깥쪽의 아린은 한 쌍이 뒤로 젖혀지며 약간 벌어지며 쇠물푸레나무의 경우에는 2개의 아린이 벌어지지 않고 서로 마주본다.

물푸레나무 *F. chinensis* Roxb. var. *rhynchophylla* (Hance) Hemsl. Korean ash
잎 마주나기, 소엽은 5-7개, 달걀형, 넓은 달걀형, 또는 피침형. 소엽자루가 발달, 잎의 변이가 매우 심하다. 표면은 녹색, 털이 없고 뒷면은 회녹색, 중륵 위에 털이 있으며 소엽의 잔거치는 발달하지만 물들메나무에 비해서는 적다 (20-30개). **꽃 및 꽃차례** 암수딴그루, 암수한꽃도 섞여있고(androdiecious), 꽃차례는 새 가지의 잎겨드랑이에 원추꽃차례 또는 복총상꽃차례로 달린다. **소지 및 수피** 정아는 측아보다 크며, 길이 5-13mm이다. 잎자국은 반원형 또는 심장형이며 크다. 아린 부분에 털이 많이 발달하거나 일부 발달한다. 정아는 마치 그리스시대 투구 모양처럼 갈라져 발달하며 눈껍질에 털이 많은 것부터 없는 것까지 다양한 변이가 존재한다.

생태 및 기타 정보 우리나라 산림식생에서 가장 흔하게 볼 수 있는 수종으로서 양수로서 산림식생이 파괴되거나 빛을 많이 받는 지역에서 볼 수 있는 수종이다. 주로 경기도 북부와 강원도 일부 지역에서 자생하는 본 수종은 겨울눈이나 소잎자루에 털이 많이 있으면서 세장하여 주로 남부에서 발견되는 개체들과 구분하여 광릉물푸레(*F. densata* Nakai) 로 불리기도 한다. 그러나, 일본에 분포하는 *F. japonica* Blume ex K. Koch(물푸레와 매우 유사)와 *F. japonica* Blume ex K. Koch(광릉물푸레와 매우 유사)와 비교할 때 모두 이런 변이는 연속변이로 판단된다. 강원도 숲의 일본이깔나무 조림지에는 주로 침입하는 수종으로는 물푸레나무(다릅나무, 음나무)가 우점을 보이는데, 1년 간벌후 초기에는 줄기맹아(간맹아)가 급속하게 생장을 하지만, 5년 후에는 신갈나무, 개박달, 층층나무, 개벚지나무의 침입과 더불어 물푸레나무는 줄기나 뿌리 맹아보다는 종자 발아에 의한 증식 방식으로 변화를 한다.

들메나무 *F. mandshurica* Rupr., Manchurian ash

잎 마주나기, 기수1회우상복엽, 소엽은 (7)9-11(13)개, 소잎자루가 없고 긴 타원상 난형·긴 타원상 피침형이다. 뒷면은 연한 녹색으로서 맥상에 털이 있으며, 소엽의 밑부분에는 갈색 털이 있다. **꽃 및 꽃차례** 암수딴그루로서 꽃차례는 전년생 가지에 달리고 원추꽃차례이며, 많은 꽃이 달린다. 꽃잎과 꽃받침이 모두 없다. **소지 및 수피** 겨울눈은 구형에서 난형으로서 4개의 눈껍질로 싸이고 암갈색이다. **개화기/결실기** 5월/10월

생태 및 기타 정보 심산지역의 산골짜기(계곡)에서 자라는 낙엽교목으로서 강원도에서는 낮은 지대의 냇가에서도 자라며, 높이가 20m이고 지름이 2m에 달한다. 남한계는 덕유산으로 물들메나무와 함께 계곡 주위에 우점하여 자란다. 양수로서 다른 수종 아래에서 잘 견디지 못하며 천근성 뿌리를 가진다. 강원도 산림식생에서 숲을 이루기보다는 드물게 개체로 관찰이 되는 수종이다. 종자는 미발달 배의 상태로 모수에서 떨어져 배가 발육해서 성숙하는 후숙현상이 강해서 종자는 통상 토양에서 8년 이상 휴면을 유지하는 경우도 있다.

물들메나무 *F. chiisanensis* Nakai

잎 소엽의 수는 7-9개, 소엽 뒷면에 긴 성모가 밀생하며 넓은 타원이다. **꽃 및 꽃차례** 암수딴그루로 꽃차례는 전년생 가지에서 측생하며 원추꽃차례이다. 꽃잎이 없고 양성화와 수꽃 모두 꽃받침이 존재하며 잘게 갈라진 꽃받침잎이 달려 컵 모양인 물푸레나무와 구분된다. **열매 및 종자** 시과는 타원상 피침형으로 길이 3-4.5cm이며 끝은 보통 예두 이다. 들메나무와는 달리 시과의 날개가 꽃받침까지 신장되지 않는다. **소지 및 수피** 겨울눈은 갈색의 눈껍질처럼 생겼지만 마치 나아처럼 생겼으며 길이가 물푸레나무나 들메나무에

비해 매우 길어 쉽게 구분된다.

분포 지리산, 덕유산, 민주지산에 가장 많으며 내장산 등 전라남북도와 경상남북도 일부 지역에 흩어져 자란다. **개화기/결실기** 5월/9-10월

생태 및 기타 정보 과거 물푸레나무와의 사이에서 생긴 잡종으로 잘못 인식되었던 본 종은 깊은 계곡에서 자라며, 수관이 옆으로 퍼지는 물푸레나무와는 달리 수형이 위로 곧게 자라 용재로서의 가치가 높다.

쇠물푸레나무(*F. sieboldiana* Blume, Japanese flowering ash)는 중부지방에서도 볼 수 있지만 백두대간을 타고 강원도 남부와 황해도까지 분포한다.

· 물푸레나무속(*Fraxinus*)

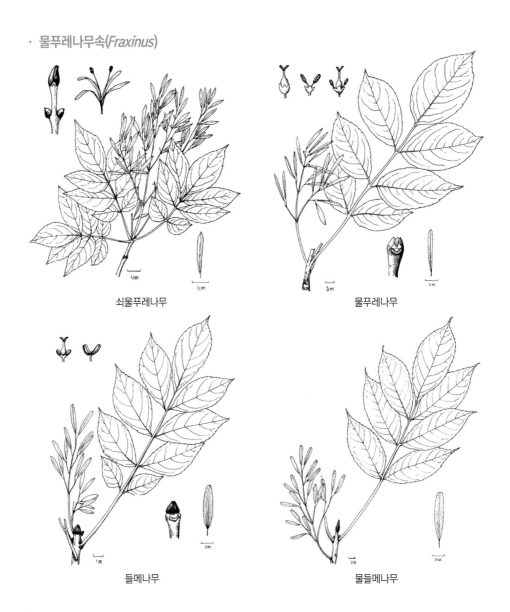

쇠물푸레나무

물푸레나무

들메나무

물들메나무

쇠물푸레나무 분포도	물푸레나무 분포도

들메나무 분포도	물들메나무 분포도

이팝나무속 *Chionanthus* L., fringe tree

이팝나무(*C. retusus* Lindl. & Paxton, Chinese fringe tree)는 중부지방에도 월동하지만 주로 남부지방에 자생하는 식물로서 북한계선으로 채집된 지역은 경기도 인천광역시 옹진군에서 채집되었다. 남쪽에서 채집된 개체에 비해 털이 많다.

목서속 *Osmanthus* Lour.

동아시아에서 10여 종이 자라며, 북아메리카에 1종이 있고 제주도에는 박달목서가 있다. **잎** 상록관목 또는 소교목. 마주나기하고 우상맥이며 톱니가 있는 것도 있다. **꽃 및 꽃차례** 이가화이고 엽액에 속생하거나 총상으로 달리며, 꽃받침과 화관은 4개로 갈라지고 수술은 2(4)개이며 꽃밥은 밖으로 향한다. 씨방은 상위이고 2실이며 배주가 각 2개씩 들어 있다. 핵과는 타원형 또는 구형으로서 종자가 1개 들어 있고, 배유는 육질이다.

· *O. insularis* Koidz. 박달목서
· *O. heterophyllus* (G. Don) P. S. Green 구골나무
· *O. fragrans* (Thunb.) Lour. 목서

표 7-91. 목서속 수종의 주요 형질

종명	잎	잎 가장자리	잎 길이
박달목서	중앙맥이 표면에 들어가지 않고, 뒷면의 측맥은 약간 두드러짐	밋밋	7-15cm
구골나무	중앙맥이 표면에 들어가지 않고, 뒷면의 측맥은 약간 두드러짐	큰 톱니가 약간 있거나 밋밋	3-5cm
목서	중앙맥이 표면에 들어가고, 뒷면의 측맥은 두드러짐	잔톱니가 있거나 밋밋	8-15cm

종소명 설명 aurantiacus 귤모양의; fragrans 향기가 있는; heterophylla 잎의 모양이 여러 가지; insularis 섬에서 자라는

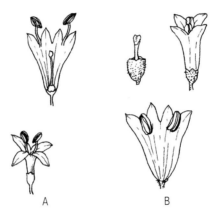

그림 7-41. A. 광나무 B. 쥐똥나무

쥐똥나무속 *Ligustrum* L., privet

구대륙에 50종이며 흑색으로 익은 열매가 쥐똥같이 보이므로 쥐똥나무라고 한다.
잎 낙엽 또는 상록관목 혹은 교목. 마주나기하고 가장자리가 밋밋하다. **꽃 및 꽃차례** 양성, 정생원추, 총상꽃차례에 달린다. 꽃받침은 톱니처럼 4개로 갈라지고, 화관은 깔때기형 또는 통상으로서 4개로 갈라진다. 수술은 2개이고 밖으로 나타날 때도 있으며, 씨방은 2실이고 배주가 2개씩 들어 있다. **열매 및 종자** 장과 같은 핵과, 1-4개의 종자가 들어 있다. 대부분 남방계 식물로 주로 남부 상록성 온대림에 분포한다.

- *L. japonicum* Thunb. 광나무
- *L. ovalifolium* Hassk. 왕쥐똥나무
- *L. obtusifolium* Siebold & Zucc. subsp. *obtusifolium* 쥐똥나무
- *L. obtusifolium* subsp. *microphyllum* (Nakai) P. S. Green 좀털쥐똥나무
- *L. foliosum* Nakai 섬쥐똥나무
- *L. salicinum* Nakai 버들쥐똥나무
- *L. quihoui* Carrière 상동잎쥐똥나무
- *L. lucidum* Aiton 제주광나무
- *L. leucanthum* (S. Moore) P. S. Green 산동쥐똥나무

표 7-92. 쥐똥나무속 수종의 주요 형질

종명	상록/낙엽	꽃차례	꽃과 열매	잎	분포
광나무	상록, 소지에 털 없음	폭과 길이가 모두 크다 (8-20 × 8-25cm)	길이, 화관 통부 ≥ 열편, 암술이 통부 밖으로 노출, 열매는 다소 크며[길이 (0.6)0.8-1cm] 만곡하지 않고, 긴원형 또는 타원형	비교적 크고 (3-17 × 2-8cm), 잎 끝은 보통 예첨두-점첨두	남해안 및 제주도
왕쥐똥나무	반상록	폭과 길이가 모두 크다 (8-20 × 8-25cm)	길이, 화관 통부= 열편, 암술이 통부 밖으로 노출		남부
쥐똥나무	낙엽, 비교적 크다 (1-5m)	정단부분에만 발달	화관통부는 5-7mm, 화관 통부〉열편 길이 2배 이상(깔때기처럼 길게 발달). 암술은 통부보다 짧다.	끝은 통상 무딘형, 타원형, 대부분 양면에 털 없음, 1.5-6 × 0.5-2.2cm	전국 (백두대간 제외)
섬쥐똥나무	낙엽	정단부분과 옆가지에 발달	화관통부는 5-7mm, 화관 통부 길이가 열편 길이의 2배 이상(깔때기처럼 길게 발달). 암술은 통부보다 짧다.	1-6cm x 7-30mm	울릉도

종소명 설명 foliosum 잎이 많은; japonicum 일본산의; lucidum 강한 윤채(빛)가 있는; microphyllum 잎이 작은; molliculum 다소 연한; obtusifolium 끝이 둔한 잎의; ovalifolium 난원형의 잎의; quihoui 식물채집자 M. Quihou의 이름; salicinum 버드나무속(*Salix*)의 식물과 유사한

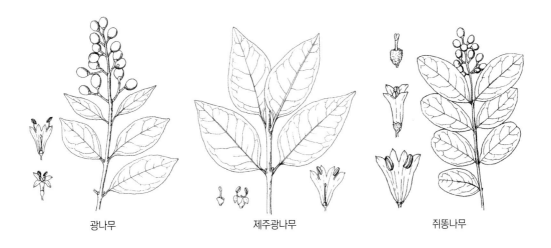

광나무   제주광나무   쥐똥나무

마편초과 Verbenaceae, The verbena family

98속 2,600종으로 구성되며 열대에 집중 분포하지만 온대까지 퍼져 있다. 한반도에서 자라는 5속 12종 중에서 4속이 목본식물이다. 4개의 수술과 갈라지지 않는 씨방, 정생하는 암술대, 마주나기 잎 등에 의해 구별된다.

> · 누리장나무속(*Clerodendrum*)   · 순비기나무속(*Vitex*)
> · 작살나무속(*Callicarpa*)   · 층꽃나무속(*Caryopteris*)

표 7-93. 마편초과 속의 주요 형질

속명	열매	꽃	수술
누리장나무속	핵과, 완전하게 꽃받침으로 둘러싸임. 1개의 방에 4개의 피렌 존재	5개, 방사대칭, 화관(갈때기)	4개, 2개 길고 2개 짧음 (이강웅예)
순비기나무속	핵과, 밑 부분만 씨방의 일부가 싸임. 4개의 방에 피렌이 1개씩 존재	5개, 방사대칭, 화관(갈때기)(통부)	4개, 2개 길고 2개 짧음 (이강웅예)
작살나무속	핵과, 불안전 2개 방	4개, 방사대칭	4개, 길이 비슷
층꽃나무속	분열과, 4개 방	5개, 꽃잎은 두개로 갈라진 입술모양	4개, 길이 비슷

누리장나무 *Clerodendrum trichotomum* Thunb., peanut butter tree
잎 마주나기, 넓은 달걀형, 냄새가 누린내가 심하다. **꽃 및 꽃차례** 취산꽃차례는 새 가지의 가지 끝에 달리고, 나비 24cm, 털이 있거나 없다. 꽃받침은 붉은색, 5개로 깊게 갈라지며 꽃받침잎은 달걀형 또는 긴 달걀형, 꽃부리는 지름 30mm, 5개, 꽃잎은 긴타원형이며 흰색이다. **열매 및 종자** 둥글며 지름 6-8mm, 푸른색으로 붉은색의 꽃받침으로 싸여 있다가 밖으로 나온다. **소지 및 수피** 나아이면서 끝의 정아는 1개, 원추형으로 끝은 뾰족하다. **개화기/결실기** 6-8월/ 9월-10월.
생태 및 기타 정보 양수로서 빛이 많은 지역에 생육해서 벌채지나 도로 주변 등에 많이 분포한다. 초기 성장이 매우 빠르다.

작살나무속 *Callicarpa* L., beautyberry
주로 열대와 아열대에서 40종이 자라며 동아시아 · 말레이지아 · 오스트레일리아 · 북아메리카 및 중앙아메리카에 분포한다. 꽃과 아름다운 열매로 인하여 관상용으로 심는 것이 많다.

잎 낙엽 또는 상록관목이거나 교목, 마주나기, 톱니가 있으며 흔히 성모 또는 연모가 있다. **꽃 및 꽃차례** 액생 취산꽃차례, 보라색, 붉은색 또는 백색이며, 꽃받침은 짧은 종형으로서 끝이 밋밋하거나 얕게 4개로 갈라지고 화관도 4개로 갈라진다. 수술은 4개이며, 씨방은 불완전한 2실이다. **열매 및 종자** 둥글며 핵과, 꽃받침이 남아 있으며 4개의 종자가 들어 있다. **소지 및 수피** 겨울눈은 나출되고 중생부아가 있다.

식별 특성 마주나기하면서 겨울눈이 나아면서 겨울눈대가 발달해서 쉽게 구분되는 속으로 중부지방에서는 작살나무가 가장 흔하게 확인된다. 좀작살나무도 경기도 이남에서 열매크기나 겨울눈 크기가 작아 쉽게 구분되지만, 꽃차례나 열매가 잎겨드랑이에서 나오는 작살나무에 비해 좀작살나무는 5-10mm정도 위에 달려 쉽게 구분된다. 그러나 작살나무와 좀작살나무의 교잡종으로 판단되는 개체가 많아 꽃차례 위치가 중간 형태인 것들도 자주 확인이 된다.

표 7-94. 작살나무속 수종의 주요 형질

종명	꽃잎	꽃차례	잎	열매	겨울눈(나이)	분포
새비나무	4개가 깊게 갈라짐	비교적 짧게 발달(길이 x 폭 0.7cm x 1.5cm)	샘 없음	5mm		남부
좀작살나무	비교적 얇게 4개로 갈라짐, 화관이작다 (3mm)	길게 발달 (1.2cm x 3cm)	샘 있음	2-3mm	비교적 작다 (4-5mm)	남부 및 중부 해안
작살나무	얇게 4개로 갈라짐, 화관이 크다(5mm), 꽃은 1.5-3cm,	길게 발달 (1.2cm x 1.5-3cm)	샘 있음, 잎크기 3-12cm x 2.5-5cm, 잎자루 0.5-1cm	4-5mm	크게 발달 (10mm)	전국
왕작살나무	얇게 4개로 갈라짐, 화관이 크다(5mm), 꽃은 3cm	길게 발달 (1.2cm x 3-4(6)cm)	샘 있음, 12-18 cm x 6-8 cm, 잎자루는 1.5-2 cm	4-5mm	크게 발달 (10mm)	남부 및 도서

종소명 설명 dichotoma 둘로 갈라지는 모양의; japonica 일본산의 뜻; mollis 연모가 있는

식별 특징 새비나무는 털이 많고 열매크기가 다소 크며 주로 전라남북도, 경상남도에서 확인되며 꽃차례가 유난히 커서 넓게 벌어지는 것처럼 보이는 왕작살나무는 울릉도, 제주도나 남해안 도서 지역에서 확인된다. 새비나무는 겨울눈이 작살나무에 비해 작으며 다른 종에 비해 잎이나 소지 전체에 털이 많고 잎에 샘이 유일하게 발달하지 않는다. 또한 꽃차례가 다른 종에 비해 짧지만 열매 크기는 가장 크다(5mm; 작살나무나 좀작살나무는 주로 2-4mm). 꽃잎도 깊게 갈라져 얇게 갈라지는 다른 종과 구별된다.

순비기나무속 *Vitex* L., chasteberry

- · *V. rotundifolia* L. *f.* 순비기나무
- · *V. negundo* var. *heterophylla* (Franch.) Rehder 좀목형

표 7-95. 순비기나무속 수종의 주요 형질

종명	관목/교목	소엽	꽃과 꽃받침	꽃차례
순비기나무	기는 관목	단엽, 잎 뒷면은 흰색, 달걀형	크다(12mm)	밀추꽃차례 (원추꽃차례형이지만 꽃차례 단축)
좀목형	곧추섬/작은 관목	겹잎, 잎 뒷면은 흰색, 소엽 피침형	작다(8mm)	원추

종소명 설명 cannabifolia 삼의 잎과 유사한; heterophylla 잎의 형태가 여러 가지인; rotundifolia 원형의 잎

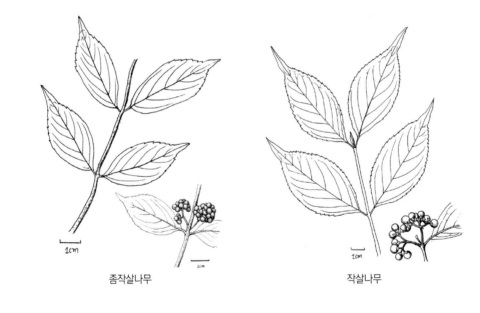

좀작살나무   작살나무

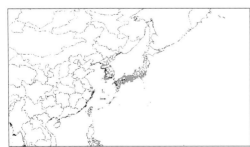

새비나무 분포도

작살나무 분포도

오동나무과 Paulowniaceae

전 세계 200속 2,600종으로 구성되고 주로 초본성이 많으며 지구상에 널리 분포되어 있다. 목본식물로는 *Paulownia*의 10종이 동아시아에서 자라고, 한반도에는 2종이 있다.

오동속 *Paulownia* Siebold & Zucc.
잎 낙엽교목, 마주나기이다. **꽃 및 꽃차례** 가지 끝에 달리는 원추꽃차례, 양성으로서 꽃받침이 깊게 5개로 갈라진다. **열매 및 종자** 삭과, 2개로 갈라지며, 날개가 있는 많은 종자가 있다. **소지** 굵고 자갈색, 원형이지만 마디에서는 편평하며 어릴 때 털이 있다.

참오동 *P. tomentosa* (Thunb.) Steud., princess tree, royal paulownia
종소명 설명 tomemtosa 가는 선모가 밀생한
잎 낙엽교목, 마주나기, 넓은 난형, 3-5개로 약간 갈라지며 양면에 연한 갈색 털이 많다. **꽃 및 꽃차례** 원추꽃차례는 길이가 20-30cm이다. 화관은 깔때기와 비슷한 종형으로서 5개로 갈라지며 보라색 꽃잎에 세로로 달리는 연한 자주색 점선(nectar guide)이 있거나 없다. 털이 전체적으로 많다. **열매 및 종자** 삭과는 난형, 끝이 뾰족하고 털이 없다. **소지 및 수피** 정아는 없고 측아는 중생부아로서 볼 수 있는 눈껍질은 4개이다. 엽흔은 원형·타원형 또는 도란형으로서 가장자리가 튀어나오며, 관속흔은 많고 타원형 또는 3각형 비슷하게 나열된다. 수는 계단상이며 백색이다. 가지는 굵고 퍼지며 어린 가지에 털이 많지만 점차 없어진다. **개화기/결실기** 5-6월/10월
생태 및 기타 정보 극도의 양수로 벌채하거나 도로건설, 마을 주변 등에 자라며 종자 발아에도 강한 빛이 필요하다. 건조한 지역보다는 습한 토양에 보다 잘 자란다. 원산지는 울릉도로 알려져 있는데 숲속에서 가끔 발견된다. 보라색 꽃잎에 세로로 달리는 연한 자주색 점선(nectar guide)의 존재 여부에 따라 오동나무와 참오동나무로 구분하지만 개체변이로 본다.

꼭두서니과 Rubiaceae, The coffee family

620속에 13,500종으로 구성되며 주로 열대와 아열대에 분포하지만 일부가 온대지방에 분포한다.

잎 탁엽이 있고 밋밋하며 때로 탁엽이 잎같이 되어 돌려나기처럼 보인다. **꽃 및 꽃차례** 씨방은 하위이고 2-5실이지만 1실만이 남으며 퇴화되는 것이 많다. 국내 분포하는 식물들은 주로 관목 혹은 덩굴성이며 열매는 삭과 혹은 핵과이며 호자나무속 식물은 가시가 발달한다.

*Adina*는 아시아와 미주 열대에서 몇 종이 자라고, 잎이 마주나면서 두상형태의 꽃차례를 가지는 중대가리나무(*Adina rubella* Hance)가 제주도의 정방폭포 근처에서 자란다. *Lasianthus*(100)는 주로 아시아 열대에서 자라고 약간이 동아시아·오스트레일리아·쿠바 및 서아프리카에 분포하며, 제주도의 선돌계곡에서 무주나무(*Lasianthus japonicus* Miq.)가 자란다. 계요등속(*Paederia*)은 남부와 서해안쪽에 계요등(*Paederia foetida* L.)이 자란다.

표 7-96. 꼭두서니과 속의 주요 형질

속명	씨방	성상	꽃차례	꽃	열매	가시
호자나무속	각 실에 1개의 밑씨	관목	1-2개	4수	2-8개가 들어있는 핵과	있음
계요등속	2개 밑씨	덩굴성	원추, 취산	5수	핵과	없음
중대가리속	각 실에 많은 밑씨	관목	두상	5수	삭과	없음
무주나무속	각 실에 1개의 밑씨	관목	꽃 몇개 달리는 취산형	5수	2-8개 종자의 핵과	없음

호자나무속 *Damnacanthus* C. F. Garetn.

동아시아에서 온대 아시아까지 자란다. 잎은 마주나기 하며 상록관목이다. 큰잎과 작은잎이 서로 엇갈려 마주나면서 달린다. 상록성 숲 아래에서 자란다.

> · *D. indicus* C. F. Gaertn. subsp. *indicus* 호자나무
> · *D. indicus* subsp. *major* (Siebold & Zucc.) T. Yamaz. 수정목

종소명 설명: indicus 인도산의 major 보다 큰

표 7-97. 호자나무속 수종의 주요 형질

종명	가시
호자나무	1-2cm로 길음
수정목	1cm로 짧음

인동과 Caprifoliaceae, the honeysuckle family

　과거에는 15속 400종으로 구성되며 주로 북반구에 분포하며 6속이 한반도에 자생한다. APG 분류체계에 의하면 연복초속(*Adoxa*), 가막살나무속(*Viburnum*), 딱총나무속(*Sambucus*)를 연복초과(Adoxaceae)로 분리하였지만 현재는 가막살나무속을 과(Viburnacaee)로 처리하기도 한다. APG에서는 린네풀속(*Linnaea*), 댕강나무속(*Zabelia*), 병꽃나무속(*Weigela*), 인동속(*Lonicera*)은 여전히 인동과에 속한다. 주로 열매가 야생동물의 먹이로 이용되는 수종이 많다.

잎 관목 혹은 때로 덩굴성, 마주나기, 단엽이거나 복엽이다. **꽃 및 꽃차례** 양성, 꽃받침은 씨방과 합쳐지고 꽃은 4-5개로 갈라진다. 씨방은 하위이며, 2-5실이지만 1실만이 남으며 퇴화하는 것이 많고, 1-다수의 배주가 달린다. **열매 및 종자** 장과 혹은 핵과

인동과

댕강나무속(*Abelia*), 린네풀속(*Linnaea*), 병꽃나무속(*Weigela*), 인동속(*Lonicera*)

연복초과

딱총나무속(*Sambucus*), 가막살나무속(*Viburnum*)

표 7-98. 인동과 속의 주요 형질

속명	꽃차례	열매	꽃	잎	아린	수술 및 암술
딱총나무속	산방/원추	삭과, 3-5개 종자	종형(일부 깔대기형)	겹잎	8-12개	짧다
가막살나무속	산방/원추	핵과, 1개 종자	종형(일부 깔대기형)	단엽	4개 (나아)	짧다
댕강나무속	취산/꽃 1-3개	수과, 2-8개 심피	통형(깔때기형)	단엽	12개	4-5개/길다
린네풀속	취산/꽃 1-3개	원형, 2-8개 심피	통형(깔때기형)	단엽		4-5개/길다
병꽃나무속	취산/꽃 1-3개	삭과, 2개 심피	통형(깔때기형), 방사대칭	단엽	14-16개	5개/길다
인동속	취산/꽃 1-3개	장과, 2-5개 심피	통형(깔때기형), 좌우대칭	단엽	14-16개	길다

표 7-99. 인동과 속의 소지 형질

속명	정아	유관속 흔
딱총나무속	가정아	5
가막살나무속	정아/가정아	3
인동속	가정아	3
병꽃나무속	정아/가정아	3

Sambucus(20)는 온대 및 열대속으로서 한반도에는 4분류군이 있고 딱총나무가 대표적이다. *Viburnum*(120)은 온대 및 아열대속으로서 특히 아시아와 북아메리카에 많다. *Abelia*(20)는 3종이 한반도에 있고, *Linnaea*(1)는 북반구의 공통 속으로서 넓게 분포하는 식물이다. *Weigela*(12)는 동아시아속으로서 한반도에서는 2종이 자라고 있으며 병꽃나무[*W. subsessilis* (Nakai) L. H. Bailey]가 이에 속한다. *Lonicera*(180)는 북반구속이고 한반도에서는 19종이 자라는데, 그중 인동덩굴(*L. japonica* Thunb.)이 흔히 나타난다.

딱총나무속 *Sambucus* L., elderberry

잎 소관목·또는 초본이 있지만 국내에 자생하는 식물은 목본으로 가지와 골속이 굵다.마주나기, 우상복엽이고 톱니가 있으며 잎자루에는 흔히 선이 있다. **꽃 및 꽃차례** 백색이고 누른빛이 돌거나 다소 붉은빛이 돌며 산형상 산방꽃차례에 달린다. 꽃받침과 화관은 5개, 수술은 5개, 씨방은 5실이며, 배주가 1개씩 있다. **열매 및 종자** 장과 같은 핵과는 3-5개의 소핵이 들어있으며, 종자는 각 1개씩이다.

> · *S. racemosa* L. subsp. *pendula* (Nakai) Chin S. Chang 말오줌나무
> · *S. racemosa* L. subsp. *kamtschatica* (E. Wolf) Hultén 지렁쿠나무
> · *S. racemosa* L. subsp. *sieboldiana* (Blume ex Miq.) H. Hara 덧나무
> · *S. williamsii* Hance 딱총나무

표 7-100. 딱총나무속 수종의 주요 형질

종명	꽃차례	암술	소엽	분포
말오줌나무	크다. 총꽃자루가 길고 아래로 쳐짐. 꽃차례에 털 없음	노란색 / 붉은색	5개-7개 측소엽 너비 (2)4-5cm	울릉도
지렁쿠나무	작다. 총꽃자루는 짧고 아래로 쳐지지 않음. 길고 끝이 뾰족한 털 매우 많음	노란색	(3)5(7)개, 측소엽 너비 2-3cm	백두대간
덧나무	작다. 총꽃자루는 짧고 아래로 쳐지지 않음. 짧고 끝이 둥그런 털	짙은 붉은색	(5)7(9)개, 측소엽 너비 1.5-2.0cm	제주도

종소명 설명 kamtschatica 캄차카지역의; pendula 아래로 쳐지는; racemosa 총상꽃차례의; sieboldiana 일본식물 채집을 했던 P.F.B. von Siebold(1796-1866)의 식물학자의 이름을 기린

통상 이른 봄(4월 초)부터 개화하며 울릉도 덧나무는 집단내 많은 개체를 형성하지만 지렁쿠나무나 덧나무는 그리 많은 개체가 형성되지 않는다. 제주도에 분포하는 덧나무는 암술머리가 짙은 붉은색이면서 꽃차례 너비가 비교적 넓어 백두대간에 분포하는 지렁쿠나무의 노란 암술머리면서 꽃차례 너비가 좁은 특징으로 구분되지만 꽃이 없는 상태에서는 식별하기가 쉽지 않다. 소엽수나 소엽의 너비의 차이로 구분되지만 종간 교잡(지사학적 시간–신생대 4기)이 쉽게 일어나 한반도내 중간 형태가 많이 존재한다. 실제 남해안의 개체는 덧나무에 가깝고 한반도 북부로 올라오면서 지렁쿠나무에 가까운 형태가 확인되는데 *S. willamsii* Hance(딱총나무)의 실체는 지렁쿠나무와 덧나무의의 잡종으로 보나, 이에 대한 증거 자료 검토가 필요하다. 꽃차례에 달리는 종간 차이로 기재된 털의 형태도 한반도내에서는 중간 형태가 많아 식별 형질로 활용하기 어렵다.

가막살나무속 *Viburnum* L., arrowwood, burkwood, snowball tree, dogberry
잎 관목 또는 교목, 마주나기, 밋밋하거나 톱니 또는 결각상으로 갈라진다. 꽃 및 꽃차례 양성 또는 중성이며 백색 또는 홍색, 산형상 산방꽃차례 또는 원추꽃차례에 달리고, 꽃받침잎은 작으며 화관은 통상이고 5개로 갈라진다. 수술은 5개이며, 씨방은 1-3실이고, 배주는 1개씩 들어 있다. 열매 및 종자 핵과는 육질 또는 건과이며 1개의 소핵이 들어 있고, 종자는 1개씩이다.

식별 형질 가막살나무속식물은 대부분 관목으로 다른 상층목 아래 자란다. 백두대간의 숲에서 주로 아고산이나 산정상 부근에 자라는 백당나무는 유일하게 잎이 갈라지는 특징으로 쉽게 구분되며 이보다 낮은 고도에 자라는 산가막살나무는 꽃차례 폭이 좁으면서 덜꿩나무나 가막살나무에 비해 꽃이 덜 달리며 식물 전체에 털이 없어 쉽게 구분된다.
덜꿩나무와 가막살나무는 주로 경기도에서 전라남도 등 주로 한반도 서쪽에 분포하는데 모두 털이 많이 발달하지만 덜꿩나무는 잎 아래 탁엽이 발달하여 가막살나무와 구분된다. 일본 쓰시마섬을 제외하고는 한반도 서해안 지역에 자라는 분꽃나무는 강원도와 충청북도, 경상북도에 자라는 섬분꽃나무에 비해 화관통부가 짧으면서 통통하고 잎이 보다 원형 혹은 넓은난형 모양으로 화관통부가 길면서 날씬하고 보다 잎이 긴타원형에 가까운 섬분꽃나무와 구분된다. 이외 다른 수종들은 분포가 제한적이라 제주도, 남부 도서 지역 혹은 한반도 북부에 분포하여 그리 흔하게 접하지 못한다.

그림 7-42. A. 아왜나무- 꽃 화관이 깔때기형이다. B. 백당나무-꽃 화관이 종모양이면서 수술이 길게 자라는 꽃이다. C. 분꽃나무- 꽃 화관은 깔때기형으로 수술이 밖으로 나오지 않는다.

- *V. odoratissimum* var. *awabuki* (K. Koch) Zabel 아왜나무
- *V. carlesii* Hemsl. var. *carlesii* 분꽃나무
- *V. carlesii* var. *bitchiuense* (Makino) Nakai 섬분꽃나무
- *V. furcatum* Blume & Maxim. 분단나무
- *V. burejaeticum* Rehder & Herder 산분꽃나무
- *V. wrightii* Miq. 산가막살나무
- *V. japonicum* (Thunb.) Spreng. 푸른가막살
- *V. dilatatum* Thunb. 가막살나무
- *V. erosum* Thunb. 덜꿩나무
- *V. koreanum* Nakai 배암나무
- *V. opulus* var. *calvescens* (Rehder) H. Hara 백당나무

표 7-101. 가막살나무속 수종의 주요 형질

종명	꽃	열매	겨울눈 /눈껍질수	꽃차례	잎/잎자루	분포
아왜나무	넓은 종모양	타원형, 붉은색	4-6	털 없음, 원추	두텁고, 톱니가 없다/길다 (2-3cm)	남쪽섬
분꽃나무	깔때기형, 통부가 넓고 짧음	원형, 검은색	나아	털 없음, 산방	긴 별모양의 털, 넓은 달걀형에 가까우며, 거치 끝에 돌기가 발달하고, 다소 불규칙/짧다 (0.5-1.5cm)	서해안
섬분꽃나무	깔때기형, 통부 좁고 김.	원형, 검은색	나아	털 없음, 산방	긴 별모양의 털, 긴타원형, 거치 끝에 돌기가 발달/짧다 (0.5-1.5cm)	강원, 충북, 경남
분단나무	무성화 o, 넓은 종모양	긴 타원형, 붉은 색	나아	털 매우 많음, 산방	원형, 짧은 별모양의 털, 거치는 돌기가 없으면서 규칙적/길다	울릉도, 제주도
산가막살나무	넓은 종모양	원형(폭 0.6 cm), 붉은색	4	털매우 많음, 산방	마름모형, 탁엽 없음, 파상거치, 지점o/짧다(1-1.5cm)	강원도 및 북부지방

푸른가막살	넓은 종모양	좁고 길다 (폭 0.4cm), 붉은색	2	산방	마름모형, 탁엽 없음, 파상 거치/길다(2-3cm)	남쪽섬
가막살나무	넓은 종모양	붉은색	4	별모양 털 매우 많음, 산방	피침형, 별모양 털, 어린 가지 털 +, 피침형, 지점 존재/짧다	중부-남부
덜꿩나무	넓은 종모양	붉은색	4	털 매우 많음, 산방	피침형, 지점 없음, 붉은 샘 o, 피침형 /짧다 (0.2-0.6cm)(탁엽 존재)	중부-남부
배암나무	무성화 없음, 수술은 짧아 화관 안에 존재, 흰색을 띤 노란색	붉은색	4	털 없음, 산방	달걀형, 전체적으로 거치 발달/길다 (2-3cm)(탁엽 존재)	백두대간 북부
백당나무	큰 무성화 o, 수술은 매우 길어 화관 밖으로 돌출, 짙은 보라색	붉은색	4	털 없음, 산방	넓은 달걀형이며 3-5개로 갈라짐. 잔거치가 발달/길다 (2-3cm)(샘털 존재)	백두대간

종소명 설명 awabuki 일본명 아와부끼; bitchiuense 일본지명 備中의 이름; burejaeticum 부레야 지역의 이름; carlesii 인천에서 식물채집을 한 W. R. Carles의 이름; calvescens 털이 없는 혹은 털이 없어지는; dilatatum 넓어진다는 뜻; erosum 고르지 않는 톱니의; furcatum 차상의 (가지가 갈라지는); koreanum 한국산의; wrightii 영국의 식물학자 C. H. Wright의 이름;

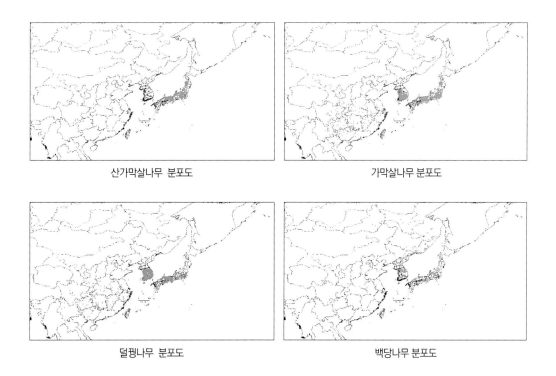

산가막살나무 분포도

가막살나무 분포도

덜꿩나무 분포도

백당나무 분포도

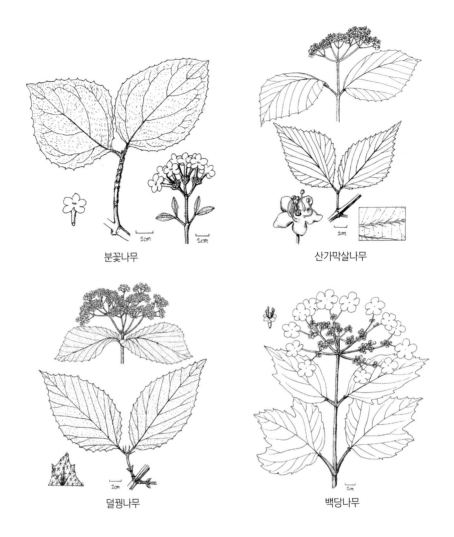

분꽃나무

산가막살나무

덜꿩나무

백당나무

댕강나무속 *Zabelia* (Rehder) Makino

과거에는 *Abelia*속으로 사용하였으나 최근에는 *Abelia*와 *Zabelia*로 분리해서 처리하는 경향이 있고 국내에 분포하는 종은 모두 *Zabelia*속에 해당된다. 전세계 약 30여종이 있으며 대부분 아시아를 중심으로 분포한다.

잎 마주나기하고 밋밋하거나 톱니가 있다. **꽃 및 꽃차례** 가지 끝이나 옆에 달리며, 포는 2-4개이며 백색·홍색 또는 누른빛이 돈다. 꽃받침 잎은 2-5개이며 끝까지 남으며, 꽃부리는 깔대기형으로서 끝이 5개로 갈라지고, 수술은 4개, 씨방은 3실이지만, 1실만이 1개의 종자를 생산한다. **생태 및 기타 정보** 추위에 대부분 약하며 관목상태이다.

> · *Z. tyaihyonii* (Nakai) Hisauti & H. Hara 줄댕강나무
> · *Z. dielsii* (Graebn.) Makino 털댕강나무
> · *Z. biflora* (Turcz.) Makino 섬댕강나무

표 7-102. 댕강나무속 수종의 주요 형질

종명	꽃 및 꽃차례	꽃받침 및 꽃잎	꽃줄기와 꽃자루
줄댕강나무	꽃자루에 3개씩, 가지 끝의 원추꽃차례에 모여 달림	4-5수/5개	
털댕강나무	꽃자루에 2개씩, 가끔 가지 끝에 꽃이 달림	모두 4개	모두 발달
섬댕강나무	꽃자루에 2개씩, 가끔 가지 끝에 꽃이 달림	모두 4개	꽃자루만 존재

종소명 설명 biflora 2개의 꽃의; dielsii F.L.E. Diels(1874-1945)의; tyaihyonii 분류학자 정태현의

식별 특성 최근 연구에 의하면 털댕강나무와 섬댕강나무를 모두 중국에 북부에 분포하는 *Z. biflora*와 동일종으로 보는 견해가 있으나 중국내륙에 분포하는 *Z. dielsii*와는 총꽃자루가 존재하느냐에 따라 식별이 가능하다. 따라서, 총꽃자루가 뚜렷하게 발달하는 국내 털댕강나무는 *Z. biflora*의 동일종이 아니라 *Z. dielsii*에 더 근연관계가 있는 것으로 판단된다. 또한, 울릉도에 분포하는 *Z. insularis* Nakai는 총꽃자루가 반대로 발달하지 않아 Hara의 의견처럼 *Z. biflora*와 동일종 혹은 섬에서 발견되는 변이체로 보아 여기에서는 *Z. biflora*로 정리하였다. 또한, 꽃받침의 길이가 5mm, 화관의 길이가 5mm인 줄댕강나무와 꽃받침의 길이가 10mm, 화관의 길이가 12-17mm로서 다소 큰 개체를 댕강나무[*Z. mosanensis* (T. H. Chung ex Nakai) Hisauti & H. Hara]로 보는데 몇개체만 알려져 있어 분류학적으로 실체에 대한 검토가 어려워 여기서는 이명으로 본다.

병꽃나무속 *Weigela* Thunb.
잎 낙엽 교목, 마주나기하고 톱니가 있다. **꽃 및 꽃차례** 액생 또는 정생하는 산방꽃차례에 달리며 황색, 백색, 또는 홍색이고 꽃받침은 5개로 갈라져 밑부분이 붙거나 떨어지며, 화관은 깔때기형으로 위끝이 5개로 갈라진다. 수술은 5개이고 씨방은 2실이며 배주는 많다. **열매 및 종자** 삭과는 2개로 갈라지고 중축이 남으며, 종자는 각이 진다.

> · *W. florida* (Bunge) A.DC. 붉은병꽃
> · *W. subsessilis* (Nakai) L.H.Bailey 병꽃나무

종소명 설명 florida 꽃이 피는; subsessilis 잎자루가 없는

식별 형질 두 종의 뚜렷한 차이는 꽃잎의 색깔(붉은병꽃, 붉은색; 병꽃나무, 노란색에서 후에 주황색으로 변함)과 꽃받침이 갈라진 정도(붉은병꽃, 반정도; 병꽃나무, 깊게 갈라짐)로 구분되지만 꽃과 꽃받침이 떨어진 후에는 비교적 두 종을 식별하기가 쉽지 않다.

잎으로 식별을 할 수 있는 특징은 붉은병꽃은 주로 주맥 가운데에 흰털이 매우 많이 발생하는 반면, 병꽃나무는 흩어져 털이 자라나 밀생하지는 않는다.

병꽃나무속 식물은 종간에 잡종이 매우 흔하게 일어나는 식물이다. 과거 언급된 국내 자생 골병꽃은 일본에 자생하는 골병꽃과는 달리 병꽃나무와 붉은병꽃의 잡종으로 보며 야생에서 가끔 발견된다. 주로 병꽃나무는 등산로 입구 주변에서 흔하게 발견되는 반면 붉은병꽃은 산 정상부근에서 발견된다. 병꽃나무의 개화기는 4월 중순에서 5월초까지 붉은병꽃은 4월말에서 5월중순까지 피는 식물로 꽃피는 시기가 4월말 혹은 5월 초에 지역에 따라 중첩된다. 소영도리는 강원도 북부에 분포하면서 잎이 두텁고 잎 표면에 털이 많으면서 거친 개체를 지칭하나 붉은병꽃의 변이체로 본다.

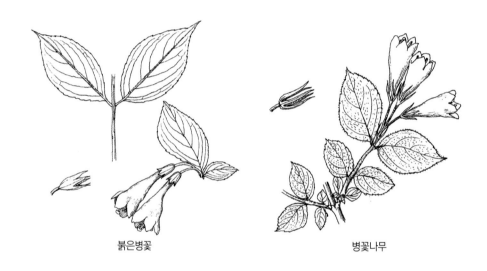

붉은병꽃   병꽃나무

인동속 *Lonicera* L., honeysuckle

잎 곧추서거나 덩굴성의 관목, 마주나기, 거의 거치가 발달하지 않는다. **꽃 및 꽃차례** 엽액에 달린 대에 1쌍씩 달리며 각 쌍에 2개의 포와 4개의 소포가 흔히 합생하거나 없다. 꽃받침은 5개로 갈라지며 화관은 대칭 혹은 비대칭이고 5개로 갈라진다. 수술은 5개, 하위 씨방은 2-3실 간혹 5실이고 암술대가 길며 배주는 많다. **열매 및 종자** 장과는 1-3실이고 각 실에 약간의 종자가 들어있다.

비대칭성의 꽃(순형)을 가진 식물은 인동, 홍괴불나무, 청괴불나무, 왕괴불나무, 길마가지이며 대부분의 식물은 대칭인 꽃을 가진다. 꽃자루가 상대적으로 긴 식물은 홍괴불, 각시괴불이며 대부분 짧은 꽃자루가 있다. 열매의 기부가 합쳐진 식물은 홍괴불나무, 왕괴불나무, 길마지나무, 청괴불나무이다. 대부분의 열매가 원형에 가깝지만 댕댕이나무의 경우만 긴타원형을 이룬다.

| 홍괴불나무 | 섬괴불나무 | 괴불나무 | 물앵도나무 |

그림 7-43. 인동속 식물의 화관형

- *L. japonica* Thunb. 인동
- *L. chrysantha* Turcz. ex Ledeb. 각시괴불나무
- *L. rupretiana* Regel 물앵도나무
- *L. caerulea* L. 댕댕이나무
- *L. subhispida* Nakai 털괴불나무
- *L. harae* Makino 길마가지나무
- *L. subsessilis* Rehder 청괴불나무
- *L. maximowiczii* (Rupr. ex Maxim.) Rupr. ex Maxim. 홍괴불나무
- *L. maackii* (Rupr.) Maxim. 괴불나무
- *L. morrowii* A. Gray 섬괴불나무
- *L. vesicaria* Kom. 구술댕댕이
- *L. praeflorens* Batalin 올괴불나무
- *L. vidalii* Franch. & Sav. 왕괴불나무
- *L. tatarinowii* Maxim. 흰괴불나무

표 7-103. 인동속 수종의 주요 형질

종명	꽃	열매	꽃자루 길이	겨울눈 크기	잎의 털	골속	열매 소포	잎자루
인동	비대칭	원형, 검은색, 씨방분리	짧다	발달	존재	없음	없음	짧다
괴불나무	대칭, 꽃받침은 2-3mm	원형, 붉은색, 씨방분리	짧다 (0.2-0.4cm)	발달	존재	없음	없음	짧다
각시괴불나무	대칭, 꽃받침은 1mm이하	원형, 씨방분리	길다 (1.5-3cm)	발달, 털 많음	존재	없음	없음	길다
물앵도나무	대칭	원형, 씨방분리	짧다	발달, 짧고, 끝이 둔함, 털 없음	뒷면의 털은 말림	없음	없음	5-10mm
섬괴불나무	대칭	원형, 씨방분리	짧다	발달, 짧고, 끝이 둔함, 털 없음	뒷면의 털은 말림	없음	없음	2-5mm
댕댕이나무	대칭	일부 합성, 타원형, 흑색. 종자가 작다 (2-3mm)	짧다	발달	존재	존재	존재, 육질	다소 길다
구술댕댕이	대칭	일부만 합성, 원형, 붉은색, 종자는 크다(5mm)	짧다	발달	존재	존재	존재, 마름	다소 길다
털괴불나무	대칭, 1개	일부만 합성, 원형	짧다	작다	존재	존재	없음	다소 길다, 강모 존재, 없음

올괴불나무	대칭, 2개	일부만 합성, 원형	짧다 (0.6cm)	작다	+(잔털)	존재	없음	짧다 (6mm)
길마가지나무	비대칭, 2개	대부분 합성, 원형	길다 (1.7cm)	작다	없음	존재	없음	다소 길다 (10-18 mm)
왕괴불나무	비대칭 (입술모양), 2개	1/20이하 합생, 원형	짧다	달걀형, 아린 일찍 떨어짐	존재	존재	존재	8-10mm, 샘있는 털 존재
청괴불나무	비대칭 (입술모양), 흰색, 2개	일부만 합성, 원형	짧다 (0.5cm)	세장, 끝이 뾰족, 아린 오래 남음	없음	존재	존재	4-5mm, 털 없음
흰괴불나무	비대칭 (입술모양), 붉은색, 2개	일부만 합성, 원형	길다 (1-2cm)	세장, 끝이 뾰족, 아린 오래 남음	존재 (융모), 가장자리 털 없음	존재	존재	4-5mm, 털 없음
홍괴불나무	비대칭 (입술모양), 붉은색, 2개	일부만 합성, 원형	길다 (1-1.5cm)	세장, 끝이 뾰족, 아린 오래 남음	존재 (주맥), 가장자리 털 매우 많음	존재	존재	4-5mm, 털 없음

종소명 설명 cerasoides 양벗나무와 비슷한; caerulea 푸른빛이 도는 (열매의 색깔); chrysanthus 황색 꽃의; harae 일본 식물분류학자 H.Hara의 이름; maackii 러시아의 식물학자 R. Maack의 이름; maximoriczii 러시아 식물학자 C. J. Maximovicz 의 이름; ruprechtiana 체코/슬로바키아 식물학자 F. J. Ruprecht; sachalinensis 러시아 지명 사할린의 이름; praeflorens 일찍 꽃이 피는; subsesslilis 다소 잎자루가 없는; subhispidus 다소 딱딱한 털의; vesicaria 소포가 있는; vidalii 식물채집자 S. Vidal의 이름;

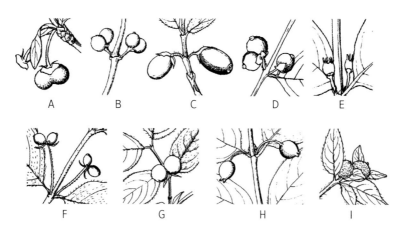

그림 7-44. 과경이 짧은 종-A. 왕괴불나무, B 인동 C. 댕댕이덩굴(열매가 긴타원형) D 괴불나무 E. 청괴불나무(2개 열매의 밑부분이 합쳐짐) 과경이 긴 종- F 각시괴불나무 G 올괴불나무 H 홍괴불나무(2개 열매가 밑이 합쳐진다) I 구슬댕댕이 (포가 잎처럼 발달해서 열매를 싼다) (Lee 1980, 그림수정)

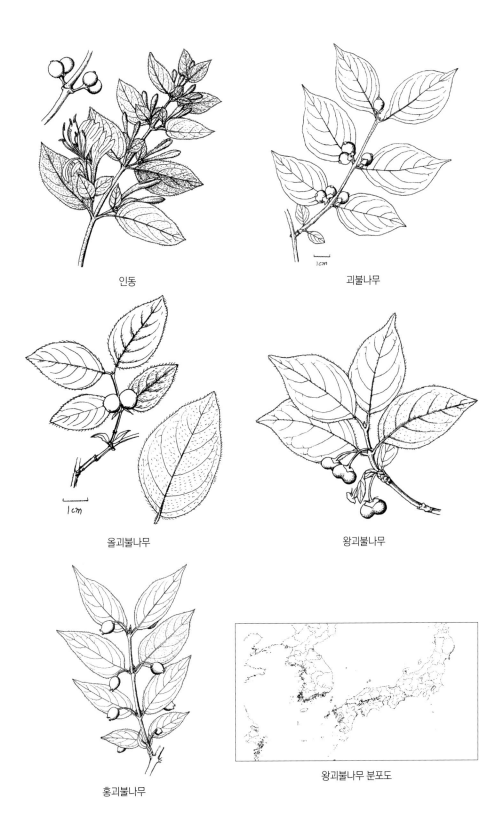

인동

괴불나무

올괴불나무

왕괴불나무

홍괴불나무

왕괴불나무 분포도

벼과 Poaceae(Gramineae), The grass family

600속 10,000종이 있으며 그중에서 목본성인 대나무아과에 속한 종류는 45속 560종 정도이고, 한반도에는 3속 11종이 자생 또는 재식되며 그 중에서 크게 자라는 것은 중국산 죽순대(孟宗竹)와 왕대뿐이다.

잎 초본 또는 목본, 대개 좁고 길며 평행맥이다. 잎자루는 편평해져서 양쪽 가장자리가 겹쳐지거나 간혹 합쳐져서 통처럼 원대를 둘러싸는 엽초로 되고, 엽초 안쪽 위끝에 엽설이 있다. **꽃 및 꽃차례** 꽃차례는 원추꽃차례 또는 총상꽃차례이다. 소수는 1개 또는 여러 개의 소화로 되며, 밑에 2개의 포영이 있다. 양성 또는 단성으로서 소수의 포액(호영)에 달리고, 소축 가까이에 1개의 인편(내호영)이 있으며, 화피는 2-3개의 인피로 퇴화된다. 수술은 1개 또는 다수이지만 보통 3개이고 암술은 1개이다. 씨방은 1실이며, 1개의 배주가 들어 있다.

- 왕대속(*Phyllostachys*)   · 이대(*Pseudosasa*)
- 조릿대속(*Sasa*)   · 해장죽속(*Arundinaria*)
- *Pseudosasa japonica* (Siebold & Zucc. ex Steud.) Makino ex Nakai 이대
- *Pleioblastus simonii* (Carrière) Nakaie 해장죽

표 7-104. 벼과 속의 주요 형질

속명	엽초	수술	성상	겨울눈	견모	꽃차례
왕대속	일찍 탈락	3	크게 자람		존재하며 여러모양	
이대속	오랫동안 달려있음	3-6	작음/중간크기	1(2)	곧추 섬/없거나 밋밋	원추
조릿대속	오랫동안 달려있음	(3)6	작음/중간크기	1(2)	견모 존재	원추
해장죽속	오랫동안 달려있음	3	작음/중간크기	3-10개	곧추섬/휘는 모양	총상

Pleioblastus(100)는 동아시아속이며 해장죽이 있고, *Phyllostachys*(30)는 중국과 인도에 분포하며 왕대 · 죽순대 · 오죽 등을 재배하고 있다.

왕대속 *Phyllostachys,* bamboo

- *P. edulis* (Carrière) J. Houz. 죽순대
- *P. reticulata* (Rupr.) K. Koch 왕대
- *P. nigra* (Lodd. ex Libdl.) Munro var. *henonis* (Mitford) Stapf ex Rendle 솜대

표 7-105. 왕대속 수종의 주요 형질

종명	간의 마디 고리수	견모	가지에 잎 달리는 수	잎의 크기
죽순대	1	일찍 떨어짐	3-8(보통 5-6)개	7-10cm x 0.1-1.2cm
왕대	2	퍼진다	3-7(흔히 5-6)개	10-20cm x 1.2-2.0cm
솜대	2	곧추선다	1-5(보통 2-3)개	6-10cm x 1.0-1.5cm

종소명 설명 edulis 식용의; henonis 프랑스 정치인이면서 식물학자 J.L.Hénon의; nigra 흑색의; reticulata 망상의

죽순대 *P. edulis* (Carrière) J. Houz., tortoise shell bamboo

잎 엽초에 잔털이 있으며 견모는 곧지만 빨리 떨어진다. **소지 및 수피** 원대는 처음에는 녹색이며 털이 있지만 점차 황록색으로 되고 털이 없어진다. 가지는 각 마디에서 2-3개씩 나오며 마디가 굵어지고 위쪽이 높지 않기 때문에 1개의 고리처럼 된다.

생태 및 기타 정보 중국원산으로서 남부에서 심고 있으며 높이가 5-12m이고 지름이 20cm에 달한다. 죽순은 5월에 나오는데, 죽순을 둘러싼 포엽은 적갈색 바탕에 큰 흑갈색 반점과 더불어 털이 많고 끝부분에는 엉긴 털이 있으며 끝에 피침형의 잎 같은 것이 달린다. 죽순은 식용으로 하고, 재부는 각종 세공에 사용한다. 맹종죽이란 겨울에 죽순을 캐내어 어머니께 드린 효자 맹종의 이름을 따서 붙인 이름이며, 죽순이 식용으로 알려져 있기 때문에 죽순대라고 한다.

왕대 *P. reticulata* (Rupr.) K. Koch, giant timber bamboo

잎 엽초의 견모는 5-10개씩이며 퍼져 있고 오랫동안 남아 있다. **소지 및 수피** 원대는 녹색으로서 밋밋하고 점차 황록색으로 된다. 마디는 굵어져 2개의 고리를 씌운 것처럼 굵어지며 각각 2-3개의 가지가 돋는다.

생태 및 기타 정보 중국원산으로서 충청도 이남에서 재식하고 있다. 6월경 길게 벋어가는 지하경에서 죽순이 나온다. 포엽은 흑갈색 바탕에 자흑색 반점이 있고 거의 털이 없으며 일찍 떨어진다. 높이가 20m이고 지름이 5-13cm에 달하지만 추운 곳에서는 높이 3m, 지름 1cm 정도밖에 자라지 못한다.

조릿대속 *Sasa* Makino & Shibata

간(줄기, 稈)은 긴 근경에서 나와 높이가 1-2m로 자라고 엽초가 있으며 가지는 마디에서 1개씩 갈라진다. 동아시아에서 20종이 자라고, 한반도에는 3종이 있다.

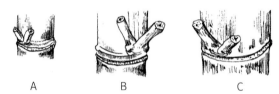

A   B   C

그림 7-45. A. 솜대-고리가 1(2)개 보인다. B. 왕대-고리가 2개로 뚜렷하게 발달한다. C. 죽순대-고리가 1개가있다

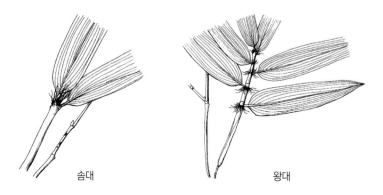

솜대   왕대

- *S. palmata* (Burb.) E.G.Camus 제주조릿대
- *S. borealis* (Hack.) Makino & Shibata 조릿대
- *S. kurilensis* (Rupr.) Makino & Shibata 섬조릿대

표 7-106. 조릿대속 수종의 주요 형질

종명	엽설	포영	꽃차례	꽃자루	꽃	가지의 갈리짐
제주조릿대	존재	0-1(-2)개	3-10개의 꽃	뚜렷		줄기의 하부에서 상부까지 갈라지며 골고루 분지함
조릿대	없음	2개	매우 많은 꽃	짧다	수술 3개	줄기의 하부에서 상부까지 갈라지지만 상부에서 많이 갈라짐
섬조릿대	없음	2개	매우 많은 꽃	짧다	수술 6개	줄기의 상부에서 갈라짐

종소명 설명 borealis 북방의; kurilensis 쿠릴지역의; palmata 손바닥처럼 갈라진;

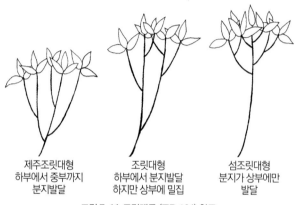

제주조릿대형   조릿대형   섬조릿대형
하부에서 중부까지   하부에서 분지발달   분지가 상부에만
분지발달   하지만 상부에 밀집   발달

그림 7-46. 조릿대류 (표7-104) 참조

백합과 Liliaceae, The lily family

250속 4,000종이며 전세계에 분포하지만 주로 열대와 아열대에 많다.

청미래덩굴속 *Smilax* L., greenbrier, sarsaparilla

덩굴성 식물로 모두 전국적으로 분포한다.

· *S. sieboldii* Miq. 청가시덩굴 · *S. china* L. 청미래덩굴

표 7-107. 청미래덩굴속 수종의 주요 형질

종명	잎	엽맥	거치	열매색깔	수술의 길이	가지의 가시
청가시덩굴	딜걀형	5개	발달	검은색	1-1.5mm	휘지 않고 강한 곧은 침
청미래덩굴	원형	3개	없다	붉은색	0.8mm	휜다

종소명 설명 china 중국의; sieboldii 네덜란드 식물학자 P.F.B von Siebold의

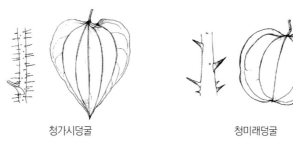

청가시덩굴   청미래덩굴

그림 7-47. 청가시덩굴은 엽맥이 5개이면서 달걀형이며 거치가 발달하며 가시는 침처럼 발달한 반면, 청미래덩굴은 엽맥이 3개이면서 원형, 거치가 없으며 가시는 다소 휜다. 열매 색깔도 청가시덩굴은 검은색인 반면 청미래덩굴은 붉은색으로 열매에서도 차이가 있다.

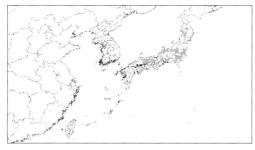

청가시덩굴 분포도

청미래덩굴 분포도

-연습문제-

[중·북부식물]

1. 버드나무속과 사시나무속의 차이점은?

2. 사시나무와 황철나무의 차이점은?

3. 선버들, 호랑버들, 버드나무, 키버들, 왕버들은 어떻게 구분하는지 설명하시오

4. 복엽인 가래나무, 굴피나무, 들메나무, 황벽나무, 소태나무 등은 어떻게 구분하는지 설명하시오.

5. 오리나무속중 오리나무와 덤불오리나무의 차이점은?

6. 물박달나무, 개박달나무, 거제수나무, 사스래나무, 박달나무의 식별적 특징을 열거하시오.

7. 강원도에서 까치박달과 서어나무를 구별할 수 있는 특징은?

8. 개암나무와 물개암나무의 차이점은?

9. 밤나무와 상수리나무를 잎과 열매 이외에 수피나 겨울눈으로 쉽게 구별하는 방법은 무엇이 있나?

10. 낙엽성 참나무의 식별 특성은 무엇인가?

11. 열매가 핵과인 팽나무와 푸조나무를 식별할 수 있는 특징은?

12. 참느릅나무와 다른 느릅나무의 차이점은? 분포의 특성은?

13. 느티나무는 주로 어느 식생지역에서 볼 수 있나?

14. 팽나무와 풍게나무의 차이점은?

15. 말발도리, 매화말발도리, 물참대나무 식별의 차이점은?

16. 까마귀밥나무, 까치밥나무, 명자순의 차이점은?

17. 야광나무와 아그배나무의 차이점은?

18. 산돌배나무와 돌배나무의 차이점은?

19. 생열귀나무, 붉은인가목, 민둥인가목, 해당화는 어떻게 식별이 가능한가?

20. 벚나무, 산벚나무, 왕벚나무의 차이점은?

21. 개벚나무, 귀룽나무, 산개벚지나무의 차이점은?

22. 붉나무와 개옻나무의 차이점은?

23. 단풍나무속중 청시닥나무, 부게꽃나무, 시닥나무, 산겨릅나무를 식별할 수 있는 특징은?

24. 갈매나무, 털갈매나무, 참갈매나무, 짝자래나무의 차이점은?

25. 피나무와 찰피나무의 차이점은?

26. 다래, 개다래, 쥐다래의 차이점은?

27. 오갈피나무가 속내중 다른 종과의 차이점은?

29. 속내 다른 종과 비교해서 산딸나무의 겨울눈과 잎의 특징은?

30. 산철쭉의 특징은 ?

31. 물푸레나무, 들매나무, 물들메나무의 특징은?

32. 꽃개회나무와 털개회나무의 특징은?

33. 가막살나무, 덜꿩나무, 산가막살나무의 특징은?

34. 병꽃나무와 붉은병꽃나무의 차이점은?

35. 죽순대, 왕대, 솜대의 차이점은?

[남부 수종]

36. 청가시덩굴과 청미래덩굴의 차이점은?

37. 상록성 숲의 천이에서 초기와 중기-말기에서 볼 수 있는 수종에는 어떤 것을 볼 수 있나?
   상록성 말기에 볼 수 있는 수목들은 생리적으로 어떤 특징을 가지나?

38. 서어나무와 개서어나무는 어떻게 식별이 가능한가?

39. 소사나무는 다른 서어나무와 어떤 특성을 가지는가?

40. 비목나무는 다른 녹나무과 식물과 어떤 차이점이 존재하는 가?

41. 새덕이와 참식나무의 식별 형질은?

42. 모밀잣밤나무와 구실잣밤나무의 식별 형질은?

43. 붉가시나무, 가시나무, 참가시나무, 종가시나무는 어떻게 식별이 가능한가?

44. 천선과나무와 모람과의 차이점은?

45. 굴거리나무와 좀굴거리의 차이점은?

46. 감탕나무속에 종을 열거하고 낙엽성인 종은 어떤 종이고 상록성인 종의 식별 특성을
   나열하라.

47. 제주도에 자라는 솔비나무는 다릅나무와 어떤 식별의 특징이 있는가?

48. 남부에 주로 분포하는 검나무싸리와 해변싸리의 차이점은?

49. 남부나 서남부 섬이나 해안지대에서 볼 수 있는 수종은 어떤 것들이 있는가?

50. 사람주나무의 식별학적 특징을 나열하시오.

51. 비쭈기나무, 사스레피나무, 후피향나무는 어떻게 식별이 가능한가?

52. 초피나무와 개산초의 차이점은 ?

53. 산초나무속중 머귀나무는 어떤 차이점이 확연한가?

54. 나도밤나무와 합다리나무는 낙엽성이지만 주로 남부에 분포한다.
   다른 남부 활엽수종과 식별상 특이한 점은 무엇인가? 겨울눈의 특성은 무엇인가?

55. 까마귀머루와 개머루, 새머루의 차이점은 ?

56. 검노린재나무가 다른 노린재나무속 식물과 차이점은 ?

57. 새비나무와 작살나무와의 차이점은 ?

참고문헌

ANGIOSPERM PHYLOGENY WEBSITE, version 14. 2021. http://www.mobot.org/MOBOT/research/ APweb/

Brown, K. M. 1977. Regional dendrology: an innovative approach to a traditional subject. J. For 75:724-725.

Bridson, D. and L. Forman. (eds.) 1992. The Herbarium Handbook. revised edition. Royal Botanical Gardens, Kew, B.K.

Brown, J. and M. Lomolino. 1998. Biogeography, 2nd ed. Sinaur, Sunderland, MA.

Brummitt, R. K. and Powell, C. E. (editors). 1992. Authors of plant names. Royal Botanic Gardens, Kew.

Clatterbuck, W. K. unknown. Shade and flood tolerance of trees. The University of Tennessee Extension. SP656. www.utextension.utk.edu/publications/spfiles/SP656.pdf

Cronquist, A. 1981. An integrated system of classification of flowering plants. Columbia University Press, New York.

Eckenwalder, J. E. 1976. Re-evaluation of Cupressaceae and Taxodiaceae: A proposed merger. Madroño 23: 237-256.

Fish, L. 1999. Preparing herbarium specimens. National Botanical Institute, Pretoria, South Africa.

Fralish, J. S. 1981. Dendrology and the profession of forestry. Journal of Forestry 79: 678-679.

GLGArcs. Introduction to the Landforms and Geology of Japan - Formation History of the Japanese Islands. http://www.glgarcs.rgr.jp/intro/history_p4.html

Hardin, James W., Donald J. Leopold, Fred M. White. 2000. Harlow and Harrar's Textbook of Dendrology. McGraw-Hill, NY.

Havill,N.P., C. S. Campbell , T. F. Vining, B. LePage , R. J. Bayer, and M. J. Donoghue. 2008. Phylogeny and Biogeography of Tsuga (Pinaceae) Inferred from Nuclear Ribosomal ITS and Chloroplast DNA Sequence Data. Syst. Bot. 33: 478-489.

HilleRisLambers, J., P.B. Adler, W.S. Harpole, J.M. Levine, and M.M. Mayfield. 2012. Rethinking community assembly through the lens of coexistence theory. Annu. Rev. Ecol. Evol. Syst. 43:227-48

Kira, T. 1977. A climatological interpretation of the Japanese vegetation zones. In: Miyawaki A. and T?xen R. (ed.) 'Vegetation Science and Environmental Protection' pp. 21-30. Maruzen, Tokyo.

Kucera, L. J. and L. Bergamin. 1990. The structure, fuction & physical properties of bark. in Vaucher, H. 1990. Tree Bark. A color guide. Timber Press, Portland, Cambridge.

Leadlay, E. and J. Greene (eds.). 1998. The Darwin Technical Manual for Botanic Gardens. Botanic Gardens Conservation International (BGCI), London, U. K.

Maekawa, F. & T. Shidei. 1974. Geographical background to Japn's flora and vegetation. in Numata, M. (ed.). The Flora and Vegetation of Japan. Kodansha Limit. Tokyo.

Mittelbach, G.G. and Douglas W. Schemske. 2015. Ecological and evolutionary perspectives on community assembly. Trends in Ecology & Evolution 30: 241-247.

Price, R. A. 2003. Generic and familial relationships of the Taxaceae from rbcL and matK sequence comparisons. Acta Hort. 615: 235-237.

Stettler, R. F. 1976. The role of the dendrology course in the teaching of genetics. Silvae Gen. 25:164-168

Stafleu, F. A. 1971. Lamarck: The Birth of Biology. Taxon. 20: 397-442.

Takhtajan, A. 1986. Floristic Regions of the World. The University of California Press, Berkeley and Los Angeles, USA.

Vaucher, H. 1990. Tree Bark. A color guide. Timber Press, Portland, Cambridge.

Vogel, de E. F. (eds). 1987. Manual of Herbarium Taxonomy Theory and Practice, UNESCO, Jakarta, Indonesia.

Wiant, H. V.. JR 1968. Some thoughts on teaching dendrology. J. For. 66:556.

橋詰隼人, 新里孝和, 滝川貞夫, 中田銀佐久, 染郷正孝, 内村悦三. 1993. 圖說 實用樹木學. 朝倉書店, 東京.

이창복 1986. 신고 수목학. 향문사, 서울

오병운, 조동광, 고성철, 임형탁, 백원기, 김주환, 윤창영, 김영동, 유기억, 장창기. 2006. 한반도 관속식물 분포도 III. 중남부아구 (충청도). 대신출판사, 서울.

장진성, 김휘, 장계선. 2011. 한국동식물도감 제 43권 식물편(수목). 교육과학기술부. 디자인포스터, 파주.

장진성, 김휘, 길희영, 이주영. 2012. 한반도 수목필드가이드. 디자인포스트, 파주.

장진성, 홍석표. 2016. 조류, 균류와 식물에 대한 국제명명규약 (멜버른규약). 국립수목원, 포천.

부록 1. 수목의 양수, 중용수, 음수에 대한 구분

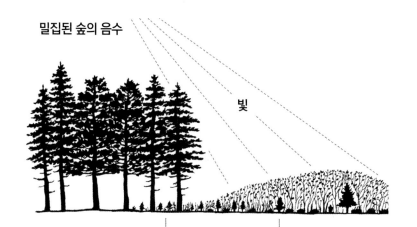

밀집된 숲의 음수

빛

음수지역
숲내 거의 하부식생이 존재하지 않음
내음성 종자는 발아할 수 있지만
일반적인으로 몇 년후 사라짐.
그러나 일부 어린 개체는 존재

부분 음수 지역
양수나 혹은 잡종과의
경쟁없이 적절한 빛의
양으로 내음성 수종의
발달

양수지역
양수는 음수를 능가하고
모든 나무는 풀과 같은
잡초와 경쟁

수종	양수	중용수	음수
침엽수			
가문비나무	O		
개비자			O
구상나무			O
노간주나무	O		
분비나무			O
비자나무			O
삼나무		O	
소나무		O	
일본이깔나무	O		
잣나무			O
젓나무			O
주목			O
측백나무		O	
편백			O
향나무		O	

수종	양수	중용수	음수
활엽수			
가래나무		O	
가시나무			O
갈참나무		O	
감나무		O	

수종	양수	중용수	음수
감탕나무		O	
개가시나무			O
개서어나무	O	O	
개회나무		O	
갯버들		O	
거제수나무	O		
검은재나무	O		
고로쇠나무		O	
고추나무		O	
구골나무			O
구실잣밤나무		O	
굴거리나무			O
굴참나무		O	
굴피나무		O	
까마귀베개			O
까마귀쪽나무			O
까치박달		O	O
꽝꽝나무		O	
나도밤나무			O
나래회나무			O
난티나무		O	O
너도밤나무			O
노각나무		O	

수종					수종			
노린재나무		O			서어나무		O	O
녹나무		O			세덕이			O
누리장나무	O				소태나무		O	
느릅나무		O	O		쇠물푸레		O	
느티나무		O			식나무			OO
다릅나무		O			신나무		O	O
닥나무		O			아그배나무	O		
단풍나무		O			아까시나무	O		
담팔수			O		아왜나무			O
당단풍		O			예덕나무		O	
대팻집나무		O			오리나무		O	
덧나무		O	O		육박나무			O
돈나무		O			윤노리나무	O		
동백나무			O		음나무		O	
두릅나무		O			이나무		O	
두메오리나무	O				이대			O
들메나무		O			일본목련		O	
때죽나무		O			자귀나무		O	
떡갈나무		O			자작나무		O	
마가목		O			조록나무		O	
말오줌나무	O				조릿대			O
머귀나무		O			종가시나무		O	
먼나무		O			주엽나무		O	
멀구슬나무	O				쪽동백		O	
목련		O			참가시나무			O
무환자나무	O				참나무류		O	
물박달나무	O				참느릅나무		O	O
물오리나무	O				참빗살나무		O	
박달나무		O			참식나무			O
밤나무		O			참오동		O	
버드나무류	O				초피나무		O	
벚나무		O			층층나무		O	
벽오동		O			팥배나무		O	
보리수나무	O				팽나무		O	O
부게꽃나무		O			푸조나무		O	O
붉가시나무			O		풍게나무		O	O
붓순나무			O		피나무		O	
비목나무		O			함박꽃나무	O		
비쭈기나무			O		헛개나무		O	
시람주나무	O				호랑버들		O	
사스레피나무			O		화살나무		O	
산개벚지나무	O		O		황벽나무		O	
산딸나무		O			황철나무		O	
산유자나무	O				황칠나무			O
산초나무		O			회양목		O	
새우나무		O			후박나무		O	O
생달나무			O		흰새덕이			O

찾아보기

INDEX

A

abaxial 58
Abelia 300
Abeliophyllum 280
Abies 88
Abies holophylla 89
Abies koreana 91
Abies nephrolepis 90
Abies veitchii 92
accessory bud 64
Acer 229
Acer barbinerve 229
Acer buergerianum 229
Acer caudatum
  var. ukurunduense 229
Acer komarovii 229
Acer mandshuricum 229, 232
Acer palmatum 229, 231
Acer pictum var. mono 229, 231
Acer pictum var. truncatum 229
Acer pictum 231
Acer pseudosieboldianum 229, 231
Acer tataricum subsp. ginnala 229
Acer tegmentosum 229
Acer triflorum 229
Aceraceae 229
Actinidia 261
Actinidia arguta 261
Actinidia kolomikta 261
Actinidia polygama 261
Actinidia rufa 261
Actinidiaceae 261
acute 59
adaxial 58
Adina 294
Adina rubella 294

Aesculus 236
Aesculus turbinata 236
agamospermy 49
aggregate 74
Ailanthus 218
Ailanthus altissima 218, 219
Akebia 163
Akebia quinata 163
Alangiaceae 249
Alangium 249
Alangium platanifolium 249
Albizia 204
Albizia julibrissin 204
Albizia kalkora 204
Alnus 113, 118
Alnus alnobetula
  subsp. fruticosa 119
Alnus firma 119
Alnus incana
  subsp. hirsuta 119, 120
Alnus incana
  subsp. tchangbokii 119
Alnus japonica 119
Alnus pendula 119
alternate 58
ament 72
Amorpha 206, 209
Amorpha fruticosa 209
Ampelopsis 242
Ampelopsis glandulosa 242
Amur cork tree 215
amur linden 263, 264
Amur maackia 207
Anacardiaceae 221
Andromeda 226
Andromeda polifolia 226
androperianth tube 180
aneuploid 47
Angiospermae 105
aniseed tree 151
anther 70
Aphananthe 138, 144
Aphananthe aspera 144
Apocynaceae 279
apomixis 49
apple 184

Aquifoliaceae 226
Aralia 245
Aralia elata 245
Araliaceae 245
Arctous 266
Arctous ruber 266
aristate 59
Aristolochia 158
Aristolochia manshuriensis 158
Aristolochiaceae 158
arrowwood 297
Arundinaria 306
Arundinaria simonii 306
ash 187, 188
asian black birch 115
Aucuba 249
Aucuba japonica 249
auriculate 59
autonym 24
avocado 153
azalea 266

B

bald cypress 94
bamboo 306, 307
barberry 164
basionym 23
basswood 263, 264
beebee tree 215
beech 128
Benjamin bush 156
Berberidaceae 164
Berberis 164
Berberis amurensis 164
Berberis koreana 164
Berchemia 239, 240
Berchemia berchemiifolia 240
berry 73
Betula 113, 114
Betula chinensis 114
Betula costata 114, 115
Betula davurica 114, 115
Betula ermanii 114, 116
Betula fruticosa 114
Betula pendula 114, 115

초판 1쇄 발행 2022년 9월 20일
초판 2쇄 인쇄 2024년 1월 01일

지은이 장진성, 김 휘, 전정일
그 림 이주영

펴낸이 김광규, 김은경
펴낸곳 디자인포스트
편 집 김은경, 황윤정 안혜연, 김어진

출판등록 406-3012-000028
주   소 경기도 고양시 덕양구 삼원로 83, 1033
전   화 031-916-9516
E-mail post0036@naver.com

ISBN 978-89-968648-9-9

이 도서의 국립중앙도서관 출판예정도서목록(CIP)은 서지정보유통지원시스템
홈페이지(http://seoji.nl.go.kr)와 국가자료공동목록시스템(http://www.nl.go.kr/kolisnet)에서
이용하실 수 있습니다.(CIP제어번호: CIP2018016697)